喬 晋建
［著］

シャープ
再建の軌跡

中央経済社

は し が き

　拙著『覇者・鴻海の経営と戦略』（ミネルヴァ書房）は2016年3月に出版され，その中の第9章「鴻海とシャープの資本提携事業」において，両社提携の背景，提携交渉の展開プロセス，交渉難航中のシャープと鴻海のそれぞれの取り組みないし経営業績の変化，そして両社の提携交渉が行き詰まったことから学べる経験と教訓などを100頁以上もわたって詳しく説明して議論を加えた。今に振り返っても，それは鴻海とシャープの資本提携の初期段階に対する最も詳細で正確な説明であり，特に訂正・補足しなければならない点はあまり多く感じない。

　しかし，前著内容の時間範囲は2011〜2015年であり，シャープが鴻海の買収意向を拒み，政府系の産業革新機構の出資を受け入れて「日の丸液晶大連合」の方向に進もうという時点で打ち切ったのである。その後，鴻海買収案が土壇場で逆転勝利し，シャープを手中に収めた。シャープ経営の再建という資本提携の第2段階を研究対象とする本書は，もっぱらその後の2016〜2019年という約3年間に限定してシャープ社内のさまざまな出来事を記録・説明している。

　本書の内容を要約すると次のとおりである。紆余曲折を経て，日の丸液晶大連合の構想は不発に終わり，シャープは2016年8月に鴻海の傘下に入った（第1章）。その後のシャープは，戴正呉新社長の指導体制下で組織体制の大改革を行い，トップ経営陣の刷新，鴻海流の意思決定スタイルの導入，資本関係の整理，傘下事業の大幅再編，鴻海との共同事業の推進，信賞必罰の実績主義に基づく人事評価制度と賃金制度の導入，従業員モティベーションの向上といった多くの変化が起きた（第2章）。組織体制の改革とともに，液晶パネル，テレビ，スマートフォン，アイデア家電，太陽光発電，AIoT，ならびにほかの新規事業分野でさまざまな新商品を次々と開発した（第3章）。その結果，かなり短期間のうちに，鴻海を除く法人大株主（サムスン，クアルコム，JIS，主要取引銀行など）との持株関係の解消（第2章），最終損益の黒字化，東証一部への復帰，取引関係者・格付け機関・投資家・株主・消費者・地域社会か

らの信頼回復（第4章）といった大きな成果を上げた。これらの事実に鑑み，シャープの経営再建は成功したと言えよう。

　再建成功の要因を探ると，シャープの経営陣・中間管理職・技術者・一般社員を含めた全員の並々ならぬ奮闘すなわち自助努力は最も重要であろうが，シャープと鴻海との協力体制によって生まれたシナジー効果も非常に大きな役割を果たしたと筆者は考える（第5章）。しかし，シャープの経営再建は成功したと言っても，いわゆる「普通の会社」に戻しただけで，今のシャープは，鴻海との相互信頼関係の構築，鴻海流企業文化の受け入れ，「液晶の次も液晶しかない」，8Kテレビの「一人旅」，AIoT製品の収益力の不足，グローバルブランドの構築，事業分野間の資源配分といった多くの経営課題（第6章）を抱え込んでおり，「普通の会社」から「優良企業」に成長する道を模索している最中である。

　本書の初稿を出版社に提出した2019年5月半ば時点に米中貿易摩擦が激しさを極め，トランプ大統領は中国輸入の全商品に高い関税を上乗せ，ファーウェイなどの中国企業を排除する大統領令に署名した。米国企業のオーダーと中国の生産工場に大きく依存する鴻海はかつてない苦境に立たされ，自社業績の低迷でシャープをサポートする力が弱くなっている。それと同時に，アップル社や中国市場に大きく依存するシャープも一様に苦しみ，売上減と株価低迷を強いられている。さらには，郭台銘は台湾総統選に立候補したため鴻海の取締役会長職を退任し，戴正呉はシャープの会長としての任期を2021年まで延長することが決まった。これらの変化はおそらく，鴻海とシャープとのシナジー効果を弱めることにつながり，今後のシャープは鴻海に頼らずに自力での成長を目指していかなければならないだろう。ただし，仮にシャープの経営業績が今後に再び悪化になっても，過去の事実として，鴻海傘下入り後のシャープは極めて短い期間中に経営再建を果たし，鴻海とのシナジー効果はシャープの経営再建に大きく寄与したという客観的な事実を否定することはできない。

　経営再建を成功させたシャープは現在，「普通の会社」として歩み出し，国内外のライバル企業とあらゆる面で競争していくという第3段階に入っている。今後のシャープを追跡していくという気力は筆者にはもはやないかもしれないが，シャープに興味を持つ人は将来にも必ずいるので，そのときにシャープの

はしがき *3*

鴻海傘下入りと経営再建の過程を詳しく説明した拙著2冊は必ず何らかのお役に立てると信じたい。

　本書は読みやすさを目指しているが，経営学分野のまじめな書物でもある。特に最後の第5章と第6章において，アンゾフの企業成長戦略とシナジー効果，マッキンゼーの「7つのS」，プラハラードのコア・コンピタンス，アンドリューズらのSWOT，コトラーらのブランド経営，BCGのPPMといった経営戦略論の分析手法を使用している。これらの理論分析の部分をより精緻な形に仕上げれば，議論展開のアカデミックさはさらに高まるはずであろう。しかし，シャープ再建の過程を正確に解明することを最重要目標に据えている本書は，経営学者や専門家や大学生などだけでなく，一般の方々も読んでくださることを期待しているので，あえて学術的なコンセプトと分析手法の使用を意図的に必要最小限に抑え，どなたも難なく読めるものに仕上げようと努めている。

　また，真実性を第一義的に追及しているため，さまざまな情報が飛び合って氾濫している中，トップ人事変動の理由や社内派閥の抗争や従業員の心情といった確認困難で，憶測しかできないような事柄を本書の内容に持ち込まず，新商品や新事業や組織体制の変更や経営指標といった客観的な事柄だけを本書の主要内容に据えて説明と議論を展開するように努めている。特別に説明しなければならない重要事項として，本書の主要情報源は日本経済新聞社傘下各紙の新聞記事を網羅したデータベース『日経テレコン21』である。著作権の侵害がないように，記事の文章を直接に引用せず，重要な数字データや人物の発言などの出典を明記することに留意している。それにしても，引用・参考している記事の著作権者に対して，心から最大級の感謝を送りたい。

　地方私立大学の財務状況が益々厳しくなる中，筆者が勤務する熊本学園大学は教員の研究活動をできるだけ支援しており，筆者のシャープ研究は学内の産業経営研究所の2018年度研究助成金を受け，また本書は，熊本学園大学出版会の助成を受けて刊行されたものである。また日頃から商学部同僚の理解と寛容が筆者の研究活動の欠かせない支えとなっている。この場を借りて熊本学園大学の関係者すべてに感謝の意を表したい。そして，本書の刊行を快諾してくださり，しかも編集業務を丁寧に仕上げてくださった中央経済社学術書編集部編集長の納見伸之様にも深く感謝する。なお，鴻海とシャープの経営を十年近く

追跡してきたため，両社に特別な親近感を持つようになり，両社の今後の健闘を祈りたい。

最後に，私事にわたって恐縮であるが，本書は筆者の3点目の単著となる。1作目の『経営学の開拓者たち』（日本評論社，2011年）は大学院時代の恩師高柳暁教授とアメリカ留学中にお世話になった友人たちに，2作目の『覇者・鴻海の経営と戦略』（ミネルヴァ書房，2016年）は人生各時期の友人たちに特別の謝意を表したが，この3作目は30年前に亡くなった父と今年90歳になった母に捧げたい。挫折と失意が連続する人生の中で，凡庸な私でさえも大抵の知識人並みに「我々はどこから来たか，我々は何者か，我々はどこに行くのか」と哲学的に悩んでいた時期もあった。60歳過ぎた今，自分の体格，性格，生活習慣，価値観などを見れば，「私は両親から生まれ，両親のような人間に成長し，そして両親の所に帰るのだ」といとも簡単に悟ったのである。大学業務の繁忙期に当たる父の命日にも母の誕生日にも帰省することは一度もないが，両親の恩情と愛情に包まれているとこのまま強く感じるので，今後は少しでも親孝行できるように努力していきたい。

2019年7月17日

喬　晋建

目　次

はしがき

序章 ──────────────────── *1*

第1章
シャープ買収への道のり（2012年3月〜2016年8月）── *5*

1　鴻海のシャープ出資案の難航（2012年3月〜2015年5月）‥‥‥‥‥‥ *5*

2　「日の丸液晶大連合」構想の浮上（2015年5〜12月）‥‥‥‥‥‥‥‥ *8*

　⑴　「日の丸液晶大連合」構想の背景／*9*

　⑵　「日の丸液晶大連合」のメリット／*9*

　⑶　「日の丸液晶大連合」のデメリット／*10*

　⑷　INCJの優位獲得／*13*

3　土壇場の逆転勝利（2016年1月〜2月25日）‥‥‥‥‥‥‥‥‥‥‥ *14*

4　「偶発債務」による契約調印の延期（2016年2月26日〜3月16日）‥‥ *19*

5　最終合意（2016年3月17日〜4月2日）‥‥‥‥‥‥‥‥‥‥‥‥‥ *23*

6　出資完了（2016年4〜8月）‥‥‥‥‥‥‥‥‥‥‥‥‥‥‥‥‥ *24*

　〈第1章の注〉 ──────────────── *27*

第2章
組織体制の変化 ——————————————— 29

1　トップ経営陣の刷新 ··· 29

　⑴　旧経営陣の総退陣／30

　⑵　戴正呉新社長の奮闘／31

　⑶　鴻海流意思決定スタイルの導入／33

　⑷　戴社長後継者の体制づくり／35

2　資本関係の整理 ··· 37

　⑴　JIS保有優先株の買戻し／37

　⑵　クアルコム持ち株の売却／38

　⑶　サムスンとの資本関係の解消／38

　⑷　銀行保有優先株の買戻し／38

　⑸　まとめ／40

3　傘下事業の再編 ··· 40

　⑴　本社ビルの売却／40

　⑵　知的財産専門子会社の創設／41

　⑶　取引業者の選別／41

　⑷　鴻海の物流部門との一本化／42

　⑸　生産拠点の再編／42

　⑹　傘下事業の縮小／43

　⑺　海外拠点の増加／44

　⑻　カンタツの子会社化／45

　⑼　シャープタカヤの子会社化／46

　⑽　車載カメラ合弁会社の設立／46

　⑾　東芝パソコン事業の買収／46

　⑿　白物家電の国内生産撤退／47

　⒀　中国煙台での新拠点設立／48

4　鴻海との共同事業 …………………………………………… 48

(1)　テレビの共同開発／48

(2)　最軽量掃除機の共同開発／49

(3)　SDP広州工場の建設／49

(4)　スマートフォンの委託生産／50

(5)　電子黒板の共同開発／50

(6)　投資ファンドへの共同出資／51

(7)　マイクロLED技術への参入／51

(8)　新型POS端末の開発／51

(9)　太陽光発電所での鴻海部品採用／51

(10)　超短焦点プロジェクターの共同開発／52

(11)　中国市場における鴻海販売チャネルの利用／52

(12)　その他／52

5　従業員モティベーション ………………………………………… 53

(1)　人員削減のうわさ／54

(2)　人材流出／55

(3)　報酬制度の改革／56

(4)　統一交渉への復帰／58

(5)　まとめ／59

〈第2章の注〉————————————————————— 60

第 3 章
主要製品分野の変化 ————————————————— 61

1　液晶パネル事業 ………………………………………………… 61

(1)　ライバル各社の動向／61

(2)　高級ディスプレイの開発／65

(3)　有機EL事業の混迷／67

- (4) 他社向けパネル出荷の抑制／69
- (5) 大型液晶パネル工場の新規建設／71
- (6) 電子黒板事業の強化／73
- (7) 液晶事業の業績回復／75

2 テレビ事業 ……………………………………………………77
- (1) 鴻海との共同開発／77
- (2) テレビ販売目標の公表と達成／77
- (3) ブランド使用権の買戻し／79
- (4) 4Kテレビの追い上げ／82
- (5) 8Kテレビの「一人旅」／85
- (6) 4K／8K関連商品の開発／88

3 スマートフォン事業 ………………………………………90
- (1) シャープの苦境／90
- (2) 貸し出しサービスへの参入／93
- (3) 統一ブランド商品の発売／94

4 アイデア家電事業 …………………………………………97
- (1) 空気清浄機／97
- (2) ロボホン／100
- (3) 調理家電／103
- (4) 冷蔵庫／105
- (5) 洗濯器具／106
- (6) 掃除機／108
- (7) 健康器具／110
- (8) 新型電子辞書／111
- (9) ポータブル機器／112
- (10) 新型BDレコーダー／113
- (11) 防犯型固定電話機／114
- (12) 喋る複合機／115
- (13) AIoT型ペットケアモニター／116

5　太陽光発電事業 ………………………………………………………… 117

 (1)　世界市場の変容／117

 (2)　国内市場の飽和感／118

 (3)　シャープの方向転換と事業縮小／119

 (4)　新商品開発／121

 (5)　海外進出／123

6　AIoT関連事業 ………………………………………………………… 125

 (1)　クルマ型監視ロボット／126

 (2)　AI搭載エアコン／126

 (3)　音声対話型AI技術システム／127

 (4)　IoT関連の有償研修／127

 (5)　IoT住宅／128

 (6)　無人搬送台車／129

 (7)　カキ養殖実験／130

 (8)　半導体事業の分社化／131

 (9)　その他／131

7　新規事業分野 ………………………………………………………… 133

 (1)　緑色半導体レーザー／133

 (2)　海外販路開拓／134

 (3)　空中表示素子／135

 (4)　採光プレート／135

 (5)　食品宅配サービス／136

 (6)　新型POS機器／136

 (7)　両面読み取り複合機／137

 (8)　真空超音波洗浄乾燥装置／137

 (9)　センサー／138

 (10)　監視カメラ／139

 (11)　パソコン事業再参入／139

 (12)　保冷材／142

⒀　コンビニプリントサービス／143

⒁　半導体生産工場の建設／143

⒂　その他／144

〈第3章の注〉————————————————————144

第 4 章

経営再建の成功 ————————————————————147

1　経営指標の改善……………………………………147

　⑴　鴻海傘下入り前の危機的状況（2010〜2015年度）／148

　⑵　鴻海傘下入り後の業績回復（2016年度以降）／149

2　東証1部復帰……………………………………153

3　信頼回復……………………………………154

　⑴　自己資本の充足／154

　⑵　格付けの引き上げ／155

　⑶　株価の回復／155

　⑷　株主安心感の回復／157

　⑸　消費者信頼の回復／158

4　まとめ……………………………………159

〈第4章の注〉————————————————————160

第 5 章

再建成功の要因：鴻海とのシナジー効果を中心に ——— 161

1　シナジー効果に関する理論説明………………………162

　⑴　アンゾフの企業成長戦略／162

　⑵　多角化戦略がもたらすシナジー効果／164

2 シャープと鴻海の協力事例リスト ……………………………… 165

3 シャープ再建におけるシナジー効果の重要性 ……………… 170

〈第5章の注〉———————————————— 173

第 **6** 章
今後の課題：経営戦略論による分析 ———————— 175

1 鴻海・シャープの相互信頼関係を構築できるか ……………… 175

(1) 買収前の相互不信／176

(2) 信頼構築の努力／177

(3) 郭台銘次第／178

2 鴻海流文化をどの程度取り入れるべきか ……………………… 180

(1) 鴻海の企業文化／180

(2) 郭台銘の経営スタイル／184

(3) 鴻海流文化の有用性の検討／186

(4) 「7つのS」に基づく分析／188

3 「液晶の次も液晶」か ………………………………………… 191

(1) 液晶＝シャープのコア・コンピタンス／191

(2) 韓国勢の有機EL制覇／193

(3) 有機ELにおける日本企業の劣勢／194

(4) 中国勢液晶メーカーの勢力拡大／195

(5) 液晶パネルの価格低下／196

(6) 8Kテレビの「一人旅」／197

(7) 中小型パネル市場での有機EL優位形成／200

(8) 「液晶の次も液晶しかない」／201

4 ブランド力を維持できるか ……………………………………… 202

(1) 市場開拓の努力／203

(2) ブランド戦略による分析／209

(3)　海外市場拡大とブランド力向上の両立可能性／216

5　事業分野の優先順位をどう付けるか……………………………217

　(1)　BCGによるPPM分析モデル／218

　(2)　先行き不安の液晶事業／220

　(3)　足踏み状態の有機EL事業／221

　(4)　不安視する8Kテレビ事業／222

　(5)　見通せないAIoT関連分野／223

　(6)　アイデア家電に未来あり／223

　(7)　他の分野／225

　(8)　PPM分析に基づく資源配分順位／227

6　その他……………………………………………………229

　(1)　ワンマン経営体制の解消／230

　(2)　従業員モティベーションの向上／230

　(3)　イノベーション能力の維持／231

　(4)　シナジー効果の拡大／231

　〈第6章の注〉─────────────231

引用文献 ─────────────────235

参考文献 ─────────────────236

索　　引 ─────────────────239

序章

　1980年代に世界制覇を達成した日本の家電産業は2010年以降に後退局面に入り，ソニー，パナソニック，東芝，日立，三菱電機，富士通，NEC，シャープ，三洋電機といった家電総合大手はそろってかつての活力を失った。日本の家電産業の衰退ぶりと対照的に，中国の家電産業は世界市場で勢力を順調に伸ばしており，例えば東芝の白物家電が中国の美的集団（メディア）へ，東芝のテレビが中国の海信集団（ハイセンス）へ，東芝のパソコンが鴻海傘下のシャープへ，NECと富士通のパソコンが中国の聯想集団（レノボ）へ，ソニーのパソコンが投資ファンドへ，富士通の携帯電話が投資ファンドへ，というように，一部事業を切り離して売却されるケースが多く，また三洋電機がパナソニックを経て中国の海爾集団（ハイアール）へ，シャープが台湾の鴻海（ホンハイ）へ，（シャープのライバル）JDIが台中連合へ，というように，企業全体が身売りになるケースも見られる。いうまでもなく，上述のそれらの個別事例はそれぞれ背景も原因も方法も結果も異なり，一概に論じることは許されない。しかし共通して言えることは，いったん衰退の道をたどった事業または企業を再建するのは容易なことではなく，短期間で経営再建を果たしたシャープは極めて異例なケースである。そのため，シャープ再建の過程を経営学の見地から検討することは極めて有意義である。

　本書はもっぱらシャープという重要な日本企業の長い歴史の中の特定の一段階に焦点を合わせ，シャープの経営再建の道のりを記録したうえ，再建成否の

原因及び今後の課題を議論するものである。そして，本書の主要内容および展開する流れは大体以下のような形となっている。

　鴻海がシャープに資本提携を手掛けはじめたのは2011年前半であったが，一旦合意された合弁工場設立の契約は後に白紙解消となった。その後の2012年3月28日，堺工場への出資とシャープ本社への出資を内容とする両社資本提携の合意書が正式に発表された。前者は2012年夏に約束通りに実行されたものの，後者については3年以上も断続的に交渉し続けてきたにもかかわらず，日本政府傘下のINCJを中心とする「日の丸液晶大連合」の構想に翻弄され，実行されていなかった。

　鴻海は2015年12月に上限5,000億円のシャープ全社買収案を提示した。2016年1月26日にシャープ全株式（銀行や投資ファンドが持つ2,250億円分の優先株を含む）と堺工場のシャープ持分（37%，約650億円）を上限53億米ドル（約6,250億円）で買収すると提案した。その後，1月30日に買収総額を7,000億円程度に上積みした。そして，2016年2月25日，シャープの取締役会でINCJ案と鴻海案が審議され，鴻海案が選ばれた。しかし，その前日の朝に提出されたシャープの「偶発債務」リスト（総額3,500億円）によって出資契約の調印が延期され，鴻海側は公認会計士や弁護士などの専門家をシャープに派遣し，債務内容の精査を急ぐことになった。

　その後，シャープの主要取引銀行の協力を得て，新たな合意が得られた。株式買収総額は当初予定額の4,890億円から約1,000億円減らされて3,888億円となったが，買取価格を当初予定額の118円から88円に引き下げるため，出資後の出資比率は66%と変わらない。2016年3月30日，鴻海とシャープの2社は同日にそれぞれ取締役会を開き，鴻海によるシャープへの投資案件を審議して承認した。そして，4月2日に資本提携の契約を正式に調印し，6月22日の鴻海株主総会（台湾新北市）と翌23日のシャープ株主総会（大阪市）でこの買収案件が承認された。2016年8月11日，中国の独占禁止法の審査当局は鴻海のシャープ出資案を承認し，翌12日に鴻海はシャープに3,888億円を出資してシャープ株の約66%を取得し（株式取得価格88円），鴻海によるシャープの買収は正式に完了した。

　2016年8月以降，鴻海から派遣された戴正呉新社長の指導体制下で，シャー

プ社内の大改革が行われた。トップ経営陣を刷新し，鴻海流の意思決定スタイルを取り入れたことにより，資本関係の整理が進み，シャープ自身による経営自主性を取り戻すことに成功した。傘下事業の大幅再編と鴻海との共同事業の推進によって，全社範囲でのコスト削減と運営効率向上が達成できたのである。信賞必罰の実績主義に基づく人事評価制度と賃金制度が取り入れられ，従業員のモティベーションは相当向上した。社内の経営環境が大きく改善した状況下で，液晶パネル，テレビ，スマートフォン，アイデア家電，太陽光発電，AIoT，ならびにほかの新規事業分野で新商品が次々と開発され，また売上高も順調に伸びている。その結果，かなり短期間のうちに，シャープの経営指標の大幅改善，東証1部への復帰，株主・市場関係者・消費者・地域社会からの信頼回復などが実現できた。

　老舗の日本ブランド企業が新興の中国（台湾）下請工場の傘下に入るのは初めての事例なので，シャープの行方に対する日本国内の期待も不安も非常に大きかった。本書の中で主として説明・検討されている2019年3月期までの様々な事実に基づいて判断すると，さまざまな不安要素を抱えながらも，シャープの経営再建はひとまず成功したと言えよう。再建成功の要因はいろいろあるが，親会社の鴻海とのシナジー効果が重要な要因の1つだと筆者は主張する。またシャープの経営業績は一旦大幅に回復したが，最近は再び下降局面に入るかと心配されている。したがって，今後のシャープにとって，鴻海との信頼関係の構築，鴻海流企業文化との融合，液晶というコア・コンピタンスの再検討，ブランド力の構築，社内各種事業のポジショニングの再検討といった経営課題が特に重要であると筆者は見ている。

　要するに，本書は鴻海がシャープを買収する前後の重要な出来事を時系列に沿って整理しており，しかも，事実の解明にとどまらず，シャープ再建の成否，その要因，今後の課題などについても経営戦略論の見地から分析と検討を加えた書物である。

第1章

シャープ買収への道のり（2012年3月〜2016年8月）

　鴻海がシャープに資本提携を手掛けはじめたのは2011年前半であったが，紆余曲折を経て，2016年8月12日に総額3,888億円を拠出してシャープ株の約66％を取得し，シャープを傘下子会社に収めることにした。2011〜2015年という模索期間における両社提携の背景，提携交渉の展開プロセス，交渉難航中のシャープと鴻海のそれぞれの取り組みないし経営業績の変化，そして両社の提携交渉が行き詰まったことから学べる経験と教訓などを含めた内容はすでに筆者の前著で詳しく説明したため[1]，ここではその内容を省くことにする。本章では主にシャープ買収の最終段階となる2016年前後の状況説明を中心に説明を展開していく。

1　鴻海のシャープ出資案の難航（2012年3月〜2015年5月）

　鴻海がシャープに資本提携を手掛けはじめたのは2011年前半であった。鴻海とシャープが50％ずつ出資して大型液晶パネルの生産工場を台湾に設立することに合意したと2011年7月15日に報道された。この合意が実行されれば，高品質なパネルを低コストで生産することができ，鴻海のコスト優位性とシャープの技術優位性がともに存分に発揮できると見られていた。しかし，シャープの経営陣内部で激しい意見対立が起きたため，一旦合意された合弁工場の契約は

後に白紙解消となった。

　それでもシャープの技術力とブランド力を高く評価した鴻海の郭台銘会長は諦めず，ずっとシャープとの資本提携の機会を模索していた。やがてその努力が報われ，2012年3月28日に両社資本提携の合意書が正式に発表された。この合意書の内容はおおむね以下の2つである。

① **堺工場への出資**：鴻海（郭台銘本人の自己資金）から約660億円を拠出し，最新型液晶パネルを生産するシャープの堺工場を鴻海とシャープが共同運営する合弁会社に改組し，堺工場で生産される液晶パネルの半数を鴻海が引き取る。

② **シャープ本社への出資**：鴻海が第三者割当増資の形で総額約670億円を拠出し，1株550円の取得価格でシャープ本社株の9.9％を購入してシャープの筆頭株主になる。

　しかし，この2つはともに経営が行き詰ったシャープを鴻海が救済する形をとったとは言え，一方で「火事場泥棒」の印象をぬぐいきれない。したがって，シャープ側の反発もあり，前者は2012年6月22日に約170億円，7月12日に約490億円という2回に分けて約束通りに実行されたものの，後者については3年以上も断続的に交渉し続けてきたにもかかわらず，実行されていなかった。

　シャープ本社への出資が実現できなかった直接の原因はシャープ株価の下落であった。2012年3月28日に合意された契約書の中では，過去6ヶ月間の平均株価を根拠にして買取価格を550円に設定された。しかし，数か月後にシャープの巨額（3,760億円という過去最大）の最終赤字が明るみに出て，株価は3月末の500円近辺から8月初めの180円前後に暴落した。このまま550円の取得価格でシャープ株を買い取ると，鴻海に大きな含み損が発生するので，550円は基本合意に過ぎず，利益損失情報隠しというシャープ側の過失を考慮に入れ，時価に合わせて取得価格を引き下げるべきだと鴻海側が要求した。一方，シャープ経営陣は550円が正式に合意された買取価格で，その見直しを絶対に認められないという強硬な態度を取っていた。

　鴻海による出資が難航していた間，シャープは「鴻海はずし」の道へ歩み出した。まず主要取引銀行となるみずほ銀行と三菱東京UFJ銀行から2012年9月

第1章　シャープ買収への道のり（2012年3月～2016年8月）　7

に総額3,600億円，2013年6月に5,100億円の協調融資契約を取り付けた。また2012年12月と2013年6月の2回に分けて，米国半導体大手のクアルコム社から計110億円の出資を受け入れた。さらに2013年3月に韓国サムスン電子から103億円の出資を受け入れた。そして，2013年11月にマキダ（100億円），LIXIL（50億円），デンソー（25億円）という日本企業3社に対する第三者割当増資を行うと同時に，一般公募増資（1,191億円）も行われた。

　そのほか，海外工場の売却（メキシコ，ポーランド，中国南京，マレーシアという4工場は売却対象であったが，実際には，ポーランド工場だけが2014年9月に売却された），国内資産の売却（八尾市の工場用地と藤井寺市と茨木市の物流センターを2015年3月までに売却すると報道された。大阪市にある本社ビルと田辺ビルの売却は2015年9月末に決まった），保有する他社株式の売却（2014年4月1日以降にパイオニアなど30社の株式を売却した），従業員の希望退職募集（2012年8月3,000人，2015年9月3,500人），人件費の削減（2015年度に役員報酬20～75％減，管理職給与5％減，一般従業員給与2％減，ボーナス半減，福利厚生の見直しなど）といった資金捻出策も実行された。なお，新商品の開発と国内外市場の新規開拓などにも注力した。

　これら一連の措置によって，運転資金の確保，自己資本の充足および売上高の増大を図っていた。その結果，2014年3月期のシャープの年度決算では，売上高29,271億円（前年同期比18.1％増），営業利益1,085億円（前年同期は1,462億円の赤字）となり，連結最終損益（純利益）は3年ぶりの黒字となる115億円（前年同期は5,453億円の赤字）をかろうじて計上し，経営収益性は大きく改善した。また，シャープの株価は長い低迷期間を経て2013年5月20日に552円に回復し，5月22日の601円は鴻海とシャープの交渉がこじれてからの最高値となり，「550円の壁」を完全に乗り越えた（ただし，その後すぐ下落に転じ，2013年10月15日に年内最安値の286円を付けた）。

　しかし，興味深いことに，「550円の壁」を越える好機が到来した5月前後に，両社は交渉の再開に全く動かなかったのである。

　なぜなら，出資交渉が断続的に続いている中，鴻海とシャープの両社間の相互不信感は実際にはますます強まっていたからである。シャープの経営陣は郭台銘と鴻海を「約束を守らない」，「じゃんけんの後出し」，「傲慢無礼な成金」

と批判すると同時に，自力での業績回復が自信の回復をもたらしたため，鴻海の出資を受け入れる必要性はもはや感じられないと考えたのである。他方の郭台銘会長は，「時価ならばいつでも出資する」と言いながらも誠意を込めた具体的な提案を出さなかった。それに加えて，「シャープは合意書の締結前に巨額の損失を隠した」，「町田前会長が買取価格を時価に近い方向へ見直すことに同意したのに，奥田新社長はそれを無効とした」，「サムスンやクアルコムに株式を安く売ったのに，鴻海に550円という高値を要求するのは理不尽だ」，「私はシャープに騙された」といった不平不満の文句[2] を連発するに至ったのである。

　しかし，シャープの業績回復は長続きしなかった。2015年5月14日に発表されたシャープの年度決算によると，2014年度の売上高は27,862億円，営業利益は480億円の赤字，最終経常損益（純利益）は2,223億円の赤字となった。この巨額の赤字を計上したため，資本金は1,218億円から5億円に減り，99.6％の自己資本が毀損して，自己資本比率は8.9％から一気に1.5％へ下落した。それだけでなく，2015年9月30日の株価終値は137円まで下がり，上場以来の最安値を更新した。2016年3月期の年度決算では債務超過に陥り，株式の取引が東証第1部から第2部に格下げられるのは確実視され，倒産するリスクも現実味を帯びている状況であった。シャープは名門老舗としてのプライドと矜持を捨て，かつてに考えていた部分的な資本提携ではなく，完全なる身売りを考えざるを得なくなったのである。

2 「日の丸液晶大連合」構想の浮上（2015年5〜12月）

　シャープが存亡の危機に立たされた2015年3月以降に，鴻海側はシャープ買収に動き出し，シャープならびにシャープの主要取引銀行に対して本格的交渉を開始したい意向を伝えた。1）分社化したシャープの液晶事業に鴻海が出資し，それを両社共同運営にすること，2）鴻海とシャープが共同運営している堺工場に対するシャープの持ち分をすべて鴻海が買い取ること，という2点を鴻海が求めていると2015年8月23日に報道された[3]。しかし，鴻海の出資を

問題視する日本政府が動き出し，政府系投資ファンドの産業革新機構（INCJ）の主導下で，シャープの液晶事業とジャパンディスプレイ産業（JDI）とを合併させ，「日の丸液晶大連合」を作ろうという産業再編の構想を打ち出したのである。

(1) 「日の丸液晶大連合」構想の背景

　ジャパンディスプレイ産業（JDI）は2012年4月にINCJから2,000億円の出資を受け，東芝，日立，ソニーの3社が共同設立した中小型液晶の国内連合体である。さらにその前身企業として，パナソニック，キヤノン，三洋電機，豊田自動織機なども含まれており，すなわちこのJDIはシャープだけを除く「オールジャパンチーム」である。JDIの出資比率では，東芝，日立，ソニーの3社はそれぞれ10％に対して，INCJは70％なので，JDIが日本政府の孫会社だと言える。実際，JDIの設立時にシャープにも参加を呼び掛けたが，液晶の覇者と自負するシャープは乗らなかった。それ以降，JDIとシャープは中小型液晶パネルの分野で競いながら日本国内の2強体制を維持してきている。シャープは高精細・省電力のIGZOパネルなどの先端技術を保有しているのに対して，JDIの強みは高精細の画像を表示できる「低温ポリシリコン（LTPS）」の量産技術である。

　2014年のJDI上場後にINCJは持株の一部を売却したが，約36％を保有する筆頭株主として，INCJは設立当初から現在までJDIの経営方針に大きな影響力を保有している。JDIとシャープが「仁義なき戦争」を繰り広げている中，液晶パネル価格の決定権はスマートフォンのブランドを持つアップル（米国）やシャオミ（中国）などに握られ，シャープとJDIの両社はともに赤字に転落し，新規投資のための資金が枯渇している。この苦しい状況から脱出するために，INCJは，まず液晶事業をシャープから分社化し，その次にINCJと銀行界の主導でシャープの液晶事業子会社をJDIとを合併させるという液晶産業再編のシナリオを描いていた。

(2) 「日の丸液晶大連合」のメリット

　この「日の丸液晶大連合」が実現すれば，次のような多くのメリットが期待

できるとされる。

① **容易な資金調達**：INCJがシャープとJID両社共通の大株主となれば，「国策会社」の信用力を活かして金融機関や一般投資家からの資金調達が容易になり，液晶産業特有の巨額投資の資金源の問題は解決できる。

② **開発コストの節約**：両社の力を合わせて最新技術の開発に取り組むことができ，時間的コストと金銭的コストを大きく節約することが期待できる。

③ **技術秘密の保持**：先端技術が海外企業に流出するリスクが減少し，日本の家電産業ないし日本国家全体の競争力の保持に貢献することができる。たとえば現時点で高精細液晶の生産に必要不可欠な低温ポリシリコン（LTPS）の量産技術を持つのはJDI，シャープ，LGディスプレイという日韓3社だけである。もしこの技術が鴻海の手に渡ると，鴻海の中国工場でLTPSの大量生産体制が立ち上がり，高精細液晶は一気にコモディティ（汎用品）となり，日本の液晶産業全体の収益性が大幅に低下してしまうかもしれない。

④ **「規模の経済性」の獲得**：中小型液晶パネル世界シェア第2位のJDIと第3位のシャープが提携すれば，世界シェア3割を超えて首位に立つ。「規模の経済性」を生かして韓国系のLGとサムスン，台湾系の群創，友達，中華映管などのライバルとの競争を有利に進められるだけでなく，アップルやシャオミなどの大口納入先に対しても強気の価格交渉が可能になる。

⑶ 「日の丸液晶大連合」のデメリット

一方，この「日の丸液晶大連合」に伴う問題点も少なくない。

① **市場メカニズムの妨害**：政府当局が旗を振り，護送船団の編成と航路決定を主導するという終戦直後の復興期のやり方は，グローバリゼーションが大きく進んでいる今日にはもはや有効性を持たない。政府規制の緩和が必要とされている今の時代には，企業独自の創造性の保持と経営資源の活用が最も重要で，政府当局の指導と介入は基本的に不要である。政府主導下の護送船団の形で外国企業と競争するという産業保護戦略は市場メカニズムを妨害するものである。それは非効率な国内産業の肥大化を助長し，企業ないし産業全体の長期的競争力を損なうだけでなく，成功する可能性もほとんどない。トヨタ，日産，ホンダなどの自動車企業がそれぞれ独自の戦略を展開して国

際的な競争優位を築き上げていることは護送船団方式の不要性を証明している。それとともに，シャープ自社工場の業績低迷と対照的に，鴻海とシャープが共同運営している堺工場が鴻海の顧客ネットワークを存分に活用し，生産ラインの稼働率をきわめて高いレベルに維持していることは，シャープと鴻海（あるいは日本企業と海外企業）による「多国籍連合軍」の妥当性を証明している。

② **独占禁止法の違反**：シャープとJDIは中小型液晶パネルの国内市場をほぼ二分しているので，両社が一緒になると，中小型液晶パネル分野でほぼ独占的な企業となる。また中小型液晶パネルの世界市場では，両社合計の世界シェアは約25％である。そのため，JDIとの合併を前提としたシャープの液晶子会社に対するINCJの出資は独占禁止法に抵触する可能性が大きい。さらにシャープとJDIの液晶事業の合併に当たり，日本国内だけでなく，世界各国で独占禁止関連の政府当局の審査と承認が必要になる。その審査と承認におそらく2年間の時間を要するので，技術革新と産業構造の変化が激しい液晶産業に身を置き，しかも危機的な状況下にあるシャープにとって，それまでに待てないのが実情である。

③ **利益相反**：JDIの大株主（持ち株比率約36％）として，INCJがJDIのライバル企業となるシャープにも出資することは会社法に禁止されている利益相反行為にあたる可能性が高く，JDIの株主をはじめとする一部の関係者は反対するはずである。

④ **モラル・ハザード**：JDIとシャープの液晶事業とを合併させた後の新会社が独占企業となるので，技術革新の努力を怠り，強い交渉力を行使して取引先から利益を強奪する可能性がある。また，政府出資の国策会社（INCJ）が後ろ盾になるので，放漫経営が起きる可能性が大きくなり，金融機関に対する債務や経営失敗の損失などを税金負担に転嫁する可能性もある。それと同時に，最大3,500億円（2015年6月の2,000億円分と今後の新規1,500億円分のDESによる優先株）の債務放棄が迫られている主力銀行2行の経営責任も問われる。

⑤ **国家権力の乱用**：国が約90％出資しているINCJ[4]の使命は経営不振企業の救済ではなく，成長産業の育成である。シャープ支援に乗り出そうとする

INCJの言い分としては，シャープの液晶技術は高い競争力を持ち，今後も日本の基幹産業に成長しうるということがあげられる。しかし，これは大企業救済の言い訳に過ぎない。実際，韓国企業，台湾企業，中国企業の液晶技術と生産能力が飛躍的に向上している現在，液晶パネルはもはや高い付加価値を生み出せない汎用品となっている。また，次世代のiPhoneに有機ELパネルが採用されたケースから示唆されているように，液晶に代わって，有機ELがパネル製品の主流になる可能性が大きいと見られる。現時点ではシャープの液晶技術が多少なりの優位性を持っているが，数年後にはその優位性はなくなるかもしれない。液晶技術の未来が明るくない現状下で，シャープの液晶事業に対する国の支援は単純に大企業優遇の救済策となってしまい，成長分野の技術を育成・強化するというINCJの本来の創設目的にそぐわない[5]。また別の観点からすれば，シャープのような大企業1社に3,000億円を投じるより，中小規模のベンチャー企業数十社を支援した方がずっと日本の国益にかなうはずである。しかも，民間に引き受ける企業がなければともかく，鴻海という民間企業がより有利な買収条件を提示しているにもかかわらず，政府系ファンドがM&Aという民間企業の正常なビジネス活動を妨害するという構図には強い違和感があり，「民業圧迫」の批判は免れない。

⑥ **逆シナジー効果**：元々，シャープとJDIという2社の液晶生産能力が過剰である。2社統合となれば，一部生産設備の廃止や一部生産工場の閉鎖が必要となる。しかも，アップルは部品供給元の複数社方針に拘っているので，シャープとJDIが一緒になると，アップル向けのパネル供給シェアの合計がむしろ下がり，「1＋1＜2」という逆シナジー効果が表れる公算が大きい。またその場合，逆にライバルのLGや群創光電（鴻海子会社）などに大きなビジネスチャンスを与え，日本企業による液晶連合が今まで以上の苦しい立場に追われる可能性がある。

⑦ **企業統治（コーポレート・ガバナンス）の欠陥**：最初からINCJ案ありきで鴻海案を門前払いにして，政府，金融機関，経営者の密室会談で支援先選びが決まるようなこととなれば，株主利益の最大化という視点が欠落し，日本企業のガバナンス体制が批判されるのは避けられない。日本企業のガバナンス体制に対する外国人投資家の疑念が高まり，日本の国家と国民の保守的

な体質が国際的な批判を招くことになりかねない。

⑧ **株主訴訟のリスク**：より良い買収条件を提示した鴻海案を蹴ってINCJ案に向かった先に，シャープの株主も（債務放棄が求められる）主要取引銀行の株主も，経済利益の損害を理由に株主代表訴訟を起こす可能性が非常に大きい。善管注意義務を果たさず，会社に損害を与えたと裁判で認められると，シャープならびに銀行の現在の取締役個人は巨額の私財を投じて弁償せざるを得なくなり，今後の人生は完全に行き詰ってしまう。

(4) INCJの優位獲得

以上のように，「日の丸液晶大連合」の構想にはメリットもデメリットも多数あり，すんなりと採用できるものではない。そのため，2015年8月28日に，JDIの筆頭株主であるINCJと交渉しているものの，液晶事業をJDIに売却する交渉には入っていないとシャープは弁明した[6]。

実際には，株主や従業員や主要取引銀行ないし社会全体の立場から考えれば，鴻海がよりふさわしい出資者となるはずである。シャープとJDIの同業種連合と根本的に異なり，鴻海とシャープとの異業種連合では，市場メカニズムの妨害，独占禁止法の違反，利益相反，モラル・ハザード，国家権力の乱用，逆シナジー効果，企業統治の欠陥，株主訴訟のリスクといった諸弊害は一切起きないのである。

一方，日本の政府と産業界は液晶技術の流出に対する警戒心からシャープと鴻海との資本提携に強く反対し，あくまでもJDIあるいはINCJによる出資が望ましいと主張した。またシャープ社内でも鴻海への不信感が強く，鴻海の傘下に入ることへの拒絶反応が強かった。鴻海との交渉を形式上維持していたが，それはINCJの支援を本命視しながら，あたかも交渉相手が多数いるという印象を作り出し，金融機関と政府のさらなる支援を誘い出すためのシャープ側の戦術に過ぎないと世間が見ていた。

劣勢に立たされている中，鴻海がアップルを誘ってシャープの液晶事業への共同出資と3社共同運営を提案していると2015年9月21日に報道された。部品供給元の複数化を基本方針とするアップルはシャープとJDIの統合を歓迎しないので，シャープ，鴻海，アップルの3社共同運営案に賛同する可能性がある

と見られたのである。一方，シャープにとってもJDIにとってもアップルは最重要顧客なので，アップルの反対を押し切って統合の道に進むと，アップルからの発注総量が減って収益性が悪化する恐れがあった。また，アップルが買収陣営に入れば，鴻海が一方的に指図することはできず，事業経営の安定性と合理性が高まるので，シャープを安心させることができる。この意味から，アップルを買収陣営に招き入れるという鴻海の戦術を高く評価することができる。

　しかし，このシャープ，鴻海，アップルの3社共同運営案が不発に終わった後の2015年12月に，今度は鴻海は液晶事業を含めたシャープ全体を5,000億円で買収する案を新たに提示した。また同じ時期に，コールバーグ・クラビス・ロバーツ（KKR）とベインキャピタル（BC）という米国系投資ファンド2社もシャープの一部事業ないし全体の買収を打診した。このような争奪戦の中でも，シャープはINCJによる再建案を優先して協議しているのは明白であった。

　INCJ案の具体的内容はおおむね以下のものだった。

① シャープの液晶事業を完全に分社化する。
② 主要取引銀行2行（みずほ，三菱東京UFJ）に対する有利子負債約7,600億円のうちの1,500億円を液晶新会社に移して優先株に転換するとともに，INCJから約2,000億円の出資をシャープ本体に注入する。
③ 金融系投資ファンドのジャパン・インダストリアル・ソリューションズ（JIS）が保有している250億円分の優先株を一旦液晶新会社の普通株に切り替えてからINCJがそのすべてを買い取り，液晶新会社の90％の株式を保有する。残りの10％はシャープが出資する。
④ その後の状況を見ながら，新会社をJDIと統合させるかどうかを検討する。
⑤ INCJ主導のもと，シャープの白物家電事業と東芝の白物家電事業との統合も検討される。

3 土壇場の逆転勝利（2016年1月〜2月25日）

　INCJ主導の「日の丸液晶大連合」に対抗するために，ずっと断られ続けていた鴻海は強力な攻撃を仕掛け，シャープをめぐる情勢は急展開を見せた。

第1章　シャープ買収への道のり（2012年3月〜2016年8月）　*15*

　2015年12月に上限5,000億円のシャープ全体買収案を鴻海が新たに提示したのである。その後の2016年1月26日に郭台銘会長が来日し，（銀行や投資ファンドが持つ2,250億円分の優先株を含む）シャープ全株式と堺工場のシャープ持分（37％，約650億円）を上限53億米ドル（約6,250億円）で買収すると提案した。1月30日にシャープ本社（大阪）を訪問した際に買収総額を7,000億円程度に上積みしたとも伝えられている。上場以来の最安値を更新した2016年1月14日終値の109円で計算すると，シャープの時価総額は1,850億円程度なので，鴻海は時価の3倍以上の買取価格を提示したこととなる。また，堺工場の業績好転と同様に，「2年以内にシャープ全社の赤字を解消し，3年目で黒字化する」と郭台銘会長は公言した[7]。さらに「私の妻と子には日本人の血も流れています」と述べ[8]，現在の妻の祖母が日本人であることを理由にして自分の親日ぶりをアピールし，シャープ経営陣ならびに日本のマスコミ関係者の心をくすぐったのである。

　鴻海の新提案に対抗するために，INCJはシャープ本体に対する出資額を当初想定の2,000億円程度から3,000億円程度に引き上げ，INCJの志賀俊之会長兼CEOは「（シャープの）液晶事業を切り出して止血し，成長投資をするためには3,000億円が必要」との認識を示した[9]。そして，2016年1月29日に開催されたINCJの経営委員会でシャープ支援の大枠が正式に決まった。のちに追加した支援内容を加えて，INCJ案の主要内容は以下の8点である[10]。

① 　シャープの液晶事業の分社化，
② 　主要取引銀行の債権放棄（最大3,500億円），
③ 　シャープ本体に対するINCJの出資（約3,000億円），
④ 　成長資金として2,000億円の融資枠の設定，
⑤ 　液晶新会社とJDIとの統合（2018年をめどに），
⑥ 　東芝とシャープの白物家電の統合，
⑦ 　東芝とシャープのPOS事業の統合，
⑧ 　シャープの太陽電池事業を分離して昭和シェル石油の太陽電池子会社（ソーラーフロンティア社）との統合。

　シャープがINCJの支援策を受け入れた場合，主力銀行の最大で3,500億円に

上る債権の放棄（2015年6月にDES方式で取得した優先株2,000億円分の帳消しと現在の約7,600億円の有利子負債のうちの1,500億円を新たにDES方式で優先株に転換する），3,000億円程度の新規資本注入，最大で2,000億円の有利子融資が見込まれたが，高橋興三社長をはじめとする現経営陣の総退陣，従業員のリストラなどは避けられなかった。

　当然，最大で3,500億円の債務放棄となる銀行にとっても，会社の解体と事業のバラ売りとなるシャープにとっても，優先株の簿価買取（2,000億円分），多額の新規資本（4,000億円超）の注入，企業一体の存続，現経営陣の続投，従業員雇用の維持などを盛り込んだ鴻海側の提案がより有利で，痛みの少ないものになるはずであった。しかし，鴻海の提案はあまり信用されず，2016年1月31日にシャープと主要取引銀行はINCJからの出資案を優先的に検討すると表明した。一方の鴻海側には，株式公開買い付け（TOB）という強硬策もあり得たが，そこまで踏み切ると，シャープ従業員，日本家電業界，日本政府などの関係者の鴻海への敵対意識がますます強くなり，今後の業務活動が円滑に行うこともできなくなる恐れがあるので，いつも強気の郭台銘もここで強引に動き出さなかった。

　INCJ案が優勢のなか，シャープは2016年2月4日に取締役会を開き，高橋社長ら生え抜きグループはINCJ案を支持し，一方の銀行，ファンド（JIS），社外取締役らは鴻海案を賛同したと見られる激しい論戦を経て，ついに鴻海案を軸に交渉する方向で調整に入ることが承認された。同日の記者会見で，当初はINCJ案を支持していた高橋社長は鴻海案の優位性を最終的に認めた。なぜかというと，成長に向けた金額（約4,000億円）が大きい，再建スピードが速い，銀行と投資ファンドが保有する優先株を買い取る，銀行に新たな債務放棄を要請しない，（鴻海から重役が送り込まれるが）経営陣の全面退陣を要求しない，（40歳以下の）従業員の雇用を守る，太陽電池事業以外の事業分野を切り離さずにシャープ全社の一体性を保つ，シャープのブランドを継続して使う，といった鴻海が提示した条件はINCJからの再建案を大幅に上回っていたからである。

　鴻海案が優先的に検討されることに対して，日本政府（林幹雄経済産業大臣）は「鴻海と買収合戦をしたという認識はない」と述べ[11]，INCJも支援資

金を上積みして新たな提案を提示することに動かなかった。2016年2月4日午後に郭台銘会長は「サインしてくる」[12]と言ってプライベートジェット機で日本に飛び立ち，5日午前にシャープ大阪本社を訪れ，8時間にわたって高橋社長をはじめとするシャープ経営陣と本格的な交渉を行なった。交渉後に「90％は乗り越えられている。残る10％は法的なところだ。ほとんど問題がない」と自信を見せた[13]。ただし，郭会長が「今日は優先交渉権の合意書にサインした」と述べたのに対して，シャープは「合意書のなかに優先交渉権を与えた事実はない」というコメントを発表し，勝利宣言した鴻海をいったん牽制した[14]。

2016年2月8日にINCJの志賀俊之会長兼CEOは日本経済新聞の取材を受けたときに，次のような見解を表明した[15]。

- （現在の3,000億円を超える）上積みの検討はしない。
- シャープと鴻海の交渉がまとまらない場合は交渉を再開する。
- INCJ案と鴻海案は本質的に違う。鴻海はシャープ本体に出資し，全体の再生を図るものである。INCJはシャープの有望事業（液晶）に注目し，他社事業との再編・統合を通して国の（液晶）産業育成につなげる。
- INCJの目的は事業の「再編」であって企業の「再生」または「延命」ではない。したがって，投下する資金は成長資金だけで，債務の肩代わりはしない。
- 国を守るという発想はしていない。JDIとの統合はシナジー効果が期待できるからである。

鴻海案が優位になる中，シャープは2月15～17日の3日間に法務担当の幹部を台湾に派遣し，出資の条件などを詰めた。さらに，鴻海案の本気度を見極めるために，1,000億円の保証金を先に振り込んでもらうことを要求した。事業買収の交渉過程において，買収される側が保証金を求めるのは極めて異例なことであるが，鴻海側は大きく譲歩してシャープの要求をほぼ丸呑みした。2月18日に郭台銘会長は「人事を尽くして天命を待つ」と述べて買収の実現に期待を示した[16]。

そして，シャープは2月24日に定例の取締役会を開き，鴻海案の内容を中心

に協議を行った。会議の席上で，太陽電池事業の切り離し，40歳以下の雇用維持限定，支援資金の支払いタイミングなどの事項に関して，激しい意見対立があったとされる。また，鴻海案に賛成するJIS出身の社外取締役2名は利害関係者で取締役会の議決に加わるべきではないという意見も出たらしい。この日の議論がまとまらなかったため，翌25日に臨時取締役会を開いたが，その結果，鴻海案を受け入れることが奇妙にも「全会一致」の形で正式に決定された。報道内容によると，2月25日の取締役会は2回に分けて採決が行われた。銀行から派遣された取締役2名を当事者として外した形で一回目の採決は11人で行われたが，鴻海案は銀行が保有する優先株の消却を求めず，銀行負担が小さいという理由から，2回目の採決に13人全員が参加した（表1－1）。本心での鴻海支持者は7対6という僅差で，高橋社長もINCJ案を好むが，再建への不安を払しょくするため，最終決議は過半数を「全会一致」として承認するという変則的な形をとったらしい[17]。

表1－1　シャープの取締役会13人のメンバー（2016年2月時点）

名前	肩書き	出身母体	支持案
水嶋繁光	会長	シャープ	INCJ
高橋興三	代表取締役社長	シャープ	INCJ？
長谷川祥典	代表取締役	シャープ	INCJ
榊原聡	取締役	シャープ	INCJ
橋本明博	取締役	みずほ銀行	鴻海
橋本仁宏	取締役	三菱東京UFJ銀行	INCJ
半田力	取締役	経済産業省	INCJ
伊藤ゆみ子	取締役	弁護士	不明
加藤誠	社外取締役	伊藤忠商事元副会長	不明
大八木成男	社外取締役	帝人会長	不明
北田幹直	社外取締役	弁護士	不明
住田昌弘	社外取締役	JIS会長	鴻海
斉藤進一	社外取締役	JIS社長	鴻海

出所：『日本経済新聞』2016年2月8日朝刊記事により作成。

4 「偶発債務」による契約調印の延期
（2016年２月26日〜３月16日）

　日本企業と日本社会の閉鎖性は頻繁に指摘されているが，経済活動のグロー
バリゼーションが進んでいる現代，日本企業に対するM&A（合併と買収）は
決して珍しくない。しかし，日本の大手電機メーカーが会社ごとに外資の傘下
に入るのは初めてのケースなので，日本国内外のマスメディアは鴻海による
シャープ買収案を大きく取り上げて報道した。新聞報道によると，合意された
主要内容は以下のとおりである[18]。

- （２月25日のシャープ株の終値は149円，時価総額は2,500億円強に対して）
  鴻海は4,890億円を投じて第三者割当増資の形でシャープ株を取得する（取
  得価格が118円，払込期間は６月28日〜９月５日）。
- 4,890億円のうち，3,890億円を議決権のある普通株の取得に充て，出資実
  施後の鴻海はシャープ株の66％の議決権を保有する。
- 4,890億円のうち，議決権がなく譲渡制限が付く「Ｃ株」に充てるのは約
  1,000億円分である（取得価格が11,800円，払込期間は６月28日〜９月５日）。
  その「Ｃ株」は2017年７月以降に議決権のある普通株に転換することがで
  き，その場合に鴻海は70％以上の議決権を保有する。
- 鴻海はみずほ銀行と三菱東京UFJ銀行が保有するシャープの2,000億円分
  の「Ａ株（優先株）」のうちの半数を1,000億円で買い取る。
- 投資ファンドのJISが保有するシャープの「Ａ株（優先株）」250億円分の
  一部ないし全部をJISと合意した価格で買い取る。
- 鴻海は翌26日に1,000億円の保証金をシャープに先行して支払う。
- 株式取得の4,890億円と保証金の1,000億円は総額6,600億円規模の支援額に
  含まれる。そのうちの約2,000億円を有機EL事業に，約1,000億円を液晶事
  業に投じる。
- 「シャープ」というブランド，経営の独立性，全社各事業の一体性，従業
  員の雇用，技術秘密の保持などを維持していく。
- シャープと共同運営している堺工場の一部資産を取得する。
- 出資後のシャープの取締役の３分の２以上は鴻海側が指名する。高橋興三

社長は辞任し，鴻海副総裁の戴正呉副董事長をはじめとして，共同運営している堺工場の日本人幹部や鴻海の日本人脈が新しい取締役に就任する。

鴻海への不信感が根強かったので，「買収が決まれば1,000億円の支払いを保証する」という約束が総額6,600億円の鴻海案を受け入れる大きな材料の1つとなったとされる[19]。一方，林幹雄経済産業大臣は同25日に記者団に対して，「産業革新機構の提案もいいと思っていたが，最終的にはシャープが決めたこと」，「雇用や地域経済（の安定）は確保できたと思うが，外資によってシャープがどう発展していくかを注視していきたい」と政府見解を表明した[20]。

他方では，シャープが鴻海入りを決めた翌26日にINCJは経営会議を開き，会議終了後の志賀俊之会長兼CEOは記者団に対して，「今日をもって案件はクローズする」とシャープとの出資交渉から撤退することを表明した。またINCJが主導しているシャープと東芝の白物家電部門の統合事案についても，（シャープが抜けたため）「東芝を単独でやることはできない」と出資の中止を表明した[21]。

シャープの鴻海傘下入りを受けて，日本国内工場の生産維持と雇用維持に対する関心が一気に高まった。東京商工リサーチによると，2016年年始時点に，シャープグループに製品を直接納入する企業は1,680社で，うち近畿企業が621社と37％を占める。間接納入する企業も加えると近畿企業だけで2,058社に上り，その大半が中小企業で，地域経済や雇用に与える影響は大きい。低コストを追求する鴻海がシャープの親会社となれば，部品の調達先を日本企業からより安い中国・アジア企業に切り替えるのではないかと心配する部品メーカーが多い一方，鴻海の資金力と営業力が取引の拡大につながると期待する部品メーカーも少なくない。企業側のこの気持ちを反映して，シャープ工場が立地する栃木県，鳥取県，広島県，三重県，大阪府の知事，福山市，三原市，大阪市，堺市，天理市，亀山市の市長，関西経済同友会の代表幹事と関西経済連合会の会長，大阪商工会議所と亀山商工会議所の会頭，といった関係者は相次いで不安と期待のコメントを表明した[22]。

ところが，シャープが買収の成立を発表した2月25日の午後に，鴻海は「シャープが24日朝に出した重要文書について精査する必要があり，契約の延期を申し出た」と発表し，シャープ買収を審議する鴻海の取締役会の招集を延

期した。その重要文書とは総額約3,500億円の財務リスクの関連情報，すなわち退職金，他社契約の違約金，政府補助金の返還などを含む「偶発債務」リストであり，それまで鴻海に知らされていなかったとされるものであった[23]。

　実際に，買収先企業の「隠し債務」に対して，鴻海は警戒しなければならない正当な理由があった。鴻海が2010年に台湾液晶大手の奇美電子を買収したことがあったが，その年末に欧州連合の裁定で奇美電子に対するカルテル制裁金３億ユーロの支払いが命じられ，最終的には鴻海がその制裁金を負担せざるを得なかったのである[24]。さらに言えば，そもそもシャープに対する鴻海の不信感も非常に強かった。前にも述べたように，2012年３月末に時価に近い550円を第三者割当増資の株式取得価格と設定した後，シャープの経営状況が急変し，８月以降の株価は100円台まで下がってしまった。このとき鴻海は取得価格の引き下げを求めたが，シャープは全く譲歩せず，550円の一点張りであった。それが原因となり，シャープへの出資は延期となった際，「契約を守らない」とか，「じゃんけんの後出し」などのマイナスイメージを鴻海に付けたシャープに対して不信感をいだいたのである。今回も鴻海の取締役会が最終決定を下す直前になって「偶発債務」リストがシャープから渡され，「不都合な情報を隠していたのでは」と鴻海が疑心暗鬼になるのも無理はなく，むしろ「同じ轍は踏まない」と考えて警戒しなければならなかったのである。

　この「偶発債務リスト」はなぜ買収契約成立後にはじめて鴻海に提出されたかについて，二通りの見解がある。ひとつは事務方のミス説である。つまり，もともと鴻海を買収の本命と見ていなかったため，自社に都合の悪い情報を信頼できない相手に隠していたが，予想に反して契約が成立したため，急いで相手に知らせざるを得なかったということである。もうひとつは反乱説である。つまり，シャープ経営陣は最後まで開示するつもりはなかったが，社内に反乱者がいて「偶発債務リスト」の存在を鴻海側に密告した。鴻海の怒りを恐れてしぶしぶとそれを出さざるを得なかったということである。真実を究明することはほぼ不可能であるが，この「偶発債務リスト」の出現こそが鴻海の契約合意延期につながってしまったのである。

　確かに，シャープの純資産額約1,600億円，株価総額約2,500億円に対して，「偶発債務」リスク3,500億円とは非常に大きな金額である。「隠し債務」の大

きさに驚き，鴻海は契約の一時延期を発表せざるをえなかった。鴻海とシャープの資本提携事業の先行きを不安視する見方が株式市場で広がり，鴻海とシャープの26日の株価はともに大きく下落した。そこで，シャープの高橋社長は翌26日に緊急に中国の深圳市に飛び，郭台銘会長に事情を直接説明することに務めた。その結果，買収交渉の期限を2月29日から3月7日まで延長することに合意した。鴻海側としては公認会計士や弁護士などによる専門家チームをシャープに派遣し，債務内容の精査を急ぐことになった。一方のシャープ側は3月1日付けで鴻海との交渉を専門的に担う新役職「協業推進担当」を設置し，（シャープ・エレクトロニクス・コーポレーション会長を兼任する）藤本俊彦常務執行役員が就任することとなった。

　シャープの「偶発債務」リストにどんなものがあるかは部外秘であるが，「3,500億円のうち大部分のリスクは少ない」と鴻海側の財務アドバイザーのJPモルガンは見ており，「実際には500億円しか債務として発生しないだろう」と高橋興三社長が説明しているようである[25]。例えば大型液晶パネル製造向け部品の購入枚数をめぐり，フォトマスク製造のエスケーエレクトロニクスはシャープを提訴していたが，後の2月29日にシャープが総額8億円を支払うことで和解が成立した。しかし，鴻海側が派遣した公認会計士の審査結果として，「認識せざるを得ないリスク分は約2,900億円」とシャープ側が主張する500億円を大きく上回った[26]。

　さらに火に油を注いだのがシャープの急激な業績悪化である。2016年3月期の年度決算で営業利益を100億円の黒字と契約前に見込んでいたが，契約直後に赤字1,700億円の見通しと変更されてしまい，シャープに対する郭台銘会長の不信感は高まる一方であった。

　状況が緊迫していた中，郭台銘会長は3月4日に来日して，シャープの高橋社長ら経営幹部と会い，買収に向けた最終協議を行った。そこでは偶発債務リストの内容に対する精査が完了次第，早期の契約締結を目指すとの意向を示した。その後，今度は高橋社長が3月14日に台湾に飛び，郭台銘と会談して買収協議の継続を確認した。しかし，3月16日朝9時から午後10時過ぎまで13時間にも及ぶマラソン交渉では互いに平行線をたどり，合意に至らなかった。

5 最終合意 (2016年3月17日〜4月2日)

　暗礁に乗りあげた出資交渉に決定的な影響を与えたのは，シャープの主要取引銀行であった。銀行保有の優先株の買取額の減額や延期，3月末に返済期限を迎える総額5,100億円にのぼる協調融資の金利の引き下げ，シャープへの追加的な融資枠の設定といった鴻海側の要望に対して，みずほと三菱東京UFJの2行は受け入れる方針を3月20日前後に示した。銀行側の支援を取り付けたため，鴻海は株式出資（4,890億円）の減額幅を2,000億円から1,000億円に引き下げ，シャープ買収の交渉は大筋合意に達した。こうして，紆余曲折の末，鴻海の取締役会は2016年3月30日に開催され，シャープへの出資案が審議され承認された。しかし，当初と比べて出資条件に若干の変化があった。

- 株式買収総額を当初予定額の4,890億円から約1,000億円減らして3,888億円とする。3,888億円のうち，2,888億円を議決権のある株式の取得に充てる。出資総額は1,000億円も減るが，（2016年3月30日のシャープ株価終値は135円であるにもかかわらず）シャープ株の買取価格を当初予定額の118円から88円に大きく引き下げたため，出資後の出資比率は66％と変わらない。また，この出資案は6月末のシャープの株主総会で正式な承認を得る必要があり，出資金の払込期限は当初の9月5日から10月5日へと約1か月延長する。
- 主要取引銀行2行はそれぞれ1,500億円の新規融資枠を設け，また3月末に迎える5,100億円の協調融資の返済期限を1か月延長する（この5,100億円は4月30日にさらに複数年契約で借り換えられた）。
- 主要2行が保有している優先株の買取時期を最大3年間延長する。
- シャープ側の理由で鴻海に対する第三者割当増資を実施しなくなった場合，あるいは鴻海側の責任ではない特殊事情で出資金が支払われない場合，鴻海がシャープの液晶事業だけを買い取る権利を行使できるという特別条項が新たに加わった。
- 株式買収の出資に先立って支払う1,000億円の保証金はすぐに振り込むが（翌31日に振込完了した），その使い道が限定され，特にシャープの運転資

金に使ってはならない。

- 投資総額3,888億円のうち，有機EL事業に投入予定の約2,000億円を維持するが，液晶事業に投入予定の約1,000億円は600億円に減額される。そのほか，白物家電事業に400億円，（コピー，スキャン，ファックス，印刷などの機能を搭載する）複合機事業に400億円，電子部品事業に100億円，太陽電池事業に80億円をそれぞれ投資する。そして，太陽電池事業の再編または売却の可能性も示唆されている。
- 高橋興三社長が退任して，鴻海副総裁の戴正呉らを社長として派遣する。シャープの取締役9人のうち，鴻海は6人または3分の2以下を指名することができる。

　鴻海取締役会の決議とともに，シャープは同30日に取締役会を開き，減額した鴻海の買収案を審議し，11人賛成，2人反対で承認した。そして，4月2日に堺工場の事務所で鴻海とシャープ両社による資本提携の契約が正式に調印された。今回合意した株式出資の払込期限は2016年10月5日であるため，シャープの2016年3月期の年度決算がまだ確定していないことをはじめとして，若干の不安要素も残っているが，鴻海によるシャープ買収はほぼ決まった。

6　出資完了（2016年4～8月）

　2016年4月以降は鴻海出資案に関する新たなトラブルが表面化することがなく，事態が順調に推移しているように見えた。2016年6月22日に鴻海の定時株主総会は台湾の新北市本社で開かれ，郭台銘会長は「（買収手続きを）今月中にすべて完了するだろう」，「再建を成し遂げて鴻海・シャープ両方の株主に喜んでもらう」，「私の人生で2度目の創業，絶対に成功させる」とシャープ買収を成功させる決意を再度表明した。また，米国でのシャープブランド商品の販路を拡大するために，米国小売り大手のコストコやアマゾンなどとの協議はすでに開始し，「世界中に工場を作り，シャープの家電を売りたい」と郭台銘会長はシャープ買収後の再建策を具体的に語った[27]。

一方，「カットすべき人はカットする」，「人事評価では個人ベースで信賞必罰の制度を導入する」，「場所を変えても飼い主を代えても，腐った卵しか生まない鳥は要らない」などの厳しい言葉を郭台銘会長が述べ，人員削減と人事制度改革の可能性を示唆した。また次期社長の戴正呉は大規模な人員削減（全世界で7,000人，日本国内で3,000人）の可能性を認めたうえ，「効率化のためにあらゆることを検討する。シャープは金持ちの子供（浪費家）だから，経費をカットしていく」と述べ，人員削減の規模と部品調達体制の見直しについて言及した[28]。

鴻海株主総会翌日の6月23日，独立企業としてのシャープの最後の定時株主総会は大阪市内で開かれた。3時間23分に及ぶ長時間の中，現経営陣の経営責任を追及する意見も多かったが，鴻海出資（総額3,888億円，1株88円，議決権66％），経営陣刷新（高橋興三社長退任，戴正呉社長就任），本社所在地移転（大阪市から堺市へ）などの6議案はすべて承認された。

鴻海とシャープ両社の株主総会に先立ち，2016年5月31日と翌6月1日に台湾政府の経済部と台湾の公平交易委員会はそれぞれ鴻海によるシャープ買収案を承認した。中国当局の独占禁止法に関する審査に時間がかかっているため，目指していた「6月中」の出資は実現できず，戴正呉を社長とする新体制の発足は先延ばしになったが，出資期限の10月5日までに間に合う見通しであった。

国際的なM&A案件，とりわけ大型案件に対して，中国当局の独占禁止法の審査期間は他国に比べてやや長いのが事実である。長いうえに不透明で，自国利益優先という批判もよく言われるが，鴻海のシャープ買収という案件で言うと，特別に長いとか不公正とかは言えない。しかし，中国当局の審査が想定以上に長引く状況の中，鴻海からの資本注入時期が大幅に遅れ，戴正呉を社長とする新体制への移行もできなかった。鴻海出資の成否が懸念され，再建への不透明感が高まり，「連結債務超過のため，製造装置を売りたくても売れない」とシャープの取引先が悲鳴を上げていた。シャープは鴻海の出資を前提に有機ELパネルへの大型投資を計画していたが，装置の仕様を詰めている取引先は「シャープと合意できても当社の稟議が通らない。早く鴻海から出資を受けてほしい」と焦っていた[29]。

株式市場ではシャープ経営業績の低迷や鴻海出資の遅れなどに嫌気をさした

売りが膨らみ，シャープの株価は50年ぶりの安値水準に低迷していた。鴻海買収案が承認された6月23日，シャープ株は一時，前日比9％高の136円に上昇し，133円の終値を付けたが，東証1部から2部への指定替えと上場廃止の猶予期間入りを受け，翌24日に一時，前日比21％安の105円まで下がり，終値は前日比22円（17％）安の111円となった。しかも6月27日には一時，約半世紀ぶりに100円割れの94円まで下がり，終値は前日比14％安の95円で，1965年11月に付けた史上最安値の97円を下回った。さらに，7月29日（金曜日）の取引中に一時，前日比4円安の90円まで下げ（終値は92円），最終的には8月1日（月曜日）に一時87円まで下げ，鴻海の買取価格の88円を下回った（終値は90円）。シャープ株価が鴻海の買取価格を下回ったため，2012年の出資合意の時と同様に，鴻海の出資が再検討されるのではないかと心配する声も上がった。しかし，鴻海関係者はすぐに「株価が88円を下回っても投資に影響しない」と出資続行の態度を表明して事態の鎮静化を図った[30]。

　ようやく2016年8月11日，中国の独占禁止法の審査当局は鴻海のシャープ出資案を承認した。この決定を受けて，鴻海は翌12日に3,888億円の出資を「速やかに完了する」と表明した。このように，鴻海出資の確実性が高まったため，12日午前中，シャープの株価が東京証券取引所で急伸し，一時，前営業日比18％高の105円まで上昇し，約3週間ぶりの高値を付けた。これと対照的に，台湾証券取引所での鴻海の株価は前日比4％近く下落した。同12日午後，鴻海はシャープへの増資資金（総額3,888億円）を全額払い込んだ（普通株式を1株当たり88円で買い取り，シャープ議決権の約66％を取得した）と発表した。また，シャープ社長の高橋興三は同日付けで退任し，鴻海副総裁の戴正呉は翌13日に創業100年余りのシャープで初めての外部出身新社長に就任した。

　買収契約を結んだ4月初めからは4か月も経過した8月半ば時点に，ようやく鴻海の出資が完了し，シャープの債務超過状態が解消され，新しい経営陣が就任して，企業再生に向けた構造改革は本格化した。2016年8月13日，「長い時間がかかったが，私のシャープ買収の信念は初めから変わらなかった」と郭台銘は台湾で記者団に述べた。また台湾の鴻海本社前で，シャープ新社長となった戴正呉は「現在のシャープの経営体制は混乱しており，すぐに正しくする」，「短期にはキャッシュを稼ぎ，赤字から黒字に転換することが最も重要

だ」，欧米で展開しているシャープのブランドを他社に貸すというライセンスビジネスを「取り戻したい」と抱負を語った[31]。

　ところが，鴻海傘下に入ったシャープにとっては，いまだ多くの難題が山積している。鴻海からの3,888億円の出資を受けて3月末に陥った連結債務超過状態は解消されたが，売上高の減少に悩まされている。2016年4〜6月期の売上高は前年同期比3割も減少し，5つの事業分野はすべて減収しており，主力の液晶パネル事業も営業赤字が続く。鴻海出資から約2,000億円を有機EL分野に投下すると計画しているが，短期的な収益改善に全くつながらない。高橋社長ら旧経営陣の指揮下で，事業組織の再編，資材調達体制の見直し，新しい人事評価システムの構築といった様々な改革案はすでに進められていたが，戴社長をはじめとする新経営陣はどんな方向に向かうかは明確ではない。鴻海主導で液晶事業の抜本改革や有機ELへの投資や一部事業の切り離しなどは進められるが，両社の時間感覚や企業文化が大きく違うので，激しい痛みを伴う改革になるだろうと思われる。幸い，シャープ社員が最も恐れる大規模な人員削減案（7,000人規模）を戴社長は明確に否定したため，とりあえずひと安心である。

　実際に，鴻海のシャープ買収が正式に決まった2016年4月2日以降，シャープはあまりにもたくさんの変化を経験している。次章以降ではシャープの主要変化を時系列に整理し，全体的な流れの中からシャープ再建の軌跡を解明していく。

〈第1章の注〉

1）　喬晋建（2016）『覇者・鴻海の経営と戦略』ミネルヴァ書房，第9章。
2）　「電子の帝王：シャープとのすべてを語ろう」『週刊東洋経済』2014年6月21日号。
3）　『日本経済新聞』2015年8月23日朝刊記事。
4）　2009年7月のINCJ設立時の資本金3,000億円のうち，政府出資が2,860億円，トヨタ自動車やパナソニックなどの民間企業26社の出資が140億円，さらに1兆8,000億円の資金調達に対する政府保証枠がある。
5）　INCJが発足した2009年7月当初から，投資を決める際の基準は「成長性」や「革新性」と定められていた。シャープ支援や東芝支援が囁かれている最中の2016年1月27日に，公正取引委員会は日本政策投資銀行（DBJ）やINCJなどを含める公的機関による民間企業の再生支援に対する指針案を公開し，以下3つの基本原則を示した。1）政策目的のためどうしても支援が必要だが，民間の手には負えない状況，2）必要最低限の規模と手法，3）個別事案であっても迅速に情報開示する。要するに，新たな技術や産業の創出を促すのが大義名分であり，個別企業の救済は設立目的に反する。

6) 『日本経済新聞』2015年8月29日朝刊記事。
7) 『日本経済新聞』2015年12月27日朝刊記事。
8) 『日本経済新聞』2016年4月6日朝刊記事。
9) 『日本経済新聞』2016年1月26日朝刊記事。
10) 『日本経済新聞』2016年1月30日朝刊記事。
11) 『日本経済新聞』2016年2月5日夕刊記事。
12) 『日本経済新聞』2016年2月5日朝刊記事。
13) 『日本経済新聞』2016年2月6日朝刊記事。
14) 同上。
15) 『日本経済新聞』2016年2月9日朝刊記事。
16) 『日本経済新聞』2016年2月18日夕刊記事。
17) 『日本経済新聞』と『日経産業新聞』の2016年2月26日記事。
18) 同上。
19) 『日本経済新聞』2016年2月25日夕刊記事。
20) 同上。
21) 『日本経済新聞』2016年2月27日朝刊記事。
22) 『日本経済新聞』2016年2月26日朝刊記事。
23) 同上。
24) 『日本経済新聞』2016年4月6日朝刊記事。
25) 『日経産業新聞』2016年3月4日記事。
26) 『日本経済新聞』2016年4月7日朝刊記事。
27) 『日本経済新聞』2016年6月23日，24日朝刊記事。
28) 『日経産業新聞』2016年6月23日記事。
29) 『日本経済新聞』2016年7月16日朝刊記事。
30) 『日本経済新聞』2016年8月1日夕刊記事。
31) 『日本経済新聞』2016年8月14日朝刊記事。

組織体制の変化

　数年間にわたる出資交渉の過程において，鴻海の郭台銘会長はシャープの意思決定スタイル，組織構造，事業範囲などに対する不満と批判を幾度も表明したとともに，シャープ社内の技術者と従業員の能力を高く評価し，シャープの歴史とブランド力に敬意を払っていた。長年の交渉努力が報われ，巨額の資金を投じたうえで意中のシャープをようやく手中に収めることに成功したが，このシャープはすでに数年間も経営業績が低迷し，債務超過に陥り，倒産の危機に瀕していた。当然，様々な改革策を断行し，シャープの体質を増強するのは急務である。本章では，主にトップ経営陣の刷新，意思決定スタイルの変革，資本関係の整理，傘下事業の再編，鴻海との共同事業の開始，従業員モティベーションの向上といった側面から鴻海傘下入り後のシャープの変化を検証してみる。

1　トップ経営陣の刷新

　鴻海がシャープを買収したため，当然，トップ経営者も経営スタイルも組織文化も鴻海からシャープへ持ち込まれ，シャープ社内の組織体制に大きな変化が起きることになる。

(1) 旧経営陣の総退陣

　鴻海買収案を受け入れた直後の2016年5月，経営失敗の責任を取る形で，5人の社外取締役を含めた13人のシャープの取締役のうち，社内出身者1人（長谷川祥典）だけが留任し，高橋興三社長（61歳）をはじめとする他の12人は退任することが決まった。

　新体制の取締役は9人で，社外取締役を含む6人を鴻海が選んだ。鴻海副総裁の戴正呉（64歳）はシャープの次期社長に指名され，創業100年余りのシャープで初めての外部出身のトップ経営者となった。この戴氏を支えるために，劉揚偉（1988年に米国でベンチャー企業を立ち上げ，2007年に鴻海に合流した），中川威雄（東京大学名誉教授，元鴻海の技術指導者），高山俊明（鴻海とシャープ共同運営のSDP（堺工場）の副社長，戴正呉と親戚関係あり），中矢一也（社外取締役，元パナソニック），石田佳久（社外取締役，元ソニー）という5名が取締役に指名され，鴻海の日本人脈が集結された形となる。

　一方，長谷川祥典（シャープの元代表取締役専務），野村勝明（シャープ財務畑出身のSDP会長），沖津雅浩（シャープの健康・環境システム事業本部長）という3名の取締役についてはシャープが指名した。その後の6月14日付けで，長谷川祥典は（代表権を外して）専務執行役員兼コンシューマーエレクトロニクスカンパニー社長に降格され，SDPで郭台銘会長の信頼を得た野村勝明は代表取締役，経営企画本部長兼東京支社長，副社長執行役員，経理・財務本部長という要職に任命され，沖津雅浩は常務執行役員兼コンシューマーエレクトロニクスカンパニーEVP兼健康・環境システム事業本部長に任命された。

　日本生まれの技術が漏洩しないことへの配慮から，シャープは関西経済連合会や（パナソニックを中心とする）関西の家電業界などで組織する「組込みシステム産業振興機構」（2010年に発足，現在は産官学の約210団体が参加，技術を持ち寄る形で研究開発や人材育成を進めている）での活動を事実上休止し，シャープ出身幹部が務める同機構の副理事長は退任するということが，2016年6月6日に開かれた機構総会で決定された。こういうある意味では重要性の低い産業連合組織から撤退することは，若干の加盟費用の節約にもつながり，また経営危機に陥ったシャープが身の丈を考えて謙虚になっていることを意味す

る。

(2)　戴正呉新社長の奮闘

　2016年8月12日，鴻海がシャープへの出資（総額3,888億円）を全額払い込んだことを受け，シャープ社長の高橋興三は同日付で退任し，鴻海副総裁の戴正呉が翌13日にシャープの新社長に就任した。

　2016年8月22日，戴社長は堺市のシャープ本社からシャープ従業員向けのメッセージを出した。その重点はまず組織や人事制度を大幅に見直し，鴻海流の成果主義の仕組みに改めることであった。具体的には，「人事評価委員会を作る」，「信賞必罰の人事を徹底する」，「年齢，性別，国籍に関係なく成果を上げた人に報いる制度」，「管理職の降格もありうる」，「人員削減ではなく適正化だ」などを強調するとともに，経営危機で一般社員2％，管理職5％と削減していた給与を9月から回復すると語った。そのほか，本社機能のスリム化，コストの抑制，資産の有効活用や過剰設備の撤廃，事業部ごとの採算性重視，「シャープは商品企画・開発・販売に経営資源を集中し，調達・生産は鴻海グループが全面的にサポートする」などのことも挙げ，改革の方向性を示した[1]。

　さらに，8月下旬以降に新しい取り組みを次々と発表した。まず改革の司令部となる「社長室（常務の橋本仁宏が室長）」を新設して200人という大規模の部隊で人事制度や構造改革を進める。また，若手社員が3つの部門を経験するというシャープ従来のローテーション制度を廃止する。つまり，複数領域の知見を持つ「T型」人材よりも，特定分野に精通する「I型」人材を重要視するということである。そして，全社的な人員削減の数値目標を設定しないが，事業整理や成果主義導入によって社員数は自然淘汰的に絞られていく。

　2016年8月27日に鴻海出資完了後の新しい経営体制はスタートした。代表取締役社長戴正呉のほか，代表取締役副社長兼管理統括本部長野村勝明，代表取締役兼ディスプレイディバイスカンパニー副社長高山俊明，取締役専務兼IoT通信事業本部長長谷川祥典，取締役常務兼健康・環境システム事業本部長兼シャープエレクトロニクスマーケティング会長沖津雅浩，専務ビジネス・ソリューション事業本部長中山藤一，上席常務ディスプレイディバイスカンパニー社長桶谷大亥，常務海外事業統轄藤本俊彦，といった人事が発表された。

取締役は買収前の13人から５人まで減り，執行役員は22人から１人（品質・環境本部長谷口信之，太陽電池の施工管理関連法規上で必要とされる）だけに減った。2015年に導入された社内カンパニー制度を廃止して事業本部制に戻し，計10の事業本部のうち，現行の５カンパニーはディスプレイディバイスカンパニーだけを残して，６つの事業本部に再編した。管理統括本部，品質・環境本部，海外事業統轄本部などを新設し，研究開発部門を研究開発事業本部に格上げして収益性への貢献を求めた。

　極度の経営不振に陥ったシャープを再建するために，シャープ新社長に就任した戴正呉の経営手腕に大きな期待が寄せられていた。1951年生まれ（就任当時64歳）の戴正呉は，台湾の大同工学院（現大同大学）化学工業学部を卒業し，1976年に電機大手の大同グループに入社した。1977～81年に大同から日本へ派遣され，流暢な日本語を身に付けた。1986年に鴻海に転職してから，ソニーやパナソニックなどとの取引を成功させた功績が高く評価され，1992年に副総経理，2004年に副総裁に昇進した。2016年５月12日にシャープの次期社長に選任されたが，社長職に正式に就任したのは株式出資金が振り込まれた後の2016年８月13日である。

　「コストカッター」と呼ばれる郭台銘に負けず，戴社長もコスト削減の名人である。社員士気と社会的評価を回復するために，着任早々に本社ビルの買い戻しや早川記念館の建設といったお金のかかる仕事に取り掛かった一方，ビルの賃貸料が高いという理由で東京支社を廃止した。テレビ会議システムを取り入れて紙の資料を不要にすることで事務費用を減らしている。また自ら範を示し，自分の住まいをシャープ旧本社近くの築30年超の風呂・トイレ共用の独身男性向けの「早春寮」の十畳間としていた。後に堺工場に新しく完成した社員寮の「誠意館」の風呂・トイレ付きの個室に移ったが，ほかの入居者と同じ住居環境下にある。車での移動は黒塗りの高級セダンではなく，車内で会議ができるミニバンに乗り換えている。新幹線での移動は特別料金のかかるグリーン席ではなく，普通席を利用している。旧シャープの時代に社長決裁の金額は億円単位であったが，戴社長はそれを300万円に引き下げ，自分自身が社内支出の内容を細かくチェックしている（経営業績の改善に伴い，2018年に2,000万円まで，2019年７月に１億円まで引き上げられた）。

鴻海副総裁として戴社長は鴻海から報酬をもらっているが，シャープが黒字になるまでシャープからの報酬（役員報酬と役員賞与）をもらわないと宣言し，経営再建に向けた決意を示した[2]。またシャープの再建に専念するために，鴻海の中核企業となる鴻海精密工業の取締役を辞任する意向を2016年10月に表明し，2017年4月に辞任した。「なるべく会社の経費は使わない。私一人で（年間）最低1億円ぐらいの経費が抑えられる」と戴社長が語った[3]。

戴社長の献身的な奮闘ぶりにシャープ社員の大半が尊敬と感謝の念を持ち，日本国内のマスコミ全体もおおよそ高く評価している。また戴社長のリーダーシップ能力を高く評価した学術的考察もある[4]。かつての日産自動車を経営危機から救い出したカルロス・ゴーン氏に引き合わせ，戴社長を経営の名人と評価する声が多い。折しも2018年の年末にカルロス・ゴーン氏が日本の検察当局に身柄を拘束された。社内クーデターか，有罪か無罪か，と謎の多い1件であるが，マスコミに報道されたゴーン氏の数々の私腹を肥やした行為に呆れてしまう。

また，ゴーン氏が日産社長に就任した時にフランスのルノー社から約30人のスタッフを連れ込み，彼らを日産再生の企画と実施の中心に据え，しかも自分自身に巨額の報酬を定めた。一方の戴社長は，一人だけでシャープに飛び込み，報酬を受け取らず，「有言実行」の改革を断行している。その上，戴社長はシャープの歴史と文化に敬意を払い，本社移転のときに創業者の早川徳次氏の銅像を旧本社から新本社へ移設させ，出勤時に必ず銅像に一礼すると言われる。したがって，カルロス・ゴーンと比較するときに，経営手腕の高低とは別にして，戴正呉には清廉，誠実，謙虚，愚直といった庶民受けの良いイメージが強い。

(3) 鴻海流意思決定スタイルの導入

戴社長の一連の改革策が功を奏して，2016年4〜9月期の連結営業損益は7,900万円の黒字（前年同期251億円の赤字）を実現した。しかし，「戴社長は細かいコスト削減など合理化は得意だが，社員に希望を与えるような夢は語れない」と評する日本人経営幹部がいるのも事実である[5]。

この点については，シャープには創業者の早川徳次以来，短期的な採算性を

度外視しても革新的技術に挑戦し続ける経営風土が培われており，「まねされる商品をつくれ」，「目の付けどころがシャープ」と褒められるように，電卓や液晶といった世界初の商品を次々に開発した実績がある。しかし，コスト削減という大義名分の下，設備投資や商品開発の費用は大幅に抑えられている。技術革新の力が委縮することとなれば，今までのように独創的な商品を次々と出すことはできなくなるのではないかと危惧する声も多い。そのため，「シャープは独創企業であり続けるのか，歯車の一つになってしまうのか。その分かれ目はシャープ社員の誇りと，戴社長の度量にかかっている」とマスコミが警鐘を鳴らしているのである[6]。

　実際に，戴社長はシャープの独創性と技術力を保持する重要性をよく理解している。シャープの業績が上向いてからの2017年1月23日，戴社長の社員向けメッセージのなかで2017年度の重点施策の1つは技術開発の強化であると会社の基本方針が示された。具体的には，IoT関連ビジネス，有機EL，次世代ディスプレイ，高精細の8Kテレビなどを主要内容とする重要技術の開発に対して社長決裁枠から特別予算を付けたり，新しい技術を生み出した社員の起業を支援するファンドを創設したりするような支援策を表明した。また特許などにつながる重要技術を開発した授業員を対象としたインセンティブ制度を導入して，鴻海流の成果主義を浸透させる。もちろん，技術者の流出が続くなか，インセンティブ制度の活用で優秀な人材を引き留めるという意図もあると見られる。

　そして，技術力を維持するため，シャープ勤務経験1年以上，退職後5年以内という条件を付けて自己都合で退職した技術者を再雇用する「カムバック採用制度」を2017年11月に始めた。

　戴社長が就任してから，シャープ社内の意思決定スタイルが大きく変わった。

　経営執行役員の制度を実質的に廃止し，経営権限を社長直属部隊の社長室に集約した。会社の重大事項を決定する経営戦略会議は鴻海買収前に月に1～2回のペースで定期的に開かれ，経営幹部たちが一斉に本部会議室に集められていたが，戴社長が就任してから，その戦略会議は事業部などの要請に応じて随時に臨時開催されるようになった。またテレビ会議システムを取り入れ，各地の幹部は電子黒板を見ながら議論に参加できるようにした。この結果，意思決定のスピードは大幅に迅速化され，様々な改革策が矢継ぎ早に打ち出され，

シャープの経営業績は短期間のうちに上向いた。この変化は,「大きい会社が小さい会社に勝つのではなく,速い会社が遅い会社に勝つ」という郭台銘の信念を反映したものである。ただし,スピード経営を別の言い方で表現すると,トップダウン経営ということでもある。一般論として,緊急時に集権型の組織運営体制を取り入れなければならないが,平常時には分権型の組織運営体制がより有効であろう。つまり,シャープの経営が軌道に乗ってからは,戴社長の意思決定スタイルも徐々に変化する必要があると思われる。

(4)　戴社長後継者の体制づくり

　シャープの再建が一応の成功を見せた2017年5月12日,シャープは6月20日の株主総会に提出する予定の取締役人事議案を発表した。鴻海取締役と堺ディスプレイプロダクトの取締役を務める王建二が取締役に,鴻海子会社の鴻準精密工業の経理責任者を務める呂旭東が社外取締役に,それぞれ新たに就任した。

　シャープ生え抜き役員のうち,野村勝明だけが取締役にとどまり,長谷川祥典と沖津雅浩は取締役から退任して専務執行役員と常務執行役員に変わった。社外出身を含めた取締役9人のうち,過半数となる5人が鴻海グループ出身者となり,シャープ指導体制の鴻海色はより一層強まった(表2-1)。ただし,鴻海からの経営の独立性を担保するために,シャープ社長の戴正呉は2017年4月末に親会社の鴻海精密工業の取締役に相当する「董事代表人」を退任した。

　戴社長はかつてから東証1部復帰後に社長を退任して会長に就くことを示唆していた。2016年12月5日,「シャープが東証1部へ復帰したら台湾に戻る」と述べ,東証1部復帰後に社長を退任して後任社長をシャープ内外から日本人を選ぶとの考えを示した[7]。2017年3月13日の記者インタビューでも,「いい社長を探し,教育したい」と社内の日本人社員を社長に登用する意向を示した[8]。また,東証復帰初日の2017年12月7日の記者会見で,「東証1部復帰を必ず果たす強い決心で片道切符を手に日本に来た。目標をようやく果たせた」と語り,「次期社長を育成するため共同CEOを社内外から選ぶ。すぐ検討したい」と述べ,2018年1月以降に共同CEO制度への移行を検討していることを明らかにした[9]。

　そして,2018年1月1日から,シャープは共同CEO体制に移行した。初代

の共同CEOには，戴正呉のほか，野村勝明（副社長），石田佳久（副社長），高山俊明（代表取締役）の３人が入り，後継社長の人選は今後の実績に基づいて決まるだろうと見られる。

表２－１　2017年９月20日時点のシャープ経営陣（社外取締役の３名を除く）

氏名	取締役	執行役員	主な担当と経歴
戴正呉	代表取締役社長	社長執行役員	鴻海の副総裁，郭台銘に次ぐナンバー２，日本駐在経験あり，日本語堪能
野村勝明	代表取締役	副社長執行役員	シャープ出身，堺工場で郭台銘の信頼を得た
石田佳久	---	副社長執行役員	ソニー出身，５月まで社外取締役
高山俊明	代表取締役	執行役員	戴社長の遠戚，液晶カンパニー副社長
長谷川祥典	---	専務執行役員	シャープ生え抜き，通信事業担当
中山藤一	---	---	シャープ出身，一度退社後に2016年７月に復帰，複合機事業担当
沖津雅浩	---	常務執行役員	シャープ出身，家電事業担当
橋本仁宏	---	---	主力銀行出身，社長室長
伊東ゆみ子	---	---	弁護士出身，法務担当
西山博一	取締役	執行役員	NHK出身，8K担当
王建二	取締役	---	鴻海出身
榊原聡	---	---	財務担当
劉揚偉	取締役	---	鴻海出身，半導体分野担当

出所：『日経産業新聞』2017年９月20日記事などにより作成。

　2018年４月末に年度決算が発表され，念願の単年度最終損益黒字を実現したため，戴社長が引退する花道は用意された。しかし，2018年５月11日には，戴社長は現在の中期計画が完了する2020年３月期まで社長に留任し，今後は会長だけでなく，共同CEOの１人も兼務すると発表された[10]。2018年６月20日以降の役員人事として，戴正呉は会長・社長執行役員・代表取締役，石田佳久は取締役・副社長執行役員・AIoT戦略推進室長・欧州代表，青木五郎は取締役・副社長執行役員，西山博一は取締役・執行役員・8Kエコシステム戦略推進室長である。一方，車谷暢昭は取締役を退任した。

　戴正呉が空席中の会長職に就任しても社長職にとどまる背景として，まず１つは，部材調達や販売面で親会社の鴻海との連携関係が深まる中，シャープが

不利な取引条件を被らないために，鴻海副総裁を務める戴社長の存在が欠かせず，「戴社長に代わる人材はいない」という実態がある。もう1つは，後継社長の人選はまだ決まっていないということである。後継者を育成するために，共同CEO体制を取り入れたが，新たに入れた3人の日本人の力量を見極めるにはもう少し時間がかかりそうである。いずれにしても，戴社長が制定したシャープの中期計画で掲げている，2020年3月期の売上高32,500億円や8KとAI分野での成長といったハイレベルの経営目標を実現するために，戴社長自身が取り組むことになる。

2019年5月以降，高山俊明が代表取締役を退任し，共同CEOは1人減って戴正呉，野村勝明，石田佳久の3人となる。劉揚偉，王建二，青木五郎の3人は取締役を退任し，林忠臣，陳偉銘，ウー・クォ・ファイという3人の取締役は鴻海から新たに送り込まれた。戴正呉は鴻海の取締役に復帰したが，シャープの会長職を2021年度まで継続すると表明し，シャープ最高経営責任者の後継者問題は先送りの形になっている。

2　資本関係の整理

シャープは2011～2016の6年間に，2013年の115億円の黒字を除き，ほかの年度はすべて赤字を計上し，赤字総額は1兆4,243億円に上った。その間，幾度も財務危機に見舞われ，銀行からの貸し付け，新たなパートナーへの第三者割当増資，株式公募などの方法でやりくりしてしのいできた。鴻海の出資を受け入れたことによって，いびつになっていたシャープの資本関係を整理することが必要と判明し，また可能となった。具体的には，それまでの債務を清算したり，不本意のパートナーシップを解消したりして，シャープの資本構造を良い方向へ向かわせる作業を開始した。

(1)　JIS保有優先株の買戻し

2016年4月29日，銀行系ファンドのJISが保有しているシャープの250億円分の優先株をシャープがすべて買い戻すことが発表された。買い取る時期は未定

だが，財務負担額を抑えるために早期の買い取りを目指すという。なぜかというと，JISは2015年6月に250億円を拠出してシャープの優先株25,000株を取得したが，その利子は12％と異常に高いからである。特定期間中に普通株に転換されない場合，さらに7％を上乗せして19％となる。

⑵　クアルコム持ち株の売却

売却の時期と価格は不明であるが，2016年5月26日に開かれたシャープの定時株主総会の招集通知では，米クアルコムが2012年と2013年の2回に分けて計109億円の出資で取得したシャープ株の3.53％は，すべて売却されていたことが明らかになった。

⑶　サムスンとの資本関係の解消

2016年9月14日時点，サムスン電子が保有していたシャープの全株式は売却されたことが明らかになった。サムスンは2013年3月にシャープに約104億円を出資し，買取価格290円で3,580万株を取得して持ち株比率約3.04％の第6位株主となった。しかし，2016年8月に鴻海がシャープに3,888億円を出資した後，サムスンの持ち株比率はわずか0.7％程度に低下した。9月14日のシャープ株の終値（128円）で計算すると，サムスンが保有するシャープ株の売却額は約46億円で，当初出資額（104億円）の半分以下となった。

⑷　銀行保有優先株の買戻し

2018年4月26日にシャープの2017年度決算報告書が公表された。売上高も営業損益も経常利益も最終損益も好調を見せた。2018年6月5日，シャープは2,000億円規模の公募増資を7月に実施する方針を公表した。調達した資金はみずほ銀行と三菱UFJ銀行がそれぞれ保有する1,000億円分の優先株の買戻しに充てるという。

シャープの財務体質が悪化して資本増強を迫られた2015年6月に，「デット・エクイティ・スワップ」という手法で両銀行に対する債務を優先株に振り替えたことがあった。最終損益が赤字の2017年度まで優先株の配当はゼロであったが，黒字に転じた現在は多額の配当金を支払う義務が発生する。この優先株を

買い戻すことは，シャープの長期的な財務負担を減らすとともに，主要取引銀行の発言力を弱め，会社経営の自由度を高めることにもつながるのである。

　一方，2016年春にシャープ買収が決まったときに，鴻海側から資金を拠出して銀行保有の優先株を買い戻すという見込みであったが，結局，シャープの経営が改善されたため，鴻海側の負担が避けられ，シャープ自身で優先株買い戻しの軍資金を調達することとなった。

　2018年6月22日，計画中の公募増資額を最大2,162億円にするとシャープは発表した。約1,850億円を銀行保有の優先株の買い取りに充て，約300億円を8Kなどの重点分野の研究開発費に充てるというものである。新株の発行は最大7,837万5,000株，払込期日は2018年7月17〜19日とした。

　この株式公募が実施されれば，シャープの普通株ベースの希薄化率は最大で24%に達するが，鴻海の持ち株比率は現在の66%から下がっても過半数は維持できる見込みであった。しかし，この株式公募計画は株式市場関係者の不評を招いた。既存株主権利の希薄化を嫌う機関投資家らの売りが広がり，シャープの株価は連日値下がり続けた。6月28日の株価終値値は2,344円で，増資方針公表前の6月4日終値に比べて21%も下がった。

　米中貿易摩擦への警戒感が高まり，株価が2割前後も急落している状況下で株式公募を強行しても，調達できる資金は予想した2,162億円に遠く及ばない。この状況に鑑み，シャープは6月29日に株式公募の計画を中止すると発表した。この増資中止の発表を受けて同日の東京株式市場でシャープ株は急反発し，一時前日比18%高まで上昇した。

　2018年10月30日，みずほ銀行と三菱UFJ銀行が保有する2,000億円分の優先株の46%（850億円分）を2019年1月に自社資金で買い戻して償却するとシャープは発表した。その後の2019年1月には計画通りに850億円分を買い戻した。

　そして，2019年5月9日，シャープは2019年6月末（普通株への転換権利が行使できる7月）までに残りの1,150億円分の優先株をすべて自己資金で買い取って消却する方針を公表した。6月21日に消却手続が完了し，最後の「負の遺産」を一掃することに成功した。優先株の買戻しを通して，（優先株への高配当を避けて）財務状況の改善，（株主権利の希薄化を避けて）信用力の向上，（格付けの向上によって）資金調達コストの抑制などを狙う。

(5) まとめ

以上4項目から判るように，かつてのシャープは鴻海の出資案に対抗するために，クアルコム（2012年），サムスン（2013年），JIS（2015年），主要取引銀行（2015年）の出資を受け入れた経緯はあったが，鴻海出資が決まった2016年4月以降にクアルコム（5月）もサムスン（9月）もJIS（4月決定，実施時期不明）もシャープ株式を全株売却した。銀行保有の優先株を買い戻すための株式公募計画は不発に終わったが，2019年6月まで自社資金で優先株の全量を買い戻すことに成功した。こうして，それぞれ独自の思惑でシャープの経営に働きかける法人大株主との資本関係は次々と解消されるので，シャープ株の66％を握る鴻海は自分の思い通りのシャープ改革を進めることができ，シャープ再建の成否は完全に鴻海の経営手腕にかかっている。

3 傘下事業の再編

長年の歴史を誇る総合電機メーカーとして，シャープの事業範囲は多岐に渡っている。その中には，本業との関連性が薄く，採算性の悪い事業も存在していた。数年間の業績低迷と深刻な経営危機という状況下で，シャープは鴻海傘下入りの前にも後にも傘下事業の再編に取り組んでおり，その主なものを以下のように時系列にリストアップすることができる。

(1) 本社ビルの売却

シャープ創業者の早川徳次は1923年に大阪市阿倍野区に本拠を構え，1956年にシャープの本社ビルを建設した。2016年3月に本社ビル（土地面積7,370平米）を約50億円で家庭用品販売大手のニトリホールディングスに売却した後，賃貸契約で使用し続けていた。また同じ時期に本社ビルの向かい側にある（液晶事業部門などが入る）田辺ビル（土地面積10,812平米）を約100億円でNTTグループの不動産会社（NTT都市開発）に売却した。鴻海入りが確実に決まった3か月後の2016年7月1日，シャープの本社移転は正式に実施された。新し

い本社ビルはシャープと鴻海が共同運営している堺ディスプレイプロダクト（SDP）の隣接地にあり，鴻海との協業を象徴する場所でシャープは再出発したのである。

戴社長は2016年8月の就任直後に本社ビルと田辺ビルを買い戻す交渉を開始した。その後の9月28日に当初売却額を上回った139億円で田辺ビルの敷地を買い戻すことについてNTT都市開発と合意した。すでに更地になっている場所にシャープの自社オフィスビルとマンションを建て，IoT技術を取り入れたスマートタウンを建設する計画も発表した。一方，本社ビルの買戻しは実現できず，2017年3月27日に解体工事が始まり，その跡地にニトリの店舗が開業することとなる。

(2) 知的財産専門子会社の創設

2016年9月12日，シャープの知的財産の管理を目的とする新会社となるサイエンビジップ・ジャパン（ScienBiziP Japan, SBPJ）を10月3日付で大阪市に設立すると発表した。この新会社の資本金500万円のうち，シャープが51％，鴻海子会社のサイエンビジップ・コンサルティングが20％，新会社役員が29％をそれぞれ出資する。西田孝社長をはじめとする約200人規模の組織を作り，鴻海グループの知的財産管理のノウハウを生かして，シャープの知的財産や関連人材の有効活用を図り，数年後に株式公開と株式上場を目指すという方針が示されている。

(3) 取引業者の選別

鴻海傘下に入ったシャープは，自社製品の生産コストを削減するために，日本的な長期取引関係のしがらみを断ち切り，原材料や部品や委託加工などの取引業者を原価・品質・納期の3原則に基づいて厳格に選別するという鴻海流のやり方を取り入れた。その第一歩はまず2016年9月以降，元々外部他社に製造委託している小物家電（オーブントースターなど）を鴻海の生産工場に切り替え，両社協業によるシナジー効果をはかっている。

(4) 鴻海の物流部門との一本化

　2016年10月3日，シャープは社内の物流部門を切り離し，受け皿となる新会社シャープ・ジャスダ・ロジスティクス（SJL）を設立した。資本金の5,000万円をシャープ本社が100％出資し，戴社長の側近となるシャープ代表取締役兼ディスプレイディバイスカンパニー副社長の高山俊明がSJLの社長に就任した。

　工場からの商品配送手続きなどの物流管理業務は従来から本社などで担ってきたが，独立した会社にすることによって組織のスリム化と物流コストの削減を図ろうとするものである。鴻海の物流子会社と業務提携し，ノウハウを活用する。物流担当の従業員約100名の大半（70～80名）は待遇を変えずに新会社に移るが，独立採算制度を取り入れて収益性の向上を重視し，将来的には外部企業からの受注も増やして収益源の拡大を目指す。

　同年11月29日，SJL社を鴻海傘下の100％子会社である物流会社の「準時達国際公司（JUSDAインタナショナル）」の子会社にすると発表した。具体的な方法として，SJLの第三者割当増資をJUSDAが引き受けてSJL株式の51％を保有し，JUSDAの楊秋瑾会長が新しいSJLの社長を兼ねるというものであった。さらにSILを吸収合併したJUSDAを今後2，3年のうちに中国の証券取引所に上場させる方針も表明された。

　シャープと鴻海の物流部門が一本化になることによって，情報管理や人員配置や配送効率などの大幅な改善と物流コストの低減は期待できるが，シャープの物流システムの独立性をどう確保するかという新たな課題が提起された。

(5) 生産拠点の再編

　中期経営計画の策定に当たり，シャープは日本国内の生産拠点の再編を検討しはじめた。

①　発光ダイオード（LED）や半導体レーザーなどの電子部品を生産する三原工場（広島県三原市）を2017年6月に閉鎖して，生産能力と従業員（300人弱）をスマートフォンのカメラ部品などを生産する福山工場（広島県福山市）に集約した。

②　液晶テレビ「アクオス」を生産する栃木工場（栃木県矢板市），スマート

フォンの生産・開発拠点の広島工場（東広島市，従業員1,120人）及び太陽電池を生産する葛城工場（奈良県葛城市）の生産能力を縮小すると2016年10月23日に報道された。

③　栃木工場の液晶テレビ生産の一部を亀山工場に移管し，栃木工場を8Kテレビの開発や試作の拠点と位置づけると2017年3月15日に報道された。これは実質的に，栃木工場の今まで担ってきたテレビ生産の役割の一部だけを亀山工場に移し，その大半を鴻海の海外工場に移して，日本国内での生産規模を縮小することを意味する。

④　スマートフォン用カメラ部品の生産を亀山工場で新規開始する。亀山工場の機能が強化されるとともに，県外からの転入者や期間契約労働者も含め，亀山工場の従業員数を3月末現在の約2,200人から約4,000人へ増やすと2017年4月6日に報道された。

(6)　傘下事業の縮小

①　**フォックスコン日本技研の吸収**：2016年9月，鴻海傘下のフォックスコン日本技研（大阪市）を解散し，矢野耕三社長（元々はシャープのトップクラス技術者）を含む20人程度の技術研究者は堺ディスプレイプロダクト（SDP）に吸収され，有機ELの研究開発を続ける。その矢野耕三（69歳）はSDPの顧問にいったん就任したが，シャープ買収の実現を見届けたことをきっかけに，2016年9月15日付で退職した。

②　**傘下企業SBCの売却**：2016年11月2日，シャープはグループ会社のシャープビジネスコンピュータソフトウエア（SBC，大阪市）の株式の80％を24.45億円でNTTデータに売却する（譲渡益19.09億円）と発表した。SBCは1979年設立，スマートフォンなど向けの組込みシステム開発事業などを手掛けている。2016年3月期の売上高は約100億円，純利益は約4億円であった。2017年1月1日付けの株式譲渡後に「NTTデータSBC」（仮称）に社名変更となるが，IoT関連事業でシャープとNTTデータとの協力関係を強めるとする。

③　**関連子会社の統合**：2016年11月22日，シャープグループの企業間取引関連の子会社3社の統合が発表された。つまり，コピー機の販売や保守を手掛け

るシャープビジネスソリューション（千葉市）が，ウェブ会議サービスを提供するiDeepソリューションズ（東京都大田区）と，iDeepグローバルラボ（東京都大田区）の2社を吸収合併する。3社の経営資源を共有し，重複業務を減らして効率の向上を図る。

④ **SDP持ち分の減少**：2016年12月30日の報道によると，鴻海が171億円を拠出して，（鴻海とシャープがそれぞれ約38％を出資している）堺ディスプレイプロダクト（SDP）の43.6万株をシャープから買い取る。それとともに鴻海はSDPの新規増資を349億円分引き受ける。その結果，SDPに対するシャープの持ち株比率が26％に下がり，鴻海の持ち株比率は過半数の53％へ上がる。

⑤ **カラーフィルター子会社の解散**：2017年2月9日，シャープは大日本印刷と共同出資する液晶パネル向けのカラーフィルター関連の子会社となるSDフューチャーテクノロジー（三重県亀山市）を解散すると発表した。カラーフィルターの技術は成熟しており，別会社として存続する必要がなくなったという。

⑥ **遊休地の売却**：2017年10月12日，遊休地となっているシャープ広島工場第3工場の敷地一部（46,000平方メートル）と建物（延べ床面積24,000平方メートル）を10～20億円で自動車部品メーカーのオンドに売却すると発表した。

⑦ **ハルカス退去**：コスト削減の一環として，シャープは大阪市内の超高層複合ビル「あべのハルカス」内に構える拠点（営業部門やショールームに使用される33階の1,400平米）を2019年3月に閉鎖すると2018年9月5日に報道された。

(7) 海外拠点の増加

① **中国**：2017年1月3日，中国事業を統括する新たな現地子会社となる夏普科技を設立した。シャープの完全子会社であるが，鴻海の深圳（龍華）工場内に設けて鴻海との連携をより密接にする。それまでは北京市内の夏普（中国）投資が中国各地にある家電やコピー機などの9か所の拠点を統括していたが，鴻海とシャープ2社の中国事業統括機能を深圳の1か所に集約することによって，鴻海とシャープの経営資源の共有と両社傘下の営業拠点や事業部の相互協力を図る。シャープ本社の藤本俊彦常務がこの新会社の董事長に

充てられた。さらに2017年1月20日，中国や東南アジア向け家電製品の研究開発センターをこの夏普科技の中に開設した。

② **スイス**：2017年2月8日，欧州子会社のシャープ・エレクトロニクス（ヨーロッパ）が，スイスで複合機などの販売を手掛けるフリッツ・シューマッハーの全株式を1,720万スイスフラン（約19.3億円）で買収すると発表した。この買収を通じてスイスでの複合機販売事業を強化するのが狙いである。

③ **台湾**：2017年9月29日，シャープは台湾の携帯電話販売大手のオーロラ・テレコムに約10億円を出資し，33％の議決権を取得した。台湾に148店舗を持つオーロラの販売網を通じて，シャープブランドの液晶テレビや白物家電製品の販売を広げ，台湾での売上高拡大を狙う。

④ **アメリカ**：2018年春にシャープはアメリカテキサス州にある複合機などの機器販売会社のアメリカン・ビジネス・マシンズ（ABM）を約20億円で買収した。ABMの販路でシャープの複合機，電子黒板，テレビ会議システムなどを販売する。

(8) カンタツの子会社化

2017年度に入ってから，業績が上向いているシャープはあらゆる事業分野で攻勢に転じ始めた。まず2017年1月19日，スマートフォン向けレンズを生産するカンタツ（栃木県矢板市）の第三者割当増資を数十億円分引き受け，出資比率を18％から44.3％に引き上げた。カンタツは2002年から携帯電話向けやタブレット向けのカメラレンズを製造し始め，複合レンズの加工技術が得意である。

スマートフォン向けレンズの分野で日本国内市場シェアの首位を占め，2016年からアップルのサプライヤーリストにも乗っている。2018年3月期の連結決算売上高は約180億円である。カンタツへの出資を通して，シャープは電子部品事業の拡大を進め，有力サプライヤーとの提携関係を強化する狙いである。

2017年11月8日，シャープは2018年1月にカンタツの新株予約権付社債（転換社債）をカンタツ第2位株主の兼松から10億円前後で取得し，それを株式に転換して出資比率を53.5％に引き上げ，カンタツを連結決算の子会社にする計画を公表した。カンタツを子会社化にすることによって，成長事業に掲げるスマホ向けカメラ部品の一貫生産体制を強固にし，アップル向けを中心にシェア

の拡大を目指す。また，シャープを通じて液晶パネルだけでなく，カメラ部品の生産技術も鴻海グループ内に取り込み，鴻海グループ全体とアップルとの関係強化を図るという鴻海側の打算もあるはずであろう。

　他方のカンタツにとっては，スマートフォンはすでに成熟期に入っているが，高機能化で1台当たりのレンズ使用数は伸びていることはさらなる成長を図る好機である。その成長のための資金を確保するために，第三者割当増資や転換社債などによる資金調達もやぶさかではなく，株式公開上場の構想も打ち出されている。その後の2018年8月にカンタツは中国江蘇省に新工場を立ち上げ，2021年3月期まで段階的に50億円程度を投資する計画を打ち出した。浙江省と江蘇省の2拠点を合わせ，カメラレンズユニットの生産能力を2018年3月期比2割増の2,700万個に引き上げ，増産したレンズユニットの供給先はアップル向けと見られる。

(9)　シャープタカヤの子会社化

　2017年4月28日，シャープはシャープタカヤ電子工業（岡山県里庄町）のベトナム工場に数十億円出資してそれをシャープの子会社にすると報道された。
　シャープタカヤは元々シャープが約4割を出資している関連会社で，そのベトナム工場はスマートフォン向けのカメラ部品を製造している。ベトナム工場をシャープの完全支配下に置くことによって，ベトナムにある生産拠点を自由自在に活用することが可能になる。

(10)　車載カメラ合弁会社の設立

　2018年2月25日，シャープと鴻海グループ子会社との共同出資で，車載カメラ事業の合弁会社を設立し，車載カメラや電子ミラーの開発，製造，販売までをグループ一体で担うと報道された。鴻海は51％，シャープは49％を出資するとともに，シャープは車載カメラの開発と設計，鴻海は量産技術と販路を担う。

(11)　東芝パソコン事業の買収

　2018年6月5日，シャープは東芝のパソコン事業の完全子会社となる東芝クライアントソリューション（TCS，東京都江東区）の株式80.1％を40億円で買

収し，いったん撤退したパソコン事業に再参入すると発表した。その後の2018年10月1日に予定通りに出資が実施された。この事業買収に伴い，東芝本体が持つ中国杭州市のパソコン工場や欧米での関連事業計6か所（東芝情報機器杭州，TCS豪州，TCSカナダ，東芝アメリカ情報システム，東芝システム欧州，東芝シンガポール）を一本化したうえ承継することとなるので，東芝の約2,200人の従業員，うちIT関連技術者約400人を一括して獲得することができ，シャープが最も重視するAIやIoTなどの事業との相乗効果も大きく期待できると戴社長が強調した[11]。

⑿　白物家電の国内生産撤退

2018年8月3日，シャープは2019年9月までに八尾工場（大阪府八尾市，1959年稼働，2018年3月末時点に従業員1,602人）での冷蔵庫の生産を終了し，八尾工場での生産体制をタイなどに移管すると発表した。また栃木工場（栃木県矢板市，1968年稼働，2018年3月末時点に従業員662人）にわずかに残っている液晶テレビの生産を2018年内に完全に打ち切り，その生産体制を中国の鴻海工場に移すことも発表した。これで日本国内における白物家電の生産拠点はすべてなくなり，テレビの生産工場は三重県の亀山工場だけになる。

「約2年前から慎重に検討を重ね苦渋の決断に至った」と戴会長は述べたが[12]，従業員の雇用は配置転換などですべて維持されるので，グローバルな部材調達・生産・販売体制を併せ持っている鴻海の傘下に入ったシャープにとっては，シャープ製品のコスト競争力を高めるための積極的な対策の1つであると考えられる。また，AIoTやAIや8Kなどの新事業に舵切っている新生シャープにとって，コモディティ化した付加価値の低い白物家電の重要性は大幅に下がったことも国内生産撤退の一因であろう。

その後の2019年3月25日，中国の冷蔵庫メーカーであるAUCMA集団との協業関係を開始すると鴻海が発表した。2019年9月まで生産中止になる八尾工場で生産される冷蔵庫の一部をAUCMAへの生産委託に切り替えるかと見られる。

⒀　中国煙台での新拠点設立

　2018年8月8日，シャープは中国山東省煙台市に電子部品などの生産と販売
を手掛ける合弁会社「煙台夏普電子」を8月中に新設すると発表した。資本金
75億円のうち，シャープは52億円を出資して合弁会社の株式の7割を握る予定
で，残りの3割は現地の投資会社が出資する。シャープの橋本仁宏常務執行役
員が新会社の董事長に就任した。

　シャープは白物家電の生産を日本国内から完全撤退すると数日前に発表した
ばかりなので，中国拠点の新設は特別な意味を持つ。実際，親会社の鴻海は煙
台市に液晶テレビ，一部の白物家電，ゲーム機などを生産する大規模な工場を
持っているので，鴻海の煙台工場にシャープ製の電子部品を委託製造させたり，
供給したりして，鴻海との連携を強化していく狙いがあるようである。その後
の2018年11月30日，この「煙台夏普電子」の工場で（2018年10月に買収した東
芝のパソコン事業子会社の）ダイナブックブランドのノートパソコンを2019年
度中に生産開始すると発表された。

4　鴻海との共同事業

　鴻海傘下入りが決まった2016年4月以降，シャープと鴻海の両社を跨る多数
の協力事業が検討・実施されている。それらが順調に実現していけば，両社の
資本提携によるシナジー効果が大きく現れ，シャープ製品のコスト競争力も
マーケットシェアも高まり，製品分野も広がると思われる。

⑴　テレビの共同開発

　2016年4月21日，アジア市場向けの新型テレビを鴻海と共同開発して年内に
発売するとシャープが発表した。両社最初の共同事業となるが，白物家電やス
マートフォンの共同開発も今後進めるという。

(2) 最軽量掃除機の共同開発

　2016年12月8日，シャープは業界最軽量のコードレスサイクロン掃除機「ラクティブエア」を発売した。パイプ部分に軽さと強度を備える炭素繊維シートを採用したほか，部品数を最小限にしたため，総重量は1.5キログラムに抑えられた。この商品は元々シャープ系列の工場で自前生産を検討していたが，炭素繊維の加工に強みがある鴻海工場に生産を依頼し，両社協業の最初の成功作となった。また2017年9月13日に発売された「ラクティブエア」シリーズの新機種として，本体とホースと吸い込み口が分かれたキャニスター型の世界最軽量掃除機が追加された。この商品でも鴻海の生産技術を生かして軽くて強度の高いドライカーボンをパイプに採用している（第3章4節6項参照）。

(3) SDP広州工場の建設

　2016年12月30日，鴻海が171億円を出資して，（鴻海とシャープがそれぞれ約38％を出資している）堺ディスプレイプロダクト（SDP）の43.6万株をシャープから買い取った。それとともに鴻海はSDPの新規増資を349億円分引き受けた。その結果，SDPに対するシャープの持ち株比率が26％に下がり，鴻海の持ち株比率は過半数の53％へ上がった。2017年1月23日，鴻海出身の孫月衛（55歳）はSDPの代表取締役に就任した。一方，2016年7月にSDPの社長に就任したシャープ出身の谷口英男（50歳）は社長兼代表取締役のまま残った。

　SDPは世界最先端の液晶パネル生産工場であるが，ここ数年，中国や韓国との激しい価格競争を強いられ，赤字続きの状況下にある。出資比率の低下によってシャープ本体への財務負担は軽減され，株式譲渡に伴う特別利益も計上できる。しかし，SDPを子会社化にする今回の計520億円の出資はシャープ救済ではなく，鴻海の液晶事業強化であると鴻海側が強調している。つまり，それまでは群創光電という液晶パネルメーカーが鴻海の子会社であったが，生産能力がより大きいSDPが新たに加われば，鴻海は世界最大級の液晶パネルメーカーになる。群創光電とSDPの共同開発，共同調達，共同生産，共同販売などが進めば，「規模の経済性」をはじめとして，さまざまなシナジー効果が大きく現れると期待できる。

同じ2016年12月30日，鴻海子会社になると決まったばかりのSDPを主体とする大型投資協定が中国広州市で正式に調印された。SDPと広州市政府は共同で610億人民元（約1.2兆円）を投資し，液晶パネルの生産や技術開発などの機能を集約する世界最大級の液晶パネル工場を広州市に新規建設する。堺工場の第10世代を超える第10.5世代の大型ガラス基板を効率よく大量生産するので，コスト競争力や品質などの面で韓国や中国のライバルに対抗できると期待する。

2017年3月1日に起工式が行われ，2018年9月をめどに稼働し始め，2019年に量産体制に入る見通しである。

この広州工場の特徴として，フルハイビジョン（HD）の16倍，4Kの4倍の解像度を持つ8Kテレビ技術に対応できる世界唯一の生産ラインを持っていることが特別に強調されている。現行の4Kではサムスンやパナソニックなどのライバルたちに先行されたが，広州で8Kの技術と生産体制を築き，世界市場をリードする地位を取り戻すと狙っている。サムスンやハイセンスへのパネル供給中止（第3章1節4項参照），UMCからの販売権の買戻し（第3章2節3項参照）などに続き，広州工場の新規建設が加わり，パネル事業ないしテレビ事業を強化するシャープの姿勢はより鮮明になっている。広州工場への投資資金を確保するために，2019年度中のSDPの新規株式公開（IPO）すなわち株式上場も検討されている。

⑷　スマートフォンの委託生産

2017年春以降，日本国内で販売する機種も含め，シャープブランドのスマートフォン（AQUOSシリーズ）の製造を海外の協力工場から中国にある鴻海工場へ切り替え始めた。iPhoneシリーズをはじめとする大手各社のスマートフォンを受託生産している鴻海は商品開発，部品調達，品質管理，納期管理といったほぼすべての面において最も優れたパートナーであり，コストや品質などの面でシャープブランドのスマートフォンの競争力を高めることができる。

⑸　電子黒板の共同開発

シャープと鴻海の両社は少人数の会議に適した液晶タッチディスプレイ型電子黒板の共同開発に乗り出し，2017年2月発売した40型のPN-L401C（税別20

万円以下）はその成果であった。タッチセンサーに鴻海の技術，ディスプレイのコントローラーにシャープの技術を使い，鴻海の中国工場で生産したものである（第3章1節6項参照）。

(6) 投資ファンドへの共同出資

世界最大規模（運用規模1,000億ドル超）の投資ファンド「ソフトバンク・ビジョン・ファンド（SVF）」の設立時に，アップルやクアルコムなどの約10社と一緒に，鴻海とシャープも出資すると表明した。2017年5月18日に今後5年間に最大10億ドル出資するとシャープは発表した。

(7) マイクロLED技術への参入

2017年5月22日，シャープは鴻海のグループ企業2社（ベンチャーキャピタルと群創光電）と総額30億円を共同出資して，「マイクロLEDディスプレイ」という技術を開発したアメリカのベンチャー企業イー・ラックスを2017年10月めどに買収すると発表した。この買収を通じて，屋外広告など向けの超大型ディスプレイの商用化に道をつける狙いであり，また有機ELの次世代技術と見なされるマイクロLED分野で主導権争いに加わることになる。

(8) 新型POS端末の開発

2017年5月下旬，シャープと鴻海傘下企業と共同開発したタッチパネル型のPOS（販売時点情報管理）端末が発売された。15インチの液晶を搭載し，画面を触って操作する。メインメモリーが8ギガバイトの「RZ-E606」と16ギガバイトの「RZ-806」の2種類を用意し，販売価格は26万円からであった（第3章7節6項参照）。

(9) 太陽光発電所での鴻海部品採用

2017年5月31日，シャープと芙蓉総合リースとの共同出資会社「クリスタル・クリア・エナジー」が宮城県七ケ宿町で年間発電量1,300万キロワットのメガソーラーの建設に着手し，2018年10月の完成を目指すと発表した。パネルを固定する金属製の支柱となる「架台」は鴻海製品を採用した。鴻海が開発し，

中国市場で実績がある架台は部品点数で40％少なくなるので，工期をほぼ半減でき，施工コストも大きく下げられる。太陽光発電関連分野で，シャープと鴻海のシナジー効果が発揮された最初の製品になる。

⑽　超短焦点プロジェクターの共同開発

2017年6月下旬と8月下旬にレーザー光源を採用した超短焦点プロジェクター「PG-LU300Z」と「PG-LU400Z」の2機種をそれぞれ発売し，日本国内のプロジェクター市場に約7年ぶりにシャープが再参入することとなった。鴻海と共同開発したこの新製品は，スクリーンまで49cmという近投射距離から100～150インチの映像を映し出すことができる。ショーウィンドーや会議室などの奥行きが限られた空間にも設置しやすいのが最大の特徴であり，商業施設や学校や企業などでの利用が見込める。また約2万時間交換不要のレーザー光源を採用しているため，従来の水銀ランプと比べて，長寿命（約7倍）であるうえ，交換の手間が減る。想定価格は57万円と72万円，月産100台と予定していた。

⑾　中国市場における鴻海販売チャネルの利用

テレビ分野では，鴻海入り後のシャープは日本国内市場に次ぎ，世界最大の中国市場を最重視している。鴻海の販売チャネル（天虎計画や富連網など）をフルに活かしたため，シャープの2017年度のテレビ世界販売台数は順調に1,000万台の目標を達成し，そのうちの約400万台は中国市場によるものであった。中国市場での占有率は2016年の2.2％から2017年の7.6％へと大きく上昇した（第3章2節2項参照）。

⑿　その他

- 2016年10月中旬，（ソフトバンクが9月に3兆円以上の巨額資金で買収した）イギリスのアーム・ホールディングスと鴻海との共同出資で，半導体チップの開発・設計センターを中国深圳市に設立することが合意された。IoT向けの半導体の需要を見越し，新たな成長事業を育てる狙いであるが，その事業運営に2017年1月に設立されたシャープの中国事業統轄子会社と

なる夏普科技（深圳）も参加する。

- 2017年度からシャープブランドの複写機事業は開発，生産，物流，販売のすべての面において鴻海との連携体制を強化する。

- 鴻海とシャープの共同出資で医療・健康分野での合弁企業を設立し，シャープが開発した超音波洗浄装置やたんぱく質分析装置などの医療器具を鴻海グループが関係している台湾・中国の病院などの医療機関に販売する。2017年前半に両社の医療・健康事業を統合する持ち株会社の設立を目指す。

- 2018年12月，鴻海とシャープが中国広東省珠海市で投資総額1兆円にのぼる半導体生産工場を新規建設すると報道された。米中摩擦が激化する中，この投資計画の前景は不透明であるが，順調に進めば，鴻海とシャープにとって大きな成長分野への進出となる。

実際に，本節で紹介した案件のほか，前節で紹介した知的財産専門子会社サイエンビジップ・ジャパン（SBPJ）の創設，小物家電の鴻海工場への委託生産を内容とする取引業者の選別，鴻海の物流部門との一本化を意味するシャープ・ジャスダ・ロジスティクス（SJL）の設立，フォックスコン日本技研の吸収，中国事業統括会社夏普科技の設立，車載カメラ合弁会社の設立，車載カメラ合弁会社の設立，白物家電の国内生産拠点（八尾工場と栃木工場）の閉鎖，中国煙台での新拠点「煙台夏普電子」の設立といった案件もあり，また本書のほかの章節で取り上げる両社協業の案件も非常に多い。シャープと鴻海の協力事業の全貌については，シナジー効果を論じる第5章2節で改めてリストアップする。

5 従業員モティベーション

経営苦境下のシャープは鴻海の傘下に入る前にすでに2度の人員削減策（約6,000人）を実施し，管理職を含めた全社員の給与と賞与の削減も行った。老舗の日本名門企業が新興の台湾下請け工場の子会社になるというのは屈辱的だ

と感じる従業員は多く，低コストを武器に他社商品の委託生産を引き受ける鴻海の傘下に入ったという事実の前，職業スキルや所得水準などに不安を抱える従業員も非常に多かった。したがって，シャープの経営を立て直すためには，従業員の不安を払拭し，モティベーションの維持と向上を図っていかなければならなかった。

(1) 人員削減のうわさ

シャープの買収がまだ決まっていない最初の頃に「40歳以下従業員の雇用を守る」と郭台銘会長は約束していたが，買収が決まった2016年4月2日の記者会見の席で，「鴻海では毎年，個人の業績を理由に3〜5％の人に辞めてもらっている。日本については，…なるべく全員残ってもらえるようにしたい」と郭台銘は人員削減の含みを込めて述べた[13]。それ以降，シャープの人員削減に関するうわさは一向に収まらず，例えばシャープは1,000人規模の人員削減を検討していると2016年4月28日に報道され，また日本国内のシャープ従業員の3千人規模の削減を鴻海が検討していると2016年5月14日に報道された。

2016年6月22日に開かれた鴻海の定時株主総会では，「カットすべき人はカットする」，「人事評価では個人ベースで信賞必罰の制度を導入する」，「場所を変えても飼い主を代えても，腐った卵しか生まない鳥は要らない」といった厳しい言葉を郭台銘会長が述べ，人員削減と人事制度改革の可能性を示唆した。

また次期社長の戴正呉は大規模の人員削減（全世界で7,000人，日本国内で3,000人）の可能性を認めたうえ，「効率化のためにあらゆることを検討する。シャープは金持ちの子供（浪費家）だから，経費をカットしていく」と述べ，人員削減の規模と部品調達体制の見直しについて言及した[14]。

さらに鴻海が2016年7月半ばに開示した年次報告書によると，連結ベースの従業員総数は2015年末時点で約83万人，2014年末の90万人を7万人も下回った。その主な原因は中国工場の人件費高騰と見なされ，例えば江蘇省のある工場では従業員数を約11万人から5万人程度に減らした。中国工場での大規模の人員削減は，中国一辺倒からインド，アメリカ，日本，ヨーロッパなどへ拡大するという鴻海の世界戦略の一環でもあるが，鴻海傘下に入ったばかりのシャープ従業員にとっては，リストラへの不安がいっそう高まった。リストラの範囲と

規模がわからないままでは、シャープの従業員全体が安心できず、仕事に専念することもできないと報道された。

しかし、鴻海入り後のシャープは（日本社会全体の人手不足と自社業績の改善という背景下で）人員削減を一度も行わず、年齢を問わずに従業員の雇用を守った。しかも、2017年4月に150人、2018年4月に312人、2019年4月に361人と新卒社員採用数（実績）を増やしている。

(2) 人材流出

液晶技術者で元社長の片山幹夫（58歳）が2014年に日本電産に移り、2016年6月に代表取締役副会長兼社長に就任した。片山氏の後を追いかけた形で、シャープから日本電産に転職した人材は100人以上とされる、その中、財務・経理畑出身の副社長の大西徹夫（62歳）は2016年5月に日本電産に移り、6月17日付けで副社長執行役員に就任した。さらに、常務執行役員の広部俊彦（60歳）は日本電産のテクノモータ社長を務め、元執行役員の毛利雅之（56歳）は日本電産の執行役員兼汎用モーター事業本部営業統括部長を務める。

この他、液晶事業を長く統括した元専務執行役員の方志教和（63歳）は2016年5月末で顧問を退任し、6月16日にライバル会社のJDIのナンバー3となる副社長執行役員に指名された（2017年12月31日付でJDIの上席執行役員を退任した）。方志氏はIGZOなどの先端技術に精通し、中国スマートフォン大手のシャオミ社創業者（雷軍）からもシャープ社内の技術者からも信頼されているので、彼の移籍はシャープの経営に大きなマイナス影響を及ぼすとされた。なお、奥田隆司前社長（62歳）は株主総会が開かれる6月23日付で顧問を退任した。

シャープ買収が正式に成立した2016年秋以降にも人材流出に歯止めがかからず、例えば片山氏のいる日本電産1社だけに重要幹部が5人も移った。そのうち、執行役員級は、液晶事業のトップを務めた和田正一（57歳、2018年6月から日本電産コパルの社長に就任）と人工知能事業の責任者を務めた通信事業本部長の川口登史（54歳）の2人である。事業部長級は、液晶パネル担当の杉本孝行（53歳）、液晶テレビの道川直幸（57歳）、IoT事業の辰巳剛司（48歳）、という3人である[15]。そのうちの辰巳剛司は2017年8月1日付けで日本電産

の社長に就任した。また，シャープでアジアや中近東の事業を統括していた常務の新品（61歳）は2017年2月に退職して，家電量販大手のエディオンの執行役員兼（リフォーム事業を担当する）ELS統括部長に就任した。またシャープ元執行役員の小谷健一（60歳）は同ELS部の副統括部長に就任した。そのほか，シャープからほかの企業や業界（ロボット関連会社，製薬会社など）に転出して新天地で活躍している技術者や管理責任者の事例は数多く報道されている。

マスコミはシャープの人材流出を大々的に報道している中，シャープの戴社長は表向きの平静さを保っている。2017年3月13日の記者会見で，「人材流出は全く心配していない。辞めていく社員のほとんどがベテランだ。私と一緒にやっていきたい人に残ってほしい。新生シャープでは新しい制度づくりをして若返りを図りたい」と強弁している[16]。ただし，経営陣の人材不足を補うため，元代表取締役専務執行役員の中山藤一（62歳）を2015年12月に転職した電子部品会社から呼び戻し，7月1日付けでシャープの専務執行役員ビジネスソリューションカンパニー社長に就任させた。

(3)　報酬制度の改革

近年に行われた2回のリストラで約6,000名の従業員がシャープを去り，残った従業員も経費圧縮や給与削減を強いられ，仕事への熱意もシャープに対する忠誠心も大きく薄れ，中間管理職と若手社員のモティベーションを高めるのは簡単ではない。本章1節2項で説明したように，戴社長が2016年8月22日にシャープ社員向けに出したメッセージの中で，組織や人事制度の大幅な見直しと鴻海流成果主義の仕組みの導入を宣言した。その具体策として，「人事評価委員会を作る」，「信賞必罰の人事を徹底する」，「年齢，性別，国籍に関係なく成果を上げた人に報いる制度」，「管理職の降格もありうる」，「人員削減ではなく適正化だ」などが強調された。一方，一般社員2％，管理職5％と削減されていた給与を9月から回復すると表明した。

戴社長は2016年8月就任後にとにかくトップダウンの意思決定スタイルを貫いたが，就任3か月後の11月から社員自らの改革意識の向上を呼びかけ，ボトムアップ型の制度構築に着手し始めた。「信賞必罰」の人事制度を表すものとして，成果を上げた若手管理職を中心に「社長特別賞与（基準賃金の1か月

分）」を2016年冬の賞与に上乗せして支給すると2016年11月22日に戴社長が発表した。また，役職や職務の内容に基づいて報酬を決める「役割等級制度」は高橋社長時代の2016年4月に課長級以上の幹部社員向けに導入されたが，戴社長はそれを2017年1月から一般社員向けにも拡大して導入した。

　従来型の販売スタッフ向けの売上高連動型報奨金だけでなく，日本企業ではとんど見られない一般社員向けのストック・オプション（株式購入選択権）制度を取り入れるとシャープは2017年3月30日に表明した。実績を残した社員や新たに獲得する外部人材に適用させることによって，社員のインセンティブを向上させる狙いである。2017年4月21日にまず取締役などの経営幹部を中心とする48人に対して，ストック・オプションを初めて付与した。今後は付与対象を卓越した実績を上げた一般社員にも広げていく方針である。そのほか，年功序列的な昇進制度にメスを入れる試みとして，マネージャー降格制度，早期昇格制度などの人事改革案も打ち出されている。

　2017年3月13日の記者会見で，（投資削減で300億円，経費削減で371億円）計600億円以上のコスト削減を実現したこと，2018年の新卒社員採用数を2017年実績（約150人）の2倍（約300人，実績312人）にすること，2017年の賞与を昨年度の平均2か月分から平均4か月分に増やすこと（ただし，全社員を対象にポイント制度を導入し，一律平均ではなく，従業員個人の貢献度に応じて1〜8か月分でメリハリをつけること），と戴社長は鴻海傘下入り後の成果と「信賞必罰」方針への決意を強調した。

　2018年6月20日，堺市のシャープ本社近くに単身，独身者の正社員向けの寮「誠意館」を竣工した。地上6階建て，1Kの間取りを中心にした200室を設けた。堺本社の近隣に鉄道の駅がないため，本社勤務社員の通勤の利便性を高めることとなる。これまでの「早春寮」（大阪市）は築50年が経ち，耐震度が心配であった。またこの「誠意館」に続き，単身者向けの「創意館」（184室）は2019年7月16日に竣工した。ちなみに，名前の由来として，「誠意と創意」はシャープの経営信条である。

　鴻海入り後の2016年10月からシャープは管理職向けの単身赴任手当の支給を凍結していたことに続き，2019年1月以降は一部の例外を除き，すべての従業員を対象にして単身赴任手当を廃止することも2018年8月末に決定された。今

後の単身赴任社員に対して，月数万円の単身赴任手当はなくなるが，寮費の実質無料化や年15回分まで支給する帰宅交通費の増額などで個人の負担増を補うという。戴会長は「経費削減だけが目的ではない。構造改革の実施時を除き，単身赴任を解消して社員と家族と一緒に暮らせる環境を作る」と狙いを説明した[17]。しかし，栃木工場（従業員662人）と八尾工場（従業員1,602人）の閉鎖が決まった直後の発表だけに，配置転換対象者の生活負担増が心配されるのも事実である。

(4) 統一交渉への復帰

戴社長が主導する一連の人事・報酬改革策は，年功序列型の給与制度を変え，仕事の成果に応じたメリハリのある報酬体系に改めることが主要目的であり，人件費総額は基本的に変わらないとされる。つまり，報酬制度の改革はあくまでも「個人の労働成果に応じた報酬」を方針としており，平均主義や年功序列などの一律の賃金改善は認められない。戴社長のこの方針はシャープ従業員の労働組合の活動に大きな影響を及ぼしている。

① 2017年春闘

2017年春季の労使交渉で，シャープ労働組合は電機各社の労働組合で構成する電機連合（現在168の労働組合が加盟し，組合員数約56万人）の（ベースアップによる賃金改善分として月額3千円以上を要求する）統一交渉から2012年以来5年連続の離脱を決めた。統一交渉から離脱する代わり，シャープの労働組合は年間一時金を4か月（2016年実績2か月）とする要求を出した。

② 2018年春闘

2018年1月下旬にシャープ労働組合は2018年春の労使交渉で電機連合の統一交渉に2012年以来の6年ぶりに復帰する方針を決めた。シャープの経営再建が進み，業績が急回復しているため，賃金改善を求める余地が出てきたと判断し，各社の労組と共同歩調で経営側との交渉に臨んだ。

電機連合は一律に月3千円以上のベースアップに相当する賃金改善を要求することが柱となる統一要求方針をすでに決めていた。シャープがベアに相当する賃金改善を要求すれば，2009年以来の9年ぶりとなる。一方のシャープ経営側では，賃上げを前向きに考えると態度を表明していたが，「信賞必罰」を掲

げる戴社長は各社の横並びとなる一律ベアなどに否定的な姿勢を取っていたので，一律改善が実現する見込みは小さいと見られた。

その後の2月19日，シャープの統一交渉への復帰が決定された。シャープ労組は電機連合が掲げる月額3千円以上のベースアップを求めるとともに，年間一時金の要求額を（2017年要求額の4か月を上回る）5か月と求めた。また働き方改革として，日本政府が2019年4月に施行した残業規制を先取りにして，残業上限を現行の750時間から720時間に下げるように求めた。

労組の要求に対して，経営側はベースアップ1,500円相当，一時金4.3か月分，年収ベースで平均3％の賃上げを，また優秀な人材を確保するために，大卒者の初任給を労組が要求した月2,000円を上回る5,000円の引き上げを回答した。年間残業時間の上限については，継続協議と回答した。結局，経営側のこの回答を労組側が受け入れて妥協した。

③ 2019年春闘

2019年1月25日，シャープの労働組合は前年度に引き続き，13社の労働組合で構成する電機連合中央委員会による統一交渉に参加し，月額3,000円以上の賃金増加を統一要求の基本方針とすることが発表された。また，2019年2月14日にシャープの労働組合は自社独自の取り組みとして，前年実績を0.4か月分上回る4.7か月の一時金を要求した。3月中旬に労使交渉がまとまり，ほぼ業界平均レベルの月額1,000円の賃金増加分で妥協した。

このように，戴社長は平均主義を良しとしない人間であるが，状況によっては従業員全員に対する思いやりも感じられる。例えば経営業績が回復し始めた2017年3月31日，日本国内のグループ会社を含めた約1.9万人の従業員に対して，「感謝のしるし」と赤字で書かれた封筒に現金3千円を入れて支給した。また2017年12月，東証1部への復帰を記念してシャープは国内勤務の2万人弱の従業員を対象に，「感謝のしるし」と赤字で書かれた封筒に現金2万円と自社サイトで使える1万円分のクーポンを入れて支給した。

(5) まとめ

以上で説明したように，戴正呉は社長就任後にいろいろな人事制度や報酬制度の改革を行い，社員モティベーションの向上に努めている。戴社長の改革と

奮闘を好意的に見ている社員も多く，会社への一体感が強まっている。一方，2018年８月31日の戴社長の社員向けメッセージを読むと，鴻海傘下入りしてから２年が経ち，組織運営のスタイルが大きく変化する中，個人単位の能力開発と能力発揮が制限されていると実感するシャープ従業員が少なくないという印象を受ける。「スピード」，「野心・チャレンジ精神」，「革新性・新しい発想」，「粘り強さ」，「One SHARP」という５項目を全社員に求めている中，現状に鑑み，「野心・チャレンジ精神」を戴社長は特別に強調している。しかし，一部従業員が求めている海外長期駐在制度や社内ローテーション制度の導入に戴社長は自説を展開し反対する姿勢を示した。本節の内容から言うと，従業員モティベーションを如何に高めていくかは依然としてシャープの大きな課題となっている。

〈第２章の注〉

1）『日本経済新聞』2016年８月22日，23日朝刊記事。
2）2018年３月期の黒字達成後に役員報酬の受領を再開し，2018年度中の役員報酬は１億3,700万円である。『日本経済新聞』2019年６月27日朝刊記事。
3）毎日新聞経済部（2016）『鴻海・郭台銘シャープ改革の真実』毎日新聞出版，72頁。
4）中田行彦（2018）「変革に導く「日本型リーダーシップ」：シャープを復活させた戴社長の事例からの提案」，JAIST Repository『年次学術大会講演要旨集』33。
5）『日本経済新聞』2016年11月９日朝刊記事。
6）『日本経済新聞』2016年11月12日朝刊記事。
7）『日本経済新聞』2016年12月５日夕刊記事。
8）『週間エコノミスト』2017年３月28日号。
9）『日本経済新聞』2017年12月８日朝刊記事。
10）『日本経済新聞』2018年５月12日朝刊記事。
11）『日本経済新聞』2018年６月６日夕刊記事。
12）『日経産業新聞』2018年８月６日記事。
13）『日本経済新聞』2016年４月３日朝刊記事。
14）『日経産業新聞』2016年６月23日記事。
15）『日本経済新聞』2016年11月11日記事。
16）『日本経済新聞』2017年３月14日朝刊記事。
17）『日本経済新聞』2018年９月１日朝刊記事。

主要製品分野の変化

　創業百年の歴史を誇るシャープは，たくさんの製品分野を傘下に置き，その中のかなり多くの製品は日本ないし世界に先駆けて開発された優れたものである。本章は，鴻海傘下入り前後という激しい変動期におけるシャープの重要新商品を製品分野ごとに紹介し，シャープの商品開発能力または技術力が会社の再建を可能とする原因の1つだと主張したい。

1　液晶パネル事業

　シャープの商品はかなり多くの事業分野に広がっているが，昔から「液晶のシャープ」と呼ばれてきたことから判るように，液晶事業はシャープの中核事業である。実際，液晶事業から培った技術はほかの事業分野にも広く応用され，液晶を使った製品は電卓，電子レンジ，冷蔵庫，デジカメ，電子辞書，電子手帳，パソコン，携帯電話などへ次々と拡大してきている。しかし，ここ数年間にシャープの液晶事業を取り巻く経営環境は極度に大きく変化している。

(1)　ライバル各社の動向

①　パナソニックの撤退

　2013年末にテレビ用プラズマパネルの生産を中止したパナソニックは，テレ

ビ用液晶パネルの生産からも撤退し，2016年9月末に国内唯一となる姫路工場（2010年稼働開始）での生産を終了した。価格競争が激しく，採算を確保できないことが最大の原因である。今後は韓国メーカーからパネルの供給を受けるという。パナソニックの撤退後に，鴻海とシャープの2工場は日本国内でのテレビ用液晶パネルの唯一生産者になった。生産者優位が強まるという見方もあるが，実際には，韓国や中国などの海外勢との価格競争がますます激しくなり，液晶パネルの採算性は悪くなる一方である。

② イノラックスの業績低迷

2016年6月28日，鴻海傘下の液晶子会社の群創光電（イノラックス）は，中国競合企業の供給量増加，販売価格の低下，売上高の減少を理由に，新たな人員削減を行う計画を明らかにした。生産ラインの自動化などで群創光電の従業員数はすでに2015年初めの98,000人から今の69,000人に減少しているが，さらなる人員削減計画は液晶パネル事業の苦境を示している。その後の2016年7月29日，群創光電は4～6月期の決算を発表した。売上高は668億台湾ドル（前年同期比29％減），連結最終損益は赤字34億台湾ドル（前年同期は黒字54億台湾ドル）となった。また台湾液晶産業最大手の友達光電（AUO）の4～6月期の連結最終損益も5.72億台湾ドルの赤字に転落した。台湾系液晶メーカーの業績悪化の原因として，液晶パネルの単価下落に加え，技術力を高めている京東方（BOE）や華星光電（CSOT）などの中国液晶企業との受注競争激化も響いた。

群創光電の業績を持ち直すために，シャープの液晶部門との技術協力が必要だろうとか，もしくはシャープの液晶部門と群創光電を巻き込んだ組織再編がありうるとかの観測も当時に出ていた。その後は実際に何も起きなかったが，シャープのみならず，液晶メーカーを取り巻く経営環境は非常に厳しかったことは紛れもない事実である。

③ JDIとJOLEDの苦境

（2012年4月に日立と東芝とソニーの液晶事業を統合して誕生した）JDIはスマホ，車載機器，パソコンなど向けの高精細液晶パネルを主力製品としているのに対して，（2015年1月にパナソニックとソニーの有機EL事業を統合して設立された）JOLEDは20型以上の大中型有機ELパネルを低コストで量産する

技術の確立を急いでいる。専門家の解説によると[1]，サムスンとLGの有機EL
が採用している，真空中で発光材料を気化させて均等に付着させる「蒸着方
式」に対して，JOLEDは液体の発光材料をインクジェットプリンターのよう
に基盤の上に微細に塗り分ける「印刷方式」を採用している。「蒸着方式」に
比べて，「印刷方式」のほうは初期投資が少なく，材料費や製造装置の管理コ
ストなどを安く抑えられるが，高精度が求められ，実用化の段階に至っていな
いという。

　2016年12月13日，シャープの長年の国内ライバルであるジャパンディスプレ
イ（JDI）は，JOLED社を子会社にすると発表した。シャープはすでに台湾の
鴻海傘下に入ったため，JDIとJOLEDとの事業統合は事実上の「日の丸パネル
大連合」となり，液晶と有機ELの両分野で高品質の商品を1社単独で提案で
きると期待された。2016年12月21日の記者会見の席で，JDIの本間充会長兼
CEOは，「（JDIとJOLEDの）技術開発の人材・資金を結集し，有機ELの事業
化に向けて大きく前進できる」と自信を見せた[2]。具体案として，政府系投
資ファンドの産業革新機構（INCJ）は75％を持つJOLED株のうちの36％を
2017年中にJDIに譲渡し，JDIのJOLED株保有率は現在の15％から51％に引き
上げる。JOLED株の取得資金（百数十億円）ならびに成長投資資金（数百億
円）について，JDIは劣後債（新株予約権付社債450億円）と劣後ローン（300
億円）の形で筆頭株主のINCJから750億円の資金支援を受けると予定した。
INCJから得る750億円の全額を有機EL分野に振り向ける（スマートフォン向
けの小型パネルに300億円，テレビや医療用モニターなど向けの大中型パネル
に450億円）とされた。

　実際に，JDIは2014年3月の上場後に赤字が続き，株価も低迷し[3]，JOLED
の吸収合併案は筆頭株主のINCJによる追加支援策であった。しかし，JDIはそ
の後にさらなる経営難に陥り，資金繰りが悪化してJOLEDの有機EL事業に投
資する余裕がなくなり，JOLEDを子会社にする契約合意を白紙解消した。こ
れをチャンスと見て，シャープ幹部は2017年6月7日に，「独占禁止法の問題
があり，買収や合併はできないが，技術協力などは可能だ」，「日の丸連合をつ
くりたい」と発言し[4]，苦境中のJDIとの事業連携に意欲を見せた。その後の
2017年9月11日，シャープの桶谷大亥上席常務兼ディスプレイデバイスカン

パニー社長はJDIに対して有機EL事業での協業を正式に提案していると報道されたが，この協業構想は不発に終わった。

　その後の2017年8月9日と2018年1月30日の2度にわたり，JDIは人員削減，工場閉鎖などを含めたリストラ案を実施したが，2018年3月期の年度決算では売上高は前年比18.9％減の7,715億円，営業損益は617億円の赤字（前年度は185億円の黒字），最終損益は2,472億円の赤字で4年連続の赤字になった。自己資本比率は前年度より20ポイント以上悪化して13.1％に低下した。そして，2018年度の経営業績も改善されず，2019年3月期の売上高は前期比11.3％減の6,367億円，営業損益は2期連続の赤字（310億円），連結最終損益は5期連続の赤字（1,094億円）となった。自己資本比率は債務超過寸前の0.9％まで低下し，企業の存続が問われる事態になったため，JDIは（1,700億円を投資して2016年に完成した）主力の白山工場（石川県白山市）を747億円の減損処理を計上したうえで，従業員数の25％に当たる1,200人規模の人員削減を実施し，また，東入来信博会長と月崎義幸社長はともに責任をとって辞任した。

　INCJからの資金支援を期待できなくなったJDIは，2019年4月12日に台湾電子部品メーカーの宸鴻光電科技（TPK），台湾金融大手の富邦グループ創業家の投資ファンド（CGL），中国投資ファンドの嘉実基金管理グループ（ハーベスト）の3者から構成する「Suwaコンソーシアム」という台中連合の出資を受け入れると発表した。Suwaは合計800億円分の新株（420億円）と新株予約権付社債（380億円）を引き受け，合計の持ち株比率は49.8％になる（社債を株に転換すれば65.4％に上昇する）。INCJは従来の貸付金を転換優先株750億円と長期シニアローン770億円に切り替え，持株比率は従来の25.3％から12.7％に低下する。

　ただし，この出資案は，米国の対米外国投資委員会（CFIUS）をはじめとして，国内外の関係当局の認可を得ることを前提としているため，米中貿易摩擦が深刻になっている中で果たして実施できるのかと最初から疑問視されていた。案の定，4月下旬に台中連合各社はともに支援の決定を6月中までに延期した。6月に入ってから，TPKとCGLの離脱，香港投資ファンドのオアシス・マネジメントとアップルの新規加盟，シャープの連携意向表明，ハーベストの出資減額，JDIの債務超過（772億円，自己資本比率がマイナス19.3％）といっ

た一連の出来事が起き，6月28日に合計683億円の金融支援を取り付けたとJDIは発表したが，事態は依然として流動的である。

他方のJOLEDでは，2017年12月に有機ELパネルの出荷を始めた。低コストの「印刷方式」を世界で初めて採用し，まずはソニーに納入し，医療機器向けディスプレイに搭載される。有機ELの量産体制を構築するために，2018年3月まで総額1,000億円規模の増資を計画し，ソニー，パナソニック，住友化学，シャープなどを含む日本企業数十社に資本参加を要請した。さらに2019年4月8日，JOLEDはINCJから200億円，ソニーとNISSHAから55億円の出資を受け入れた。この出資受け入れ後にINCJの持ち株比率は36.1％，JDIは27.2％，デンソーは18.3％となる。

④　出光の新規参入

JDIとJOLEDの合併が一旦合意された直後の2017年1月18日，出光興産は有機ELパネル材料の開発会社をスイスに新設すると発表した。同分野からの撤退を表明したドイツ化学大手BASFの人材を引き受け，同1月中に30人体制で発足した。設立資本金の200万スイスフラン（約2.3億円）は出光が全額を出資し，BASFがスイスに持つ有機EL材料の開発拠点を同社から借り受け，BASFの研究員が新会社に転籍する形で事業を始めるという。

⑤　まとめ

パナソニックの撤退，台湾液晶メーカーの業績低迷，JDIとJOLEDの苦境，出光興産の新規参入，さらにサムスンとLGの有機EL事業の本格化，中国パネルメーカーの急成長などに伴い，間違いなく，パネル分野での日，韓，中，台の大競争はますます激しくなっており，シャープの液晶事業を取り巻く経営環境は楽観視できない。実際に，鴻海とシャープが共同経営している堺工場（SDP）は売上高の減少と採算性の悪化に苦しみ，2018年度（12月期）の最終損益は2年ぶりの赤字（284億円）に転落したのである（前年度は43億円の黒字）。

(2)　高級ディスプレイの開発

海外勢との価格競争に巻き込まれないために，シャープは自社強みの高級液晶ディスプレイの商品開発に活路を求めており，以下はその数例である。

① LEDディスプレイ

　2016年9月下旬にシャープは同社初のフルカラーに対応したLEDディスプレイを発売した。防水防塵仕様なので，屋外設置の電子看板としての需要があると見込まれる。2017年3月下旬，複数のディスプレイを組み合わせた業界最大の70V型の「PN-V701」を発売した（税別183万円前後，月産200台）。

　実際に，このLEDディスプレイをより発展していくと，有機ELの次世代商品と見なされる「マイクロLED（発光ダイオード）」につながる。マイクロLEDは，赤・緑・青色に光る微細なLEDを敷き詰めて映像を表示するディスプレイで，屋外広告，自動車のフロントガラス，ウェアラブル端末など大小様々な用途に活用できる。また液晶と有機ELと比較して，耐久性が優れ，光が強いという長所もある。普及の鍵はLED素子の価格であるが，台湾と中国のメーカーは急速にコストを下げており，有機ELの次としてその実用可能性は大きく高まっている。日本国内では，昭栄化学やソニーなどの数社はこのマイクロLEDの研究開発を進めているが，資金不足によって台湾と中国の企業に遅れを取っていると言われる。

② 新型液晶ディスプレイ

　2017年5月29日，シャープとグーグルが仮想現実（VR）の世界を楽しめるゲーム端末向けの新たな液晶ディスプレイを共同開発していると報道された。成功すれば動きが速く解像度が高い映像を表現する技術領域で有機ELに対する液晶の劣勢を大きく挽回できると見られる。

③ 新型NFCディスプレイ

　2018年4月5日，シャープは画面上にスマートフォンやICカードをかざすだけで電子決済や個人認証ができる新たなNFC（NFC：Near Field Communication，近距離無線通信機規格）搭載ディスプレイを開発したと発表した。タッチパネルの技術を応用し，ディスプレイに情報を読み取るための透明なアンテナを内蔵した。画面と読み取り機を一体化して，利用者は直感的に操作することができる。2019年度の量産を予定し，まずATMや発券機や自動販売機などへの導入を目指す。将来はコンビニのレジ決済やカーシェアリングなどの個人認証にも広げていく。このNFC搭載ディスプレイはシャープ独自の技術で，競合製品は発売されていない。この技術を普及させるためには，新

しい使い方を提案するとともに，生産コストを抑えることが課題となる。

④ **4K画質業務用ディスプレイ**

シャープは4K画質の液晶パネルを搭載した業務用ディスプレイ85型，75型，65型の３種類を2019年３月から順次発売すると2018年12月19日に報道された。アンドロイドOSに対応するコントローラーを内蔵にしているため，外付けのパソコンなどの機器は不要となり，スペースの節約と配線設置作業の軽減が実現する。連続稼働時間は16時間と24時間の２種類，コンビニ。空港，商業施設などの使用に適している。税別58〜163万円，月産700台と想定している。

⑶ 有機EL事業の混迷

2016年時点では，解像度，製品寿命，調達価格などに関して，液晶パネルは有機ELを上回っている。一方，コントラスト比，応答速度，端末形状の自由設計などに関して，有機ELの方が優れている。総じていえば，液晶技術が発展する余地はまだ大きいが，次世代パネルと見られる有機ELの進化も急速に進んでおり，この点，パネルユーザーの盟主であるアップル社の姿勢と動向は「液晶対有機EL戦争」の方向性を大きく左右していると言える。

液晶パネルの業界リーダーであるシャープは早々に白旗を上げ，有機ELへの傾倒を加速化していた。シャープ買収時に鴻海の出資金から約2,000億円を有機EL分野に投入して2018年の量産化を目指す計画であった。しかし，サムスン，LG，JDIなどのライバル各社が相次いて有機ELへの大型投資を決めているため，先行各社に追い付くためには，2,000億円ではとても足りない。加えて，有機EL事業の採算性が疑問視される中，結局，シャープの有機EL事業への投資額が減らされ，量産時期が先伸ばされた。

総額2,000億円を有機ELに投資する中期計画の実施に先立ち，まず574億円を投じて有機ELパネルの試作ラインを堺工場と三重工場に設け，2018年４〜６月の稼働を目指すとシャープは2016年９月30日に発表した。また，有機ELパネルの量産工場は日本国内ではなく，中国にある鴻海系工場を活用することを検討していると10月中旬に報道された。その後の11月１日に，戴正呉社長は記者会見の席で「有機ELパネルは今の資金状況から見るともっと慎重に考えないといけない。試作ラインが成功してから考えたい」と述べ，有機ELの将来

性に対する不安が窺えた[5]。確かに，有機ELパネルの量産化は技術的に難しいので，試作ラインの生産がうまくいってから量産工場を建設するという慎重な姿勢も必要かもしれない。しかし，有機ELパネルの大型工場の建設は数年もかかるので，試作ラインの成功後に量産工場の建設を開始することとなれば，先行他社にさらに大きく引き離される恐れもある。

　調査会社のIHSマークイットの予測によると[6]，2017年の有機ELパネルの出荷金額は前年比53％増の216億ドルに急増し，今後5年で約3倍に拡大し，逆に液晶パネルの出荷金額は14％減少する見通しである。現時点で有機EL分野のトップとなるサムスンはスマートフォン領域で先行者利益を大いに享受しており，2番手のLGはウェアラブル端末向けの超小型パネルの量産体制の確立に成功した。豊富な資金を投入した中国勢（和輝光電，天馬微電子，京東方など）は3番手に付けており，すでに試作の段階を超え，歩留まり向上の研究に急いでいる。シャープやJDIなどの日本勢は未だに試作段階で，量産化までの道のりは相当長い。明らかに，アップルが号砲を鳴らし，スマートフォンメーカーが雪崩を打って有機ELに移行している今，液晶技術で先行していた日系メーカーは数千億円を投資する体力がなく，劣勢に立たされている。

　劣勢に立たされているが，シャープは諦めていない。国内ライバルのJDIやJOLEDに先行して，シャープは2018年春にスマートフォン向けの有機ELパネルの商業生産を開始し，自社のスマートフォンに採用すると2018年1月上旬に発表した。数百億円を投じて堺工場に建てた有機ELパネルの試作ラインはすでに稼働し，量産技術にメドが付いたようである。すでにサンプル出荷を始めており，2018年4月以降の本格稼働を目指すという。有機ELパネルを搭載した最初の製品は2018年12月に発売されたスマートフォン「アクオスゼロ」であり，また車載用パネルを2021年度に投入する計画も公表されている。

　シャープの目標は，スマートフォン向け有機ELパネル分野におけるサムスンの独占状況を打ち破り，新型iPhoneへの供給メーカーに食い込むことである。これを裏付けるように，スマートフォン向け有機ELパネルの量産工場を中国河南省鄭州市に建設することをシャープが検討していると2017年1月8日に報道された。その背景として，アップルは2017年内にも新機種のiPhone Xに有機ELパネルを搭載させ，そのiPhone Xは鴻海の鄭州工場で組み立てられ

ることが決まっていた。同じ鄭州にシャープの有機ELパネルの工場を建設すれば輸送費などのコストを抑えられるというシャープの狙いがあった。この量産工場の立地は当初日本国内を想定していたが，各種補助金を含む地元政府の支援がより大きく期待できるという理由で，中国鄭州市に切り替えられたようである。

ただし，その後のシャープは「液晶の次も液晶」と路線変更し，時間と金銭のかかる有機EL事業から距離を置くようになった。もしかして，有機ELの量産工場を建てる必要性はもはやなくなったのかもしれない。

⑷　他社向けパネル出荷の抑制

鴻海傘下入り後のシャープはテレビの生産規模を拡大するとともに，サムスンやハイセンスなどの他社向けのパネル出荷量を大幅に減らし始めた。

2016年当時のサムスンは非中核事業の切り離しを進めており，傘下の複写機事業を米HP（ヒューレットパッカード）へ売却すると2016年9月12日に発表した直後の9月14日に公表したシャープ株の売却もその一環かもしれない。しかし，シャープと鴻海が共同運営していた堺工場（SDP）にとって，サムスンは当時の最大顧客であった。もしサムスンへの出荷量を大きく減らすと，SDPの在庫が膨らむリスクがあった。そのため，世界市場で新たな販売先を開拓しながらも，サムスンとの既存の取引関係を安定的に維持していくのは望ましいはずであった。

ところが，サムスン電子との資本関係が解消された約3か月後の2016年12月15日に，SDPからサムスン向けに出荷しているテレビ用大型液晶パネルの取引を2017年に中断することが発表された。SDPとサムスンとの取引交渉において，SDPは値上げを求めたのに対して，サムスンは値下げを提示し，価格条件が折り合わなかったため，パネル供給の停止に踏み切ったと説明された。他方では，シャープブランドのテレビ事業を強化するために，自社向けのパネル供給量を大幅に増やすという戦略的な意図もあると言われた。サムスン向けに40インチと60インチの液晶パネルを2016年に計200〜300万台供給していたので，この最大顧客を失えばSDPの稼働率が低下するリスクもあったが，「自社テレビ向けも含め振り替える目途はついている」とシャープ関係者は強気に発言した[7]。

同じ時期に，LG向けのパネル供給もサムスン同様に中断するとうわさされていたが，情報の真偽は分からなかった。さらに，中国家電大手の海信集団（ハイセンス）へのテレビ用液晶パネルの供給を2017年に中断することで調整しているとも2016年12月20日に報道された。その理由はサムスンと同様で，価格面で折り合わなかったとされるが，2016年10月にシャープが提案したシャープブランド使用権の買戻し（次節３項参照）をハイセンスが拒否したことに対する報復措置，あるいはブランド使用権の買戻しを認めさせるための圧力，という観測も出ていた。

　サムスンとハイセンスへの出荷を減らすと，シャープ自社のテレビ生産台数が大幅に増えなければ，SDPの稼働率が下がったり，在庫が増えたりするリスクがあった。そのため，シャープは自社テレビ「アクオス」の2018年世界販売台数目標を2016年度実績（543万台）の約２倍となる1,000万台に引き上げると2016年９月20日に公表した。さらに2016年12月30日，SDPを主体とする大型投資協定が中国広州市で調印され，世界最大級のテレビ向け液晶パネルの生産工場を新たに建設することになった。こうして，世界のテレビ市場を牛耳っている韓国勢と中国勢に対し，鴻海・シャープ連合が強気の攻勢に転じたのである。

　実際には，シャープも鴻海も伝統的なメーカーであるので，生産力は問題はないのだが，販売力への心配がはるかに大きかった。鴻海は今まで，電子製品分野でのOEM，EMS，B2Bを得意としながら，電子製品の小売業界への多角化経営が幾度も挫折し，苦戦していた。（サムスンやハイセンスへのパネル供給の中止による）外販量減少と（中国新工場建設による）生産能力拡大という二重のパネル供給量の増加をシャープブランドのテレビ生産に振り向けることで消化しようと楽観的に考えていたようであるが，シャープブランドテレビの販路拡大を鴻海・シャープ陣営が自力で確保することは非常に難しいと見るべきである。

　一方，鴻海とシャープが強気になっていた背景には，2016年夏以降，中国や東南アジアの新興国で大型テレビの需要が拡大し，60型以上のパネルは需要の伸びに供給が追い付かず，大型パネルの単価が上昇していたという事情があった。例えば32型は2016年10月までの６か月連続上昇，42型は2016年12月までの６か月連続上昇，55型も12月まで連続数か月の上昇となっていた[8]。パネル

価格が上昇している傾向のなか，サムスンやハイセンスなどの大口顧客に安く買われるより，ほかの新規顧客に高く売れるという自信が出ていたのかもしれない。

　また，テレビ販売を強化する取り組みの1つとして，シャープは経営不振時に手放した欧州と北米での販売権を買い戻すようにUMC（スロバキア）とハイセンス（中国）と交渉しはじめた。ハイセンスには拒否されたが，UMCとの交渉は成功した。UMCの年間販売台数は80万台程度と少ないので，サムスン1社だけの（200〜300万台の販路減少の）穴をも埋められないが，中国国内での鴻海の販売チャネルの全面的協力が得られて，1,000万台以上というシャープテレビの販売目標は1年前倒して2017年に実現したのである（次節2項参照）。

(5)　大型液晶パネル工場の新規建設

　第2章4節3項で既に説明したように，鴻海とシャープが共同出資しているSDP（鴻海53％，シャープ26％）が主体となって，世界最大級の液晶パネル工場を中国広州市に新規建設するという投資協定が2016年12月30日に調印された。2017年3月1日に起工式が予定通りに行われ，2018年9月に稼働し始め，2019年に量産体制に入る予定である。サムスンやパナソニックなどのライバルたちが4Kテレビの市場で大きくリードしているが，第10.5世代の大型ガラス基板を効率よく大量生産する広州工場は8Kテレビに対応できる世界唯一の生産ラインになる。

　中国の広州工場とほぼ同時に，米国のウィスコンシン工場の建設計画も進行中である。ソフトバンクの孫正義社長は2016年12月6日に就任前のトランプ次期大統領と会談し，今後4年間で500億米ドルを米国に投資して5万人の雇用を創出すると約束した。孫社長の説明資料の中，鴻海を共同投資パートナーの1社として挙げていた。その後，米国で大型液晶パネルを生産する工場の新規建設を検討していると2017年1月中旬にシャープと鴻海両社の首脳が正式に表明した。米国で生産するには，人件費が高いうえ，各種部材を東アジアから持ち込むための物流コストも高くなるが，土地，エネルギー，行政手続きなどに関連する費用は中国より安いようである。

2017年4月末，鴻海の郭台銘董事長とシャープの戴正呉社長が訪米してトランプ大統領と面談し，米国新工場への支援策を要請した。2017年6月に工場誘致している米国の数州の知事らが堺市にあるシャープの本社を訪れて土地，電力，税制などをめぐる支援策を説明し，工場候補地の選定に向けた作業は順調に進んでいた。6月22日に台湾で開かれた鴻海の株主総会では，米国投資の規模を70億ドル超から100億ドルに引き上げ，工場予定地をウィスコンシン，オハイオ，ミシガンという3つの州と優先的に交渉していると郭台銘が説明した。7月26日にホワイトハウスでトランプ大統領，郭台銘董事長，ウィスコンシン州知事らが会見を開き，今後4年間で100億ドルを投資し，従業員数3,000～13,000人の8Kや5G関連製品の工場群をウィスコンシン州に作ると発表した。このウィスコンシン工場は，2019年の量産開始を目指す広州工場と同じく，世界最先端となる「10.5世代」の液晶パネルを2020年に生産開始することを目指す。

2017年8月2日，ウィスコンシン工場を含める対米投資を100億ドルから最大300億ドルまで拡大することが郭台銘からトランプ大統領に伝えられたと報道されたが，その実現を信じる人は多くない。実際，トランプ政権の政策的な安定性が疑問視されている中，米国に大型工場を構える必要性にも疑問がある。中国工場で2015年までロボット100万個とか，インド国内で2020年まで10以上の工場を建設する等と表明しておいて，全く実行しようとしなかった多数の前例が示すように，大法螺を吹くのは郭台銘の一貫したスタイルである。米国での実際の投資規模は300億ドルどころか，100億ドルでさえ不透明である。ウィスコンシン州の工場群計画について，2020年の稼働を目指す「本丸」となる液晶パネル工場の建設に先行して，2018年まで稼働したのは補助的役割を果たす3工場のみで，投資額は10億ドル未満であった。

しかし，実行する投資額がいくらになるかを別にして，鴻海はアップル依存の受託生産体制から脱皮し，放送規格の8Kや通信規格の5Gなどの新技術分野の生産基地をアメリカ国内にしっかりと作り上げようとする決心が窺える。将来的には，堺工場，広州工場，ウィスコンシン工場という日中米の三極で高級液晶パネルの主力工場を構え，地球範囲をカバーする生産・供給体制を確立していくのは鴻海・シャープ連合の目指す方向である。

2018年6月28日にウィスコンシンの液晶パネル工場の本格着工式典が開かれ，トランプ大統領も出席した。しかし，主要部材となるガラス基板などのサプライチェーンの整備状況が遅れていることを理由に，計画中のテレビ向けの大型パネル（第10.5世代）ではなく，自動車，スマートフォン，タブレット，パソコンなど向けの中小型パネル（第6世代）の生産ラインの建設から開始すると変更された。4年間で100億ドルという投資総額規模は変わらないとするが，生産ラインが大型から中小型に切り替えられたため，生産設備の導入などに必要な初期投資の規模が大幅に減少すると報道された。

2018年11月6日に行われた州知事選挙では，民主党候補のトニー・エバーズ氏が現職の共和党知事のスコット・ウォーカー氏を破って当選した。エバーズ氏は選挙活動中に鴻海への税制優遇と補助金（総額は米国過去最大の40億ドル近く）に対する批判を展開し，契約の見直しを示唆していた。エバーズ当選後の8日に鴻海は「投資計画は不変だ」との声明を発表したが[9]，一方で，世界的なパネル市況の悪化，米国国内での人員確保とサプライチェーン整備が難しい，州政府からの財政支援が不透明になった，といった理由から，鴻海がウィスコンシン工場での投資規模を大幅に縮小する方向で検討していると2019年1月31日に報道された。また2月1日，シャープと群創光電による米国工場での液晶パネル生産の技術支援チームがすでに解散し，パネル生産工場の建設が中断しているとも報道された。しかし，2月1日の夜にトランプ大統領から直接電話を受けた郭台銘は，翌日午前中にウィスコンシン工場での液晶パネル生産計画を継続すると表明した。こうして，ウィスコンシン工場の投資規模，製品内容，完成時期などに関する変更が二転三転しており，今後の行方に注目すべきである。

(6) 電子黒板事業の強化

世界の電子看板の出荷台数は，2013年の24万台から2016年の91万台に増え，成長が見込める商品分野となっている。日本国内の電子黒板の市場規模は2016年に1万台程度であったが，2020年に約2.5倍の2.5万台に伸びると見られる[10]。世界市場では中国勢が上位を席巻しているが，日本国内市場ではシャープは日本マイクロソフトやパナソニックを抑え，ここ数年は国内第1位を維持してい

る（2018年市場シェア約6割）。実際，電子看板を主力商品とするシャープの「ビジネス・ソリューション事業部」の2017年3月期の売上高は3,177億円で，液晶などを中心とする「ディスプレイ・ディバイス事業部」の8,420億円に次ぐ2番目の規模となっている。

シャープは2011年に液晶タッチディスプレイ型の電子黒板「ビッグパッド（BIGPAD）」の初代モデルを発売してから，商品の改良を重ねてきた。2017年2月に発売した40型のビッグパッドPN-L401C（税別20万円以下）はタブレットやノートパソコン，スマートフォンなどとつないで操作することができる。少人数（2～6人）の商談や会議や打ち合わせなどに対応できるので，企業向けの販売を展開している。第2章4節5項で紹介したように，この商品はシャープと鴻海の協力事業の成果である。タッチセンサーに鴻海の技術，ディスプレイのコントローラーにシャープの技術を使い，鴻海の中国工場で生産する。また2018年1月下旬に，画面がより大きい50型モデルを追加し，1～2メートル離れた位置から見やすいようにフルHDの液晶パネルを採用した。市場想定価格は税別29万円前後で，月産1,200台を目指した。

従来から強みを持つ公共交通機関に加え，2017年11月上旬にパソコン不要・OS内蔵タイプのビッグパッドを小売・外食店に売り出し，50インチのPN-B501と40インチのPN-B401の2機種の市販価格はそれぞれ18万円と13万円，月間生産台数は1,800台と想定した。パソコンとの接続が不要のため，店舗の床面や壁面や天井などに簡単に設置でき，設置の自由度は大きく向上した。さらに2018年3月下旬以降，24時間連続稼働できるような，品質を改良した新商品を発売し，40型を税別17.6万円，50型を税別22.9万円，それぞれの月産台数を1,000台という販売目標を立てた。

電子黒板と同じ原理を採用している商品として，専用のペンで液晶画面に書き込む電子ノートもある。2017年秋に販売中のシャープの電子ノート「WG-S50」（税別18,000円）は，保存できるページ数を従来モデルの1.7倍の5,000ページに増やした。しかも，指定した範囲の書き込みをコピーしてほかのページに貼り付けたり，図形を描いたりする機能も新たに追加した。

さらに4K画像に対応したビッグパッドのシリーズ製品「BIGPAD」が2017年12月上旬に発売された。タッチパネルの画素数を従来機種の約4倍にしたほ

か，線や文字を書き込むタッチペンの感度を2ミリメートル四方まで細かくした。本製品は「静電容量式」のタッチセンサーを搭載しているため，従来の「赤外線式」よりも細かい線を書ける。画面サイズは70インチ，黒板のように横置きだけでなく，縦置きや上向きなどでも使え，4K画像に対応したため，表計算ソフトの数字や設計図の細かい線が見やすい。この70型の電子黒板PN-L705Hには，災害時の避難支援ソフトを有料で搭載することができる。地震や台風などによってインフラや家屋，工場が被災した際に，現場の状況を4K画像で把握し，避難指示を迅速に出すことに役立つので，自治体や企業の災害対策の需要を見込む。想定販売価格は税別145万円程度で，日本国内だけでなく，米国や中国などでの販売も目指し，月産250台を見込んでいた。

この4K対応のBIGPADシリーズ商品として，2018年6月に80型を追加した（税別213万円，月産300台）。しかし，高価格がネックとなり，売れ行きが伸び悩んでいるため，2019年5月から4K画像対応の廉価版の65型，75型，85型の電子黒板を追加すると2019年4月15日に公表した。85型で従来の半額程度となる税別130万円と予定し，学校や企業に売り込む方針である。

(7) 液晶事業の業績回復

シャープの液晶事業は2015年に危機的な状況に陥り，かつての「稼ぎ頭」から全社の業績改善を阻む「落ちこぼれ」に変わっていた。具体的な数字を見ると，液晶事業部門の2015年度第1四半期（4～6月期）は売上高（6,183億円，前年同期比0.2％減）も連結営業利益（287億円の赤字，前年同期46億円黒字）も最終損益（339億円の赤字，前年同期17億円赤字）も前年同期の水準を下回った。

次の2015年4～9月期の連結決算では，売上高は期初の予想を300億円下回る12,700億円（前年同期比4％減），営業利益は期初予想の100億円黒字から251億円の赤字（前年同期は292億円の黒字）に転落し，最終損益は836億円の赤字（前年同期は47億円の黒字）となった。そして，2015年4～12月期の営業損益は372億円の赤字で，シャープ全社の連結営業損益290億円の赤字（前年同期は512億円の黒字）を招いた最大の要因となった。さらに2016年1～3月期の売上高は前年同期比26％減の1,541億円，営業損益は919億円の赤字（前年同期は

21億円の赤字）となり，液晶事業の収益性は一段と悪化した[11]。

　こうして，液晶事業はシャープの経営危機を招いた最大の要因であったが，鴻海傘下入り後に戴社長らの経営努力に加え，液晶パネルの市場価格が上昇に転じて，液晶事業の収益性は急激に改善した。2018年4月26日に発表したシャープの2017年度連結決算では，全社売上高は24,272億円（前年比18.4％増），営業損益は901億円（44.3％増），最終損益は702億円（前年度は248億円の赤字）で4年ぶりの最終黒字を実現した。年度決算の中身を確認してみると（表3－1），シャープ傘下事業のうち，（液晶パネルや液晶テレビなどを含める）アドバンスディスプレイシステム事業部は最も好調であった。その売上高の10,865億円（前年比29％増）は全社（24,272億円）の45％を占め，営業利益の370億円（前年比10.4倍増）は全社（901億円）の41％を占めていた。一方，（家電，携帯電話機などを含める）スマートホーム事業部は売上高10.4％増と営業利益9.7％減，（デジタル複合機，デジタルサイネージなどを含める）スマートビジネスソリューション事業部は売上高4.2％増と営業利益10.6％減，（カメラ，車載カメラ，センサーなどを含める）IoTエレクトロデバイスは売上高18.8％増と営業利益35.9％減であった。つまり，全部門そろって売上高が増え，かつ営業利益の黒字化を実現したが，ほかの事業分野の営業利益がそろって減少している中，液晶関連事業の営業利益だけが10.4倍増と大躍進し，シャープ全社の業績改善を下支えていたのである。

表3－1　シャープの事業分野別業績（億円）

	売上高			営業利益		
	2016年度	2017年度	前年比	2016年度	2017年度	前年比
スマートホーム	5,506	6,079	+10.4%	484	437	−9.7%
スマートビジネスソリューション	3,177	3,331	+4.2%	225	201	−10.6%
IoTエレクトロデバイス	4,136	4,915	+18.8%	80	51	−35.9%
アドバンスディスプレイシステム	8,420	10,865	+29.0%	35	370	10.4倍
小計	21,240	25,172	+18.5%	825	1,060	+28.5%
調整後の合計	20,506	24,272	+18.4%	624	901	+44.3%

出所：『日本経済新聞』2018年4月27日朝刊記事などにより作成。

2 テレビ事業

　日本国内では，テレビは長らく「家電の王様」と位置づけられ，シャープ自身も亀山工場で生産された液晶テレビの大成功をもって「一流企業」や「勝ち組」と認められた経験を持っている。そのため，シャープはテレビ分野に大きな力を注いでいる。

(1) 鴻海との共同開発

　2016年4月21日，アジア市場向けの新型テレビを鴻海と共同開発して年内に発売するとシャープが発表した。家庭向けの低価格機種を鴻海の生産工場と販売ルートを利用して中国・台湾・東南アジアで販売することが主な内容とされるが，資本提携後の最初の試みとなるので，成功すれば白物家電やスマートフォンなどの共同開発も進めるという象徴的な意義があった。

(2) テレビ販売目標の公表と達成

　2016年9月20日の製品説明会で，シャープは2018年度の「AQUOS」ブランドのテレビの世界販売台数目標を2016年度実績（543万台）の約2倍となる1,000万台に増やすと公表した。テレビの世界販売台数が2015年の2億7,400万台から2016年の2億6,500万台へ減少している中，シャープがこの野心的目標を実現するためには，鴻海傘下の群創光電からのパネル調達や鴻海系工場での組立生産などが必要となるだけでなく，鴻海の販売力に対する依存度も一気に高まった。また供給台数の増大に伴い，シャープテレビの販売価格ないしブランド力が低下するリスクもあった。

　テレビ事業の勝敗の決め手となるのは世界最大の中国市場（2017年約5,000万台規模）での売れ行きである。中国市場におけるシャープの薄型テレビは2016年までマイナス成長が続いていたにもかかわらず，2017年4～6月は（台数ベース）前年同期比約250％，2017年10～12月期は同140％の伸びであった。シャープは「天虎計画」や「富連網」などの鴻海傘下の販売チャネルを利用して中国市場向けのテレビ出荷量を大幅に増やし，中国国内市場での販売シェア

を2016年の2.2％から2017年の7.6％へ大幅に高めた。7.6％という数字は小さく見えるかもしれないが，中国系メーカーが上位を独占している中国市場で第7位に食い込み，世界最大手のサムスン電子の2.7％を一気に追い抜いたという事実は非常に大きな意義を持つ（表3－2）。

表3－2　中国市場のテレビメーカー別シェア（2017年）

順位	メーカー名	本社	シェア（％）
1	海信（ハイセンス）	中国	14.1
2	TCL	中国	13.3
3	創維数碼（スカイワース）	中国	13.1
4	長虹（チャンホン）	中国	10.6
5	康佳（カンカ）	中国	9.3
6	海爾（ハイアール）	中国	8.8
7	シャープ	日本	7.6
10	サムスン電子	韓国	2.7

出所：『読売新聞』2018年7月12日朝刊記事。

　中国市場向けのシャープ液晶テレビは，鴻海が「シャープの赤字にならない程度の価格」で買い取り，鴻海の100万人の従業員に販売台数ノルマを割り当て，親族や友人知人や取引先などに売り込む大作戦を展開し，また中国の家電量販店やネット通販サイトで「赤字覚悟の安値攻勢」を展開していると言われる[12]。その結果，2017年度のシャープテレビの世界販売台数は1,000万台（うちの約400万台が中国市場で達成）を超え，前年度（543万台）からほぼ倍増した。つまり，2016年9月に戴社長就任直後に打ち出した2018年度販売目標の1,000万台は見事に1年も前倒して達成された。ちなみに，中国市場での増加分（2017年約300万台）はサムスン向けのパネル供給を中止した分（2016年実績200〜300万台）を完全にカバーできるほど大きな規模となった。

　中国に次ぐ第2位の北米市場にも明るい兆しが見えてきた。2018年6月20日，鴻海グループの中核企業の鴻海精密工業（出資額約2,500万ドル）とグループ傘下の群創光電（イノラックス）（出資額約4,500万ドル）が共同出資して米国

第3章　主要製品分野の変化　79

テレビ大手のビジオ（カリフォルニア州）の第三者割当増資を引き受け，ビジオ株式の約7.2％を取得した。鴻海はもともとビジオ株を一部保有しており，今回の出資と合わせてビジオ株式の10％を超えると見られる。このビジオは2005年に設立された新興企業で，製品設計の大部分と製造工程のすべてを鴻海らEMS企業へ外部委託するというビジネスモデルを採用している。また低価格帯のテレビを販売して北米のテレビ市場で占有率を急速に高めてきている。中国系パネルメーカーが増産を加速し，液晶パネルの値崩れの傾向が顕著になっている中，鴻海は米国ウィスコンシン州で投資額1兆円を超える液晶パネル工場を建設している。このように，液晶パネルの大手ユーザーとなるビジオを自社陣営に囲い込み，パネルの出荷先を確保する狙いがあると見られる。鴻海が北米販売大手のビジオとの資本提携関係を順調に進めていけば，シャープブランドテレビの販売権を中国系のハイセンスから取り戻し（本節次項参照），それをビジオに委託するという苦労の少ない道も開かれると思われる。

⑶　ブランド使用権の買戻し

　テレビの販売事業を強化する取り組みの1つとして，シャープは経営不振時に手放した欧州と北米でのブランド使用権と生産工場をUMCとハイセンスから買い戻す交渉を開始した。その経緯について少し説明を追加すると，2014年9月にシャープは自社のポーランド工場をわずか1億円でスロバキアの家電中堅メーカーのUMCに売却した。その後，UMCは欧州で販売する液晶テレビにシャープのブランドを使用できる契約を2014年12月にシャープと結んだ。それ以降，UMCは売上高の3％に当たる商標使用費だけを払い，他社製造のパネルやテレビをシャープブランドで販売できるようになった。ただUMCはシャープ製の液晶パネルをあまり使っておらず，年間80万台程度しか販売していない模様である。

　このような自社ブランド商品の販売方法に全く関与できず，ブランド力の維持と向上は困難であるという事態は「あるべき姿ではない」ので，戴社長は就任早々にUMCとの交渉を開始し，ブランド使用権の買戻しを目指した。2016年9月21日，シャープとUMCは資本業務提携に向けた協議を進めることで合意したと発表した。UMCとの関係が改善されたため，10月からシャープ製の

液晶パネルをUMCに本格的に供給することが再開された。さらに9月から始まった資本提携に向けた協議が順調に進み，2017年2月10日付けでシャープがUMC（スロバキア）の親会社SUMC（キプロス）の株式の56.7％を104億円で取得すると2016年12月22日に正式に発表された。UMCを孫会社化にすることに成功したため，UMCに手渡されたシャープブランドテレビの販売権と生産工場を実質的に買い戻し，生産と販売の両面で欧州のテレビ事業を自社で手掛けることになったので，シャープ製パネルの販路拡大とシャープブランド力の向上は同時に図られる。

　2017年2月27日，UMCが販売するテレビの7割程度にシャープ製パネルを搭載させるとともに，シャープブランドのテレビ以外の家電製品もUMCに委託販売させるとシャープは表明し，ヨーロッパ市場で攻勢をかける取り組みの1つとした。ただし，UMCの年間販売台数は80万台程度と小さく，年間販売台数1,000万台という目標の達成への貢献度は限られてはいた。

　また，シャープは2015年7月に中国家電大手のハイセンス（海信集団）に対して，メキシコにあるテレビ工場を売却するとともに，北米市場で「シャープ」や「アクオス」を含むシャープブランドの使用権を2016年年始から5年間供与する契約を交わした。戴社長は2016年8月の就任直後にシャープブランド使用権の買戻しをハイセンスに再三求めたが，これについては明確に拒否されてしまった。2016年10月にハイセンスの幹部は「シャープブランドのテレビ販売は好調で，使用権契約をしっかり守っていく」，メキシコ工場についても「買収後の統合がうまく行き，シャープが手掛けていた時よりも効率が良くなった」と拒否の理由を説明した[13]。

　一方，「鴻海の力も使える。契約の見直しの余地はある」と戴社長は諦めなかった[14]。その後の2016年12月20日に，ハイセンスへのテレビ用液晶パネルの供給を2017年に中断すると報道された。その理由は価格面で折り合わなかったと説明されたが，シャープブランド使用権の買戻しを拒否したことに対する報復措置か，あるいはブランド使用権の買戻しを認めさせるための圧力とも見られた。2017年4月にハイセンスに手紙を出して商標使用権契約の打ち切りを通告したが，これはハイセンスに無視された。そこで6月9日にハイセンスに対し，契約に反して低品質・低価格の製品をシャープブランドで販売して評判

を貶めたなどを理由に，商標使用の差し止めと1億ドル以上の損害賠償金を求める訴訟を米国カリフォルニア州の裁判所に提出した。ちなみに，州裁判所の審理では，一般消費者が陪審員を務めるので，法律条文の解釈ではなく，人の感情に訴えやすいことから，シャープは州の裁判所を選んだとされる。

　しかし，ハイセンス側の求めで司法審理の場は州裁判所から連邦裁判所に移され，シャープ側の勝訴は難しくなった。2017年6月末にシャープはハイセンス本社への訴訟を取り下げ，ハイセンスの米国法人4社を対象とした訴訟の審理を連邦裁判所からカリフォルニア州裁判所に戻すよう申し立てた。また7月18日，ハイセンスの製品が自社の特許を侵害しているとして，シャープはハイセンスグループ会社のハイセンス・エレクトリックと米国法人2社を米国ニューヨーク州南部地区の連邦地方裁判所に提訴し，損害額の賠償と製品の製造と販売の永久差し止めを求めていた。提訴理由については，ハイセンスブランドのスマートテレビの中，シャープの無線LAN関連の特許が無断に使われたということがあげられていた。さらに8月30日には，7月18日の提訴とほぼ同じ内容で，ハイセンスの製品が自社の特許を侵害しているとして，米国際貿易委員会（ITC）に調査を申し立てた。

　これら一連の法的対抗措置を取ったにもかかわらず，商標使用権をハイセンスから買い戻すのは困難だとシャープは判断したため，2017年7月に（ハイセンスの使用が認められた「アクオス」ではない）新しいブランドを立ち上げ，8Kを中心とする高級テレビを2018年度内に（中国に次ぐ）世界第2位の北米市場に投入する計画を公表した。新しいブランドの立ち上げ計画が実現すれば，シャープが自社ブランドテレビを北米で販売することができるので，ハイセンスから「アクオス」を買い戻す必要性が小さくなる。ただし，新しいブランドの立ち上げとブランド力の浸透は大量の金銭と時間を要するので，この計画はハイセンスへの威嚇作戦に過ぎなかったと見るべきであろう。

　2018年2月23日，シャープは米国でのハイセンス集団とのテレビ商標使用権を巡る一連の訴訟を取り下げたと報道された。訴訟取り下げの理由は公表されていないが，次のように推測されている。業績好調なハイセンスは経営不振の東芝のテレビ事業を買収し，全世界で今後40年間にわたり東芝のテレビブランド「レグザ」の使用権を取得することがすでに2017年11月に決まっていた（出

資完了は2018年３月初め）。家電業界で大きな力を持ちはじめたハイセンスとの正面対決を避けたいという思惑がシャープ社内で働いていたのではないかと思われる。理由は何であれ，訴訟の取り下げによって，シャープとハイセンスとの両社間関係が改善する方向に向かうことにはなった。

　訴訟の取り下げ後にシャープはハイセンスとの販売権交渉を再開した。とりわけ4K＆8Kなどの一部高級品に限定して「シャープ」または「アクオス」ブランドのテレビをシャープ自社が北米市場で販売できるように，シャープはハイセンスに要請していると2018年６月28日に報道された。この交渉は難航していたが，ようやくハイセンスとの合意が得られ，世界第２位の北米市場で自社ブランドのテレビの販売を2019年後半に再開するとシャープは2019年５月８日に発表した。ウィスコンシン州で建設中の液晶パネルからテレビまで一貫生産する鴻海工場からテレビを直接仕入れると，シャープテレビのコスト競争力は大幅に上昇する。また2018年６月に鴻海グループが持ち株比率を引き上げた（北米市場でのテレビ販売大手）ビジオの販売網を活用すれば，北米市場での販売ルート開拓のコストは大幅に抑えられる。したがって，シャープテレビの北米市場での売上高は今後伸びる余地があると考えられる。

⑷　4Kテレビの追い上げ

　日本国内テレビ市場において，シャープは2000年代に入ってから優位を保っている。経営危機に陥った2016年度でさえ，シャープのシェアは前年度より3.1ポイント下がったものの，33.3％で首位を維持した。２位のパナソニックは1.5ポイント上がったものの，そのシェアは24.1％でシャープとの差は大きい。３位の東芝は1.3ポイントを下げて15.2％となり，４位のソニーと５位のハイセンスのシェアはさらに小さい[15]。また2016年度の日本メーカーの世界販売台数を見ると，首位のソニー（約1,200万台）に遠く及ばないが，２位のパナソニック（約600万台）と３位シャープ（約550万台）の差は小さい。さらに2017年度の世界薄型テレビの出荷台数（前年比3.4％減の２億1,517万台）を見ると，韓国勢のサムスン電子とLG電子は１位（21％）と２位（16％）を占め，中国勢のTCLとハイセンスは３位と４位を続き，日本勢のソニーとシャープが５位と６位に付けている。この意味からすればシャープは一定の存在感を示してい

ることは間違いない[16]。

　日本国内のテレビ市場でシャープは毎年首位を維持しているが，単価の高い4K分野ではソニーやパナソニックなどのライバル各社に大きな後れを取っている。例えば2016年6月分の日本国内のテレビ販売実績を見ると，総台数における4K比率が高い上位3社はソニー（43.9％），東芝（34.4％），パナソニック（28.2％）であり，シャープ（14.8％）の劣勢は明白である[17]。

　ブランド力を高めて営業収益を増やすために，シャープは4Kテレビ市場での追い上げ作戦を開始した。2016年6月にシャープは4Kテレビ7機種を新たに日本国内市場に投入し，2016年度中にテレビ事業の黒字化を目指した。2016年11月中旬，シャープは2016年の年末商戦に向けて人気歌手のきゃりーぱみゅぱみゅさんを継続起用して4Kテレビ「AQUOS 4K」のテレビCMを流すと決めた。

　それと同時に，鴻海は台北駅でシャープの4Kテレビ技術を使った拡張現実（AR）の広告を披露し，AR技術利用の広告会社「万相雲媒」を設立した。

　4Kテレビでの追い上げ作戦はある程度の効果を上げた。例えば2017年10月の月間総販売台数順位を見ると，トップ10機種のうちに，パナソニック，ソニー，東芝はそれぞれ1機種のみに対して，シャープは7機種を占め，完全勝利に見えた。ただし，高級機種の4Kテレビは「AQUOS LC-40U45」の1機種だけであった。この40型機種はリモコンにユーチューブ起動用のボタンを設け，実売価格は9.5万円前後であるため，学生などの若年層に歓迎され，第9位にランクインした[18]。

　2017年11月11日，人工知能（AI）を搭載した4K液晶テレビ「AQUOS 4K」を発売した。過去の視聴履歴（視聴時間帯，出演者，ジャンルなど）から利用者の嗜好を把握し，利用者のニーズに沿うコンテンツ（音楽やゲームや映画などの有料サービス）を音声などで提案した。まず50〜60インチの5機種を投入し，そのうち，AQUOS UH5シリーズは60型（40万円前後）と55型（34万円前後）の2サイズ展開で，AQUOS US5シリーズは60型と55型と50型の3サイズであった（22〜33万円）。

　これまでの主な4Kテレビは現行の地上デジタル放送などを4K画質に補強して視聴できるアプコンバート機能を持つが，4Kチューナーを内蔵する機種は

少なかった。2018年12月１日開始のNHKの4K／8K試験放送に対応するために，シャープは2018年９月27日，4K衛星放送に対応するチューナー内蔵型テレビ「AQUOS 4K」，BDレコーダー「AQUOS 4Kレコーダー」，および4Kチューナーを発表した。

　さらに，50型と60型4Kテレビ（4T-C50AN1／C60AN1，税別20万円／28万円），4Kレコーダー（4B-C40AT3/C20AT3，税別14万円／11万円），4Kチューナー（4S-C00AS1，税別3.2万円）を11月17日に発売し，45型（4T-C45AL1，税別15.5万円）を12月22日に発売した。このシリーズの最新型テレビはAIoT商品として，音声認識AIの「グーグルアシスタント」に対応しているので，テレビのリモコンに話しかけると，テレビ番組や天気や情報検索などを調べられるし，クラウド・サービスに対応した調理家電や空調機器などを操作することもできる。視聴経歴から利用者の好みを分析し，番組の視聴を勧める機能もある。

　テレビ各社が4K商品を出しそろえた2018年６月時点の日本国内市場では，テレビ全体の販売金額に占める4Kテレビの割合が70.9％，販売台数で42.3％であった。実際に4Kテレビが存在する40型以上では，4Kの占める比率は金額で88.5％，台数で77.4％であった。つまり，4Kテレビはすでに日本市場の中心となっており，台数ベースでは，ソニーとシャープが30％前後のシェアを取り合うトップ争いを繰り広げ，パナソニックと東芝が後を追いかける構図となっている。しかし，平均単価水準では，パナソニックとソニーは14〜15万円，シャープと東芝は10万円前後と強弱が分かれている[19]。また，別の調査では，2018年６月25日から７月22日までのほぼ１か月間に，日本国内のテレビ販売台数での上位10品目のうち，シャープは６品目を占め，ソニーの２品目，パナソニックと東芝の１品目を大きくリードしていた[20]。

　2013年から4Kテレビが本格的に市場投入されたが，2018年末時点の普及率は22％以下にとどまっている。当初の見込みほど普及していない最大の理由として，4Kネイティブのコンテンツが少ないことが挙げられている。この点，2018年12月１日から4K／8Kの衛星放送が正式に始まり，4Kコンテンツが今後大幅に増える見通しが立ったため，シャープ，東芝，パナソニック，三菱電機などのテレビメーカーは4Kチューナー内蔵型のテレビ機種を積極的に増やし

ている（ソニーは2019年6月から参入する）。しかし，ライバル他社が有機EL
に注力しているのに対して，シャープは液晶に重点を置いているという違いが
ある。2018年12月時点の55インチ4Kテレビの店頭価格を見ると，有機ELタイ
プは25万円程度，液晶タイプは12万円程度，この価格差は大きく，液晶型の価
格優位性は明白である。

　以上の説明に基づいて考えると，日本国内外のテレビ市場，とりわけ（高価
格帯の超大型画面ではない）一般家庭向けの中間価格帯では，シャープのテレ
ビは高いブランド力と高い価格優位性を持ち合わせており，成長する余地が大
きいと思われる。

(5)　8Kテレビの「一人旅」

　テレビは長い間に「家電の王様」と位置づけられ，テレビを巡る競争は最も
激しいものである。高級テレビとして，有機ELパネルを搭載したテレビはこ
こ数年注目されている。黒の表現力，高精細の映像，パネルの薄さなどの特徴
は画面が大きいほどそのメリットを実感できる。先行したLGに追随して，パ
ナソニック（ビエラシリーズ），ソニー（ブラビアシリーズ），東芝（レグザシ
リーズ）の日本3社もそろって，LGの有機ELパネルを使ったテレビを日本国
内市場に投入した。

　液晶か有機ELかという戦いの中，価格が最大の注目点である。2017年6月
時点に50型以上の液晶テレビの平均価格は18万円前後に対して，有機ELテレ
ビは44万円と2倍以上も高かった。しかし，その後に価格差が縮まり，2017年
10月時点の60型テレビは液晶50万円と有機EL60万円で価格差は10万円程度に
縮まった。薄型テレビの日本国内販売台数における有機EL構成比は2017年6
月の1.0％から2018年9月の3.7％へ上昇し，有機ELテレビの平均単価も大きく
下落して28万円前後になった[21]。今後は4Kや8Kなどの高画質コンテンツが増
えることにつれて，有機ELテレビの需要はさらに拡大するし，また販売市場
の拡大に伴い，その販売価格が液晶並みに下がる可能性も大きいと見られる。

　テレビの主役が液晶から有機ELに移り変わっている中，（有機ELの研究が
大幅に遅れているため，液晶にこだわらざるを得ない）シャープはあえて輝度
や耐久性や消費電力などの面でリードしている高級液晶の4Kとりわけ8Kで対

抗しようとしている。その8Kは3,300万画素数で，フルハイビジョン（HD）の16倍，4Kの4倍にもなる。解像度が人間の視力を超えたという意味で，8Kは4Kの延長線上という量的変化ではなく，質的な飛躍だとシャープ関係者が主張する。8Kに対応する中型液晶パネル（パソコンやタブレット向け）と大画面8Kテレビ（60〜90インチ）を亀山工場で生産する方針も公表されている。

　また，NHKの4K／8K試験放送の開始（2018年12月）に先立ち，2017年6月にNHKの技術局長や理事を歴任した西山博一をシャープの取締役兼執行役員として招き入れ，「8Kエコシステム戦略推進室」という新組織のトップに据えた。

　そこで本格的な8Kテレビの開発とともに，シャープは4K解像度のディスプレイで8K相当の画質を実現する「4K NEXT」シリーズを独自に開発している。独自の「4原色技術」と「超解像技術」を融合することによって，疑似的に縦横2倍の解像度を得られるので，比較的に安価な4Kディスプレイを使用しながら，8K相当の高解像度を実現することが可能となる。初代モデルの70型AQUOS 4K NEXT LC-70XG35が2015年11月に発売されたときの価格は税別85万円前後であったが，2018年2月時点には，80インチ画面のAQUOS 4K NEXT LC-80XU30は税別151万円，70インチ画面のAQUOS 4K NEXT XG35は税別41万円であった。

　本格的な8K技術に対応した70インチのアクオス8Kテレビ「LC-70X500」を2017年10月に中国で，12月1日に日本で，2018年2月に台湾で，3月に欧州で発売するとシャープは2017年8月31日に発表した。一般消費者向けの8Kテレビの市場投入は世界初となる。想定価格は税別100万円前後と割高であるが，世界の先頭に立った。2017年11月1日からこの「アクオス8K」を東京駅の八重洲中央口改札内に展示したのは，人通りの多い駅で8Kテレビの存在感と魅力を消費者に訴える狙いであった。

　3,300万画素数の8K映像の解像度が人間の視力を超えているので，内視鏡モニターを使う外科手術，セキュリティー防犯，スポーツ観戦などの高画質の映像技術を求める場合に，8K映像の価値が高く評価される。しかし，8Kカメラで撮影されたコンテンツは現状ではほとんどなく，また通信スピード，データ量，設備コスト，データ通信料金などの難題も多いので，NHKを除く民放各局は

慎重な姿勢を示している。そのNHKは2018年12月に8Kの試験放送を開始したが，8Kの放送規格はまだ決まっていない。高級液晶も有機ELも自社製造していないソニーやパナソニックや東芝などの日本競合メーカーは，4Kテレビに注力しているものの8Kテレビには距離を置いている。8Kテレビに積極的に動き出した日本企業は高級液晶路線を突っ走るシャープ1社だけで，「一人旅」と揶揄されていた。

2018年上半期（1～6月）では，有機ELテレビ（首位ソニーのマーケットシェアは39.9％）の販売台数は前年同期比8.6倍，金額は同7.3倍になった。一方の液晶テレビは，4K以上（首位シャープのマーケットシェアは31.5％）は販売台数で33.2％増，2K以下（首位シャープのマーケットシェアは37.1％）は8.0％減にとどまっていた[22]。この数字を見ると，有機ELテレビと液晶テレビの勢いの違いははっきり見えてきたのである。

ところが，2018年8月以降に事態が急転した。まずサムスン電子が2018年度中に液晶パネルを使った8Kテレビを発売すると決めた。それに続いてLG電子が有機ELパネルを使った8Kテレビを世界初めて開発したと発表した。また中国政府は2022年から8K放送を開始し，8Kが関連する産業の育成を目指すと表明した。中国家電大手のTCLは率先して8Kテレビの発売計画を公表し，ほかの中国系メーカーも追随して参入すると見られる。そして，2019年1月6日に米国ラスベガスで始まる世界最大の家電・技術見本市「コンシューマー・エレクトロニクス・ショー（CES）」ではソニーが98型と85型の8Kテレビを出展して8Kテレビの市場に参入すると表明した。ただし，同じ2019年1月にパナソニックはコンテンツの不足や放送規格の未確定などを理由に8Kテレビへの不参入を表明した。

コンテンツの少ない8Kテレビが日本ないし世界市場で普及する見通しが不透明の中，テレビの世界市場を牛耳る韓国勢と中国勢や，長年の日本国内ライバルもそろって8Kテレビの市場に参入したため，8K市場の成長可能性は一気に高まったと見える。これまで8Kの「一人旅」をしていたシャープにとって，強豪ライバルのサムスンとLG，TCL，ソニーなどの参戦は脅威にもなるし，追い風にもなる。

しかし先行者として，8K映像の膨大な情報をデータ伝送する圧縮技術をは

じめ，シャープは多数の重要特許を保有し，また大規模集積回路（LSI）でも先行している。さらに8K分野での先行優位性を固めるために，シャープは8Kテレビの改良と投入を速めている。2018年11月17日に発売した8K放送を受信できるチューナー内蔵型の液晶テレビ「アクオス　8K　AX1シリーズ」4機種（60〜80インチ）は初めての本格的な8Kテレビとなるが，放送される8Kコンテンツが極めて少なく，販売価格も高い（80型で215万円前後）ため，その売れ行きが伸び悩み，2019年3月まで約1万台という販売目標には届かなかった。

　2019年2月1日，シャープは8Kテレビの画像処理を担う大規模集積回路（LSI）を開発したと報道された。LSIの画像処理エンジンが信号を解析し，被写体の色彩や形状を推測し，より滑らかな映像として映り出すので，LSIが画質の決め手となる存在である。シャープは2年もかかってこの新型LSIの開発に成功し，今後の8K製品に搭載して，8K分野での先行優位性を維持する狙いである。

　有機ELで大きく立ち遅れたシャープはこうして8K技術をもって液晶の稼ぐ力を高めようとしている。また，先行している自社の技術が業界の標準規格になれば先行優位性がより長く維持できるであろう。しかし，日本を含めた世界市場で液晶パネルの価格が大きく低下している状況下では，高額商品となる8Kの売れ行きはそう簡単には伸びず，採算性の確保は至難である。実際に，自社の技術力とブランド力を過信して市場の動向を見極めず，液晶工場へ過大投資して巨額の赤字を招いたことはシャープ自身の経験である。したがって，8Kへの固持は大きなリスクを伴い，ここで間違えれば過去と同じ失敗を繰り返すことになる。

⑹　4K／8K関連商品の開発

　シャープは，液晶技術の延長線上の8Kにこだわり，自社が8K液晶テレビを発売するほか，他社と協力して8K関連の品ぞろえを増やしたりして，2020年度にテレビやカメラなどを含めた8K関連製品で3,000億円の売上高を目指すと大きな目標を立てている。

① 4Kネットワークカメラ

2016年5月25日，シャープは無線LAN対応で全方位検知のネットワークカメラ「QG-B20C」を発売した（税別43.5万円）。4K画質並みの高解像度と高感度を実現し，屋外にも設置できる。映像データを無線LANで送り，従来の監視カメラ以上の用途が可能である。

② 4Kテレビチューナー

2016年5月25日に世界初となる「8K」放送向けのテレビチューナーを発表した。また2018年11月17日に4K映像を鑑賞するテレビチューナー（4S-C00AS1，税別3.2万円）を発売した。家庭の4K対応テレビとHDMIケーブルで接続すれば新しい4K衛星放送を視聴できる。

③ 8Kテレビカメラ

2017年6月27日，シャープは映像機器の中堅メーカーのアストロデザイン社（東京都大田区）と提携し，8Kに対応したカメラなどの映像システムを開発・販売する計画を発表した。2017年12月，シャープはアストロデザインと共同開発した8K映像に対応する業務用テレビカメラ「8C-B60A」を発売した。カメラ1台で8K映像を撮影・収録・再生・出力することができるのは世界最初となる。希望販売価格は税別880万円と高いが，放送局などでの活用を見込み，2018年度から米国，台湾，中国などでの販売を目指す。さらには，個人消費者向けの廉価版8Kビデオカメラ（約45万円）を2019年内に発表する予定である。8K液晶テレビがシャープの将来の主力製品に据えられているため，その普及に欠かせない対応テレビカメラを発売することを通じて，8Kテレビの市場を創出する狙いである。

④ 8K業務用モニター

2017年6月にシャープは8Kの液晶パネルを使った業務用モニターを発売した。70インチの重さは42.5キログラムで従来品（2015年投入の85型）の半分以下，奥行きも9.2センチメートルと従来品の約半分，価格も約800万円程度で従来品のほぼ半額であった。また，2017年10月2日，医療機器メーカーのカイロスが開発した内視鏡システムに，8Kシステムを納入したと発表した。内視鏡に搭載させた8K映像を撮影できるカメラとシャープの8Kモニターを組み合せると，医師は高精細の8K映像で微細な血管や神経などを見ることができる。

⑤ **国際見本市への出展**

　鴻海入り後のシャープは，2017年9月にドイツのベルリンで開かれた欧州最大の家電見本市「IFA」に5年ぶりの出展，その後の2018年1月に米国のラスベガスで開かれた「コンシューマー・エレクトロニクス・ショー（CES）」に3年ぶりの出展を決めた。8K関連商品を国際的な見本市で披露してシャープの技術力をアピールする狙いであった。2018年8月の「IFA」にはさらに8K映像中心の製品を前面に出し，サムスンやLGやTCLとの違いを強調して8K先行者の姿勢を強く打ち出した。

⑥ **8K監視カメラ**

　8Kテレビの売れ行きが伸び悩む中，シャープは8K技術の産業用途の開拓に力を入れている。その1例として，2019年3月5日にシャープは8K映像に対応した監視カメラの開発成功を発表した。肉眼以上の解像度を実現して細かい文字や数字を確認でき，人手不足の深刻さが進む工場などのビジネス現場に適用できるという。世界初の商用化を目指し，早ければ2019年内での受注生産の開始を見込んでいる。

⑦ **4K対応BDレコーダー**

　2017年3月以降，シャープは4K対応のブルーレイ・ディスク（BD）レコーダーを次々と発売し，それに関する詳細な説明は本章4節10項に譲る。

3　スマートフォン事業

　日本国内の携帯電話市場では，アップル社のiPhoneが圧倒的な優位を占め，日本メーカー各社は苦しい戦いを強いられている。シャープは様々な対策を講じて一定の追い上げ効果も現れているが，優位に立ったとは言えない。

(1)　シャープの苦境

　日本の電機メーカーはかつてNTTグループなどに依存して日本独自規格の携帯端末を開発し，国内市場を山分けしていたが，2007年にiPhoneが登場してから，日本企業各社の収益力は急速に低下し，撤退と再編が続き，携帯端末

のメーカーは2000年代初めの11社から2018年現在の３社（ソニー，シャープ，京セラ）に減った。具体的には，三菱電機は2008年，東芝は2012年，NECとパナソニックは2013年，富士通は2017年に撤退した。残っている３社のうち，ソニーはカメラ，シャープは液晶パネル，京セラは頑丈さを差別化のポイントにしており，一部のユーザーを確保しているが，ガラパゴス化の「希少種」となる傾向はますます強く，世界市場で大きく成長する道を自ら閉じている[23]。

　まず日本国内市場の状況を見ると，シャープが鴻海傘下に入った2016年度の日本国内の携帯電話端末市場では，総出荷台数は0.3％減の3,648万台と５年連続の減少となった。その中，従来型（ガラケー）は大きく減り，スマートフォンは3,000万台の大台を突破した。企業別のマーケットシェアを見ると（表３－３），アップルは43.5％（前年比1.6％増）で圧倒的な首位を付け，ソニーは12.5％（0.8％減）で２位を確保，シャープは10.0％（0.9％減）と前年同様の３位で，京セラやファーウェイ（華為）やエイスースなどは４位以下となる。

　アップル一強の傾向は2017年と2018年にも変わらず，むしろますます鮮明となった。そんな中，注目すべき事実として，日本国内出荷総台数が2012年から連続８年減少し（例えば2018年は前年比2.6％減の3,116.7万台），国内市場の成長が鈍化している状況下であっても，鴻海入り後のシャープはかなり健闘している。2017年度にシャープ（第３位，9.8％）とソニー（第２位，13.4％）との差はかつてないほど広がったが，翌2018年度にはシャープ（13.3％）が躍進してソニー（9.6％）を追い越すことに成功した。

　2018年（１～12月）の日本国内市場の特徴として，アップル（第１位，出荷台数1,543.8万台，前年比1％減）の停滞，ソニー（第３位，299.5万台，30.6％減）の失速，シャープ（第２位，413.3万台，前年比6.9％増）とサムスン（第４位，207.5万台，8.1％増）の好調，ファーウェイ（第５位，198.1万台，2.3倍増）の躍進とまとめられる[24]。２位に付けたシャープの健闘は認められるものの，首位のアップルに遠く及ばず，４位のサムスンと５位のファーウェイの追い上げは深刻な脅威となっている。

表3−3　日本国内携帯電話（フィーチャーフォンとスマートフォンの両方を含む）上位3社の市場占有率

	2012年度	2013年度	2014年度	2015年度	2016年度	2017年度	2018年度
第1位	アップル (25.5%)	アップル (36.6%)	アップル (40.7%)	アップル (41.9%)	アップル (43.5%)	アップル (46.6%)	アップル (49.5%)
第2位	富士通 (14.4%)	シャープ (13.0%)	シャープ (13.4%)	シャープ (12.7%)	ソニー (12.5%)	ソニー (13.4%)	シャープ (13.3%)
第3位	シャープ (14.0%)	ソニー (12.3%)	ソニー (11.2%)	ソニー (11.5%)	シャープ (10.0%)	シャープ (9.8%)	ソニー (9.6%)

出所：『日経産業新聞』2013年10月17日，2014年8月8日，2015年7月29日，2016年3月10日，2017年8月16日，2018年2月15日，2019年2月11日記事内容により作成。

　次に世界市場の状況を見ると，2017年度のスマートフォンの世界出荷台数は前年度比0.3％減の14億6,500万台で，初めてのマイナスに転じたが，10年前の2008年の1億5,400万台から大きく増えた[25]。韓国サムスン電子（市場シェア21.6％）と米国アップル（同14.7％）による2強体制は維持されたとはいえ，出荷台数の伸びはいずれも2％に満たない。一方，中国勢端末メーカーは大きく躍進し，上位10社のうちの7社を占めている。出荷台数ベースで前年比9.9％増のファーウェイ（Huawei）は第3位に付け，その市場シェア（10.4％）はアップル（14.7％）に迫ってきている。4位オッポ（OPPO）と5位シャオミ（Xiaomi）はいずれも出荷台数で2桁の伸びを示し，6位の韓国LGを挟み，中国のビボ（Vivo），レノボ（Lenovo），ZTE，TCLもトップ10に食い込んだ。

　一方，シャープやソニーなどの日本ブランドのスマートフォン（総出荷台数11.7％減）は主に日本国内市場で販売されており，海外市場での存在感は極めて小さい[26]。シャープは2011年に欧州市場に挑戦したが，売れ行きが悪くすぐに撤退した。また，シャープ製のスマートフォン「アクオスP1」を2016年7月に台湾で発売したが，その売れ行きもあまりよくなかった。そして，シャープブランド「AQUOS R」をもって2018年に欧州のスマートフォン市場に再参入することを検討していると2017年4月19日に報道され，その後の2017年8月31日にも欧州市場にスマートフォンを投入するとシャープは公表したが，その実態に関する情報が少ない。

(2) 貸し出しサービスへの参入

シャープなどが出資するハンディジャパン社は2017年6月1日，ホテル宿泊客にスマートフォンを無料で貸し出すサービスを2017年7月に開始すると発表した。すべてシャープ製の端末を使い，英語，中国語など31か国語に対応する。

ホテル内外でネットやアプリ，国内・国際電話が無料で使い放題（米国，アジア諸国などと通話可能な国・地域は限定的）である。端末1台に月額980円の基本料金はかかるが，ホテル側がこの格安の利用料金（1日33円）を負担してハンディジャパンに支払うという仕組みである。しかも，キャンペーン活動として，最初の1年間は無料としている。

スマートフォンのレンタルビジネスを営むハンディは2012年に香港でレンタルサービスを開始し，その子会社となるハンディジャパンの日本国内での第一弾として，2017年7月にロイヤルパークホテル（東京・中央）の全419室に設置した。その後にザ・キャピトルホテル東急（東京・千代田），ホテル椿山荘（東京・文京）などが続き，8月1日から大阪市にあるスイスホテル南海大阪（546室），9月に京王プラザホテル（東京・新宿，1,438室），10月下旬にリッチモンドホテル高知（230室），11月1日からグランドニッコー東京台場（882室），12月1日からJRホテルクレメント高松（300室）などにも導入した。

最初は1年間で約20万客室への導入を目指すとしており，ホテル側にとっては手間とコストがあまりかからなかったうえ，外国人旅行者を呼び込む効果もあったので，このサービスは急速に広がり，2017年10月末のわずか3か月間で15万台を突破した模様である。2018年度中に日本国内全ホテルの約3割に相当する1,700のホテル，24万部屋への導入が予定された。ただし，無料利用の1年間が終了してから継続利用するかどうかがこのサービスの成功の決め手になりそうである。

2018年1月30日，ハンディジャパンは神奈川県と連携協定を結び，2月中旬から3月末までの期間限定で，県内の観光案内所でシャープ製のスマートフォンを無料で貸し出すサービスを開始した。具体的な運営方法として，箱根湯本駅，鎌倉駅，横浜駅などの5か所に限定して，1か所に60台ずつ，計300台とした。1日当たりの貸出上限は10台，最長貸出期間は3日間である。利用者は

日本国内通話のほか，中国，韓国，米国，フランスなどの10カ国・地域への国際電話，ネット接続も無料で利用できるし，一方で，観光客の位置情報などを追跡することによって，県の観光政策の策定に確かな情報を提供する。

2018年7月2日，ソフトバンクはハンディジャパンとの資本と業務提携関係を結んだと発表した。出資額は非公表であるが，第三者割当増資を受けて大株主となる。ソフトバンクの回線を利用するほか，ソフトバンクが全国のホテルにハンディジャパンのサービスを提案する。こうして，ソフトバンクもシャープもともにハンディジャパンの大株主になるので，ソフトバンクとシャープとの協力関係が一層深まると思われる。

(3) 統一ブランド商品の発売

液晶を強みとするシャープは早期から携帯電話の生産に参入していたが，携帯電話の主流がフィーチャーフォンからスマートフォンに移り変わる流れの中，シャープは波に乗り遅れた。海外市場でアップルとサムスンの2強との差がどんどん拡大し，ファーウェイやシャオミなどの中国勢にも完全に追い抜かれた。

近年のシャープは，日本国内市場でソニーや京セラなどの国内ライバルを相手にして日本メーカーナンバーワンの争いに必死に食いつくのが限界である。

液晶品質が良く，画質がきれいというのはシャープ携帯電話の定評であり，ときには個性の強い商品も出している。例えばSF映画「スター・ウォーズ」の世界観を表現したシャープのスマートフォン新機種はソフトバンクの2016年の年末商戦に向けた主力商品の1つとして採用され，消費者の好評を得た。しかし，NTTドコモ，au，ソフトバンクの3社が日本国内市場を寡占している状況下で，シャープは3社からの採用を重要視するあまり，自社ブランドの浸透を優先にしなかった。例えば同じ商品をNTTドコモ向けにAQUOS ZETA，au向けにAQUOS SERIE，ソフトバンク向けにAQUOS Xxと名称を使い分けていた。当然，その結果として，シャープのスマートフォンのブランド力は弱く，消費者間での認知度は低かった。

2017年7月4日，シャープは「AQUOS R」という新しい統一ブランドとなる新型スマートフォンを発表した。そのCMに人気女優の柴咲コウさんを起用して広告宣伝費を積極的に投入することには，スマートフォンがシャープの復

活と成長を支える戦略商品の１つだという象徴的な意味があった。この AQUOS Rは従来機種の1.8倍の高精細液晶パネルを採用し，色彩表現はより鮮明になる。また超広角レンズを搭載し，より広がりのある風景を撮影することができる。

　各社向けに異なる商品名を使い分けるという従来のやり方を改め，AQUOS Rという統一名称で各社向けに販売するという今回のやり方は，自信を取り戻してシャープブランドを前面に出そうという姿勢の表れであった。AQUOS Rの販売計画は前年モデルに比べて４割増の年間100万台超と強気で，日本国内市場占有率を2016年の（アップル，ソニーに次ぐ）第３位から第２位に押し上げようとしていた。

　2017年７月に発売した旗艦モデル「AQUOS R」のシリーズ第２弾として，「AQUOS Rコンパクト」は10月13日に発表された。本体のサイズはAQUOS Rより一回り小さくなるものの，ほぼ従来機種と同じである。それは画面を囲む縁の幅を狭めることによって，従来機種より0.2インチ大きい4.9インチの大画面を実現したためである。形状を自由に調整できるFFD（フリーフォームディスプレイ）という技術を採用したため，本体の丸みや画面上部のカメラの丸みに合わせて滑らかな曲線の液晶画面に仕上げた。カメラ部品からディスプレイまで自社開発する強みを生かし，コンパクトながら大画面のスマートフォンを実現した。液晶テレビで培った技術を応用して，色鮮やかで高画質の映像も楽しめる。

　2017年11月上旬に，AQUOS Rシリーズの低価格帯商品として，新型スマートフォン「AQUOS sense SHV40」を発売した。この新機種では，高級液晶のIGZOを使い，高精細で明るい画面を実現できる。画面や指が水でぬれても誤作動が少なくスムーズに動かせる。KDDI向けで本体価格は32,400円と安めの価格を設定した。

　AQUOS Rの販売好調を受け，シャープは2018年６月８日に新たな旗艦モデルAQUOS R2を発売した（販売価格9.4万円）。６インチの液晶画面，記憶容量64GB，背面カメラ画素数2,260万と1,630万，前面カメラ画素数1,630万，重さ181グラムなどが基本データとなる。最も大きな特徴はデュアルカメラを採用したことである。１つのカメラが動画を撮影していると同時に，もう１つのカ

メラが静止画の写真を撮る。動画撮影と静止画撮影が別々のカメラで撮っているため，シャッターチャンスを逃がすこともなければ，動画の1コマを静止画用に取り出すという従来からの「同時撮影」方式によくある手振れに起因する静止画の「画質落ち」の問題を解消することができる。iPhoneにもない（静止画の自動撮影という）世界初の機能を搭載していることをアピールして，SNSユーザーなどの需要を取り込む。また，消費電力も大きいので，独自の放熱構造も開発・搭載したのはもう1つの重要特徴である[27]。ちなみに，SIMフリー専用のAQUOS sense plusも同時期に発売した（3万円台）。

AQUOS R2の売れ行きが順調であったために，その系列製品として，5.2インチ液晶を搭載した「AQUOS R2コンパクト」を2019年1月に発売した。一回り小さくなるので片手で無理なく操作することができ，新たに顔認証機能も搭載し，AQUOS R2と合わせて100万台以上の販売を目指す。

なお，AQUOS R シリーズではないが，2017年11月下旬にカメラ機能を搭載していない携帯電話「SH-02K」を発売した。情報漏洩を防ぐためカメラの持ち込みを禁止する工場やオフィスなどでも通話やメール機能を使えるという特徴から，一部の法人需要が見込める。

2018年12月21日，シャープ製の有機ELパネルを搭載した「アクオス ゼロ」を発売した。これは有機ELパネルを採用したシャープ最初のスマートフォンである。わずか146グラムという驚異の軽さを実現し，カメラ画素数は背面2,260万と前面800万，まずソフトバンク系列店舗に投入した（約99,000円）。

統一ブランドのAQUOS Rシリーズの製品は多くの消費者の支持を得て，AQUOS RもAQUOS senseの両シリーズはともに予想以上の100万台を超えた。

その結果，2017年度（2017.4〜2018.3）におけるシャープの携帯電話端末の日本国内出荷台数は前年比40％増と大きく躍進した。また，シャープ携帯電話の2017年（1〜12月）の日本国内出荷台数は3年ぶりにソニーを抜き，アップルに次ぐ第2位に浮上した[28]。シャープの好調は2018年に入っても続き，日本国内での年間（2018年1〜12月）の出荷台数（413.3万台，前年比6.9％増）は首位アップル（1,543.8万台，前年比1％減）に遠く及ばないが，3位のソニー（299.5万台，前年比30.6％減）を大きく引き離し，目標としていた国内メーカー第1位の座を確保した[29]。

第2章4節4項で既に説明しているが，シャープのスマートフォン事業の好調を支えた原因の1つは鴻海工場との協業関係である。鴻海傘下入り後のシャープは従来，海外の協力工場などに委託していたスマートフォンの生産をすべて鴻海工場に切り替えた。iPhoneシリーズをはじめとする大手各社のスマートフォンを受託生産している鴻海は商品開発，部品調達，品質管理，納期管理といったほぼすべての面において最も優れたパートナーであり，コストや品質などの面でシャープブランドのスマートフォンの競争力を大きく高めた。

4 アイデア家電事業

シャープは昔から「目の付けどころがシャープ」と言われたほど，優秀な技術者と優れた商品開発力を擁し，時代をリードするユニークな商品を次々と世に出してきた。経営再建期に当たる近年に研究開発経費の削減と人材の流出も確かにあったが，それにしても環境・健康・安全・便利・趣味などをキーワードとする新型のアイデア家電製品を次々と開発しており，本節ではその主なものをリストアップして紹介する。

(1) 空気清浄機

① 蚊取空気清浄機

2016年4月23日，シャープは蚊を捕獲する機能を搭載した空気清浄機「蚊取空清FU-GK50」を「逆輸入」の形で発売した（5.3万円前後）。もともと「デング熱」や「ジカ熱」などの蚊を媒介とする感染病に対応するために開発された東南アジア向けの商品である。

この商品の基本原理は，蚊を紫外線ライトで引き寄せて本体の小窓に誘い込み，気流で吸引して粘着シートにくっつける，ということである。非常に「アナログ」な仕組みであるが，誕生までに6年の歳月を費やした。その間に6人ほどの開発チームが67回のテストを重ね，1万匹以上の蚊を使った。販売価格は3万円台で，現地の課長クラスの給与の半月分ほどに相当する高額商品であるにもかかわらず，現地消費者が受け入れた。2015年9月の発売後に薬剤を使

わない独自の方法が評判を呼び，人気に火が付いた。当初計画の約3倍にあた
る月産1万台程度に生産を増やしても需要に追い付かず，店頭では品薄が続い
ていた。

東南アジアでの売れ行き状況を見て，日本国内でも受け入れられる素地があ
ると判断し，「逆輸入」が決まった。日本のものづくりの底力を示す革新的な
商品としてマスコミにも取り上げられ，子供やペットがいるため殺虫剤を簡単
に使えない家庭では特に歓迎されている。2018年3月までに累計7万台以上が
売れ，シャープ独自のアイデア家電として人気を博している。

2018年4月19日に新型の「蚊取空清FU-JK50」を発売した。外見は前モデル
と同じであるが，背面から吸引する風量を増やす運転モードを新たに搭載し，
蚊やコバエをより多く捕獲できるようになった。また清浄できる空気量も従来
型の3倍に増やした。販売価格を税別4.0万円と低めに抑えた。

② **プラズマクラスター除湿器**

2017年3月15日，プラズマクラスター除湿器の新モデルCV-G120を発売した。

大容量タイプは58,000円，小型タイプは38,000円であった。湿気を取り除く
という従来の機能に加え，独自技術のプラズマクラスターを使って臭いやカビ
菌の増殖を抑えられるため，部屋の中に洗濯物を干すときにも役立つ。

2019年3月20日に発売した最新型除湿器CM-J100（税別4.5万円）は，除湿・
消臭・カビ菌抑制といった従来の機能だけでなく，冷風を送り出す機能も追加
し，エアコン冷房が届きにくい場所（浴室の脱衣所やキッチンなど）での使用
が便利になる。

③ **AI型加湿空気清浄機**

シャープは元々様々な加湿空気清浄器を製造してきた。2016年4月下旬に発
売されたKC-GD70（約10万円）は除菌，消臭，除湿，PM2.5濃度表示などの機
能を備えるタイプであった。2017年2月に発売されたKC-G50（3～4万円，
20畳まで）は「プラズマクラスター」技術を搭載し，花粉，黄砂，カビ菌など
を捕集することもできる。その後続製品として，2017年9月21日，人工知能
（AI）を搭載した加湿空気清浄機を発売した。運転状況や空気の汚れを分析し
て最適な運転モードを提案するほか，除菌や消臭の効果のあるプラズマクラス
ター技術も搭載し，花粉症やPM2.5などに悩む家庭に最適な空気環境を提供す

る。最上位モデルのKI-HX75の市販価格は8.9万円前後であった。

このAI型空気清浄機に関しては，除菌や脱臭効果を求める介護施設，スーパーの惣菜売り場，食品工場などでの需要は高いものの，一方で現場での調査，設置，保守などが必要なため，商品の売れ行きは伸び悩んでいた。そこで法人向けの販売拡大を図るために，2017年10月から設計，設置，保守を一貫して手掛ける認定販売店制度を始めた。2019年度までに50社・500拠点の認定を目指し，空気清浄機関連の売上高を2016年度比2倍の100億円以上に伸ばすことを目標としている。

次に2018年1月25日，イオン濃度を2倍にする新技術「プラズマクラスターNEXT」を搭載したAI型加湿空気清浄機「KI-HP100」を発売した（税別13万円前後，23畳まで）。壁に付着した臭いの分解と除去，静電気の抑制，においの原因となるばい菌の除菌などができるという。またイオンの濃度が高くなると，ストレスがたまりにくく，集中力を維持しやすいという効果もあるという。

テントウムシの羽の形を参考にした新しいファンで風を力強く送り出し，3方向の気流制御で部屋のより広い範囲にイオンを届ける。人感センサーを搭載し，人の不在時に集中的にイオンを放出して部屋を浄化したり，アマゾン社のスマートスピーカーを通して電源やモード，風向などを調整することもできる。

④　車用消臭器

2018年1月18日，シャープはカップホルダー型のIG-KC15とカーエアコン取付型のIG-KC1という2種類（同じ税別13,000円前後）の自動車消臭器を発売した。独自の除菌イオン「プラズマクラスター」技術を搭載し，消臭速度を自動的に調整することができる。消臭速度が3倍のターボ運転モードを約20分間続けた後，標準運転モードに自動的に切り替わるのが特徴である。また，花粉や細かなホコリを捕集する「花粉キャッチフィルター」を採用し，約10μm以上の花粉やホコリなどを約80％捕集するという。

⑤　天井型空気清浄機

2018年1月20日，シャープは照明器具と一体にした天井設置型の空気清浄機「天井空清」（FP-AT3）を発売した。直径62センチメートル×厚さ192ミリメートルの円形で，発光ダイオード（LED）照明の中心部と外周部分に12畳程度用の清浄機能を設けた。天井からシャワーのようにきれいな空気が降り注ぐの

で，部屋の隅に置かれる従来型製品に比べて，部屋全体の空気をより効率的に清浄化できる。天井に設置するタイプの空気清浄機は業界初で，リビングなど床置きの場所を探すのに困る人の需要を見込む。発売直後の実売価格は9.7万円前後，照明と清浄器を別々に購入する場合と比べて割高になるが，「省スペース」というメリットが大きいので，年間18,000台の販売を目指すとシャープは強気であった。

⑥　上部給水加湿器

　従来の加湿器は給水タンクを取り外して水を補給するタイプで，給水に手間がかかるという難点がある。2018年9月20日，シャープはやかんやペットボトルなどに入った水を加湿器の本体上部から直接注入できるタイプのプラズマクラスター系列の加湿器「HV-H75」など2機種を発売した。タンクは半透明なので，水量を外から目で確認できるし，操作パネルの音と光でも知らせる。上部注入のほか，本体の下にあるトレーを取り外して水道蛇口から給水する方法もある。設置面積はほぼA4サイズに収まり，想定価格は税別2.3万円であった。

⑦　ペット専用運転モード搭載の空気清浄機

　2018年11月15日，シャープは犬や猫の排せつ物を検知して強力消臭するプラズマクラスター加湿空気清浄器「KI-JP100」（税別13万円）と「KI-JX75」（税別8.5万円）を発売した。通常より風量を強める「ペット専用運転モード」の新機能を搭載し，人工知能（AI）技術を使って自動運転する。センサーの感度を高めたため，排せつ物を検知すると強力消臭する。飼い主が外出していても，スマートフォンのアプリで制御することができ，清浄度や消費電力などをスマートフォンに表示することができる。部屋の広さに応じて4機種をそろえ，中国にある自社工場で生産し，想定価格は税別5.5〜13万円であった。

⑵　ロボホン

　2016年5月26日，AI（人工知能）とIoT（あらゆるものがインターネットにつながる）という2つの技術を組み合わせた「AIoT」を今後の戦略方向性に掲げたシャープは，ロボットと携帯電話を融合した次世代家電「RoBoHon（ロボホン）」を発売した。その基本機能はスマートフォン，プロジェクター，可愛い人型ロボットという3つの合体となる。高さ19.5センチメートル，重さ約

390グラム，カメラやタッチパネルやプロジェクターなどを搭載し，持ち運びも可能である。身振りでメールを読み上げるほか，会話で天気や予定の確認ができ，各種機能を音声操作で使える。販売価格をソフトバンク社のロボットのペッパーと同額の税別19.8万円と設定し，クラウド・サービスの利用料金は月額最低でも2,620円である。月産5,000台としていたが，発売前の予約は約1,000台であった。発売後の売れ行きがやや鈍く，商品普及率を高めるために，8月上旬から24回の分割払い（月額料金9,958円）で購入できるようにした。

次に2016年8月31日に料理手順レシピやタクシー配車や腹筋運動などのアプリを追加した。また10月24日にリクルート社の飲食店予約サイト「ホットペッパー」を使い，食材の好みや価格帯などに関する利用者の要望を聞き取りながら，現在地や指定した駅の近辺のレストランを探し出すアプリを追加した。しかも，気候や天候や時間帯などの様々な条件に応じて，旬の食材を扱う店を提案することもできる。個人消費者への販売を増やすために，2016年12月15日からNTTドコモの店舗での委託販売を開始した。

2017年1月16日から3月31日までの期間限定で，劇場の明治座（東京都中央区）の館内でロボホンが明治屋の歴史，公演の内容，ロボホンの性能，土産店の商品などを英語で案内するサービスを開始した。3月22日からは人気の対話アプリの「LINE」にも対応できるようになった。またシャープは京浜急行電鉄などの会社と連携して，京急の羽田空港駅でロボホンを訪日外国人（英語と中国語対応）に貸し出すサービスを4月25日に開始した。8月31日からは，（サンスターの歯ブラシに付けたセンサーと連動して）歯ブラシの動かし方や磨く場所をアドバイスし，歯磨きした日時や回数を記録する新機能を追加した。9月末には，決まった時間に話しかけ，応答があったかどうかを確認して，離れて暮らす家族らにメールで報告するという高齢者を見守る機能を追加した。新機能の「安心モード」を起動すると，午前9時から午後8時まで1時間おきにロボホンがユーザーに話しかける。外出したかどうかを問いかけたり，踊ったり歌ったりもする。あらかじめ設定した時間になると，常用薬を飲んだかどうかを確認してその結果をメールで家族らに送信する。

2017年10月6日，Wi-Fi通信専用モデルのロボホンを発売し，販売価格を従来型（約20万円）より安い13.8万円と設定した。11月8日には，シャープと

NTTデータなどと一緒に，ロボホン向けに手話を通訳するアプリを共同開発したと発表された。これは，聴覚障碍者がロボホンに手話で話しかけると，ロボホンのカメラで認識して，内部の人工知能（AI）が分析し，その内容を音声や文字に変換して相手に伝えるというものである。今後は対応する手話や言語の数を増やし，企業や役所の窓口での実用化を目指す。2017年12月20日，ロボホンに音楽鑑賞を楽しめる機能を追加し，歌詞データ配信サービスのシンクパワー社（東京・千代田）と連携することで，ロボホンが音楽を聴いて曲名や歌手名などを判定したり，歌詞を教えたりする。

　2018年1〜3月の期間限定で，JTB西日本はシャープのロボホンを観光案内用に貸し出すツアーを京都市で催した。計約100か所の観光施設や店舗に近づくとロボホンが声を発して簡単な歴史や特徴を解説したり，立ち寄りを勧めたりする。ロボホンと行く『ロボ旅』と題した首都圏発のツアーは2017年12月15日に発売され，1組にロボホン1台を貸与して，1泊2日（3人1室，食事なし）で大人1人24,800円からであった。2018年9月，旅行大手のJTBとタクシー大手のエムケイ（京都市）はロボホンを使った観光ツアーを発売した。京都市内をタクシーで巡り，ロボホンが日本語，英語，中国語で観光名所や歴史文化などについて説明し，ロボホン1体の利用料金は税別6,000円であった。2018年11月6日，広島県東広島市にあるJR西条駅の観光案内所に1台のみを置き，京都と同様な観光案内サービスを開始した。また，2018年12月から2019年3月まで，JR東日本は東京駅，新宿駅，池袋駅などの6つの駅でロボホンにタブレットを併設し，案内サービスの実験を行った。AI技術を活用しているため，同じ質問の回数が増えれば増えるほど回答の質も向上し，駅員の負担軽減だけでなく，多国語対応なので，利用者の満足度向上にも貢献する。2019年3月15日〜5月31日の間，旅行大手のJTBとの共同事業として，大阪府堺市にある観光ホテルに5台のロボホンを設置し，日本語，英語，中国語の3か国語対応の観光案内実験を行った。

　シャープは英語学習教材のアルク（東京都・千代田区）と連携し，ロボホンを使用する英語学習の実証実験を2018年5月から始めた。これは，アルクが運営する英会話教室で英語教材を搭載したロボホンと会話をしながら英語を習うというものである。まず都内の2教室で小学校低学年を対象とし，言語表現や

発音などをロボホンと練習する。2018年12月10日には，広島県東広島市の西条小学校の6年生の理科の授業で，ロボホンをプログラミング教育に使う実験を始めた。2020年度に小学校でプログラミング教育が必修化になるのに先立ち，シャープは楽しみながら学べるロボホンの販売拡大を図っている。

　2019年2月27日，シャープはロボホン新モデルの3機種（税別7.9〜18万円）を発売し，2020年末までに3万台の販売を目指す。この新モデルは家電製品との連携機能と小さい子供の見守り機能を追加して従来の得意先の家庭向け販売を継続するだけでなく，観光案内や教育補助などの機能も強化して法人向けの比率を50％に高めようとするものである。

(3)　調理家電

①　低速ジューサー

　2016年6月8日，小松菜などの葉物野菜をそのまま入れ，水を加えずに青汁を作る低速ジューサー「ヘルシオグリーンプレッソEJ-GP1」（4.5万円）をシャープは発売した。栄養素成分の損失が少ないことは消費者の好評を得ているが，洗浄などの手間は従来型の高速機と変わらず，売れ行きは大きく伸びていないようである。

②　小型オーブントースター

　シャープは2016年10月に小型のオーブントースターとなるヘルシオグリエAX-H1を発売した。通常の熱風調理のコンベクションオーブンやスチーム機能付きトースターとは違い，本格オーブンの「ヘルシオ」と同じ100度を超す過熱水蒸気で焼く。焼いたパンの外はカリカリ，中はふんわりと仕上がる仕組みであり，天ぷらなどの総菜を温めても，揚げたてのような食感になる。このように余計な油や塩分を落とせる効果もある。それまで「ヘルシオ」は欲しかったが，サイズが大きすぎて置けない，といった少人数世帯や高齢者世帯を中心に人気が高まっており，人気の理由は，ずばりパンがおいしく焼けるからである。店頭販売価格の約3.6万円は国内市場の同種商品より2〜5千円も上回るが，「水で焼く」というキャッチフレーズが奏功して「トースター」分野の首位を獲得した。当初は月産5千台の予定であったが，売れ行き好調のため，5割の増産が続いていた。

2017年5月下旬に従来の赤色に加え，家具やインテリアに合わせやすい白と黒の2色（店頭価格税別4万円前後）を追加した。さらにオーブントースターに対する消費者の意見を吸収した形で，2017年12月中旬に，オーブントースターにレンジ機能を追加した「ウォーターオーブンレンジ」AX-HR2を発売した。サイズは一回り大きくなり，販売価格も税別5.5万円前後へ上昇した。

③　IoT対応型オーブンレンジ

2016年9月8日，シャープはクラウドと連携するオーブンレンジ「ヘルシオAX-XW300」を発売した。無線LANでインターネットに接続させ，「今晩，何を作ろうか」，「卵と豚肉で何が作れるか」と話しかけると，オーブンに搭載される人工知能（AI）が調理の履歴から家族の好みを学び，季節や天気や食材などに合わせた献立を提案してくれる。しかも，使えば使うほど家族の嗜好などを自動的に学習する。IoTの概念に対応する白物家電として，貴重な試みとなる。発売後の10月中旬に，管理栄養士による健康アドバイスや食品メーカーの広告をオーブンの液晶画面に表示するサービスを追加した。この商品の店頭販売価格は税別18万円と割高であったが，月産4,000台の目標は達成できたようである。発売半年後の2017年3月の小売価格は13万円程度で，当初より5万円も引き下げられた。

後続機種として2017年8月9日に発売されたウォーターオーブン「ヘルシオAX-XW400」（税別18万円）には，人工知能を強化して音声操作機能を充実させたことに加え，高温の水蒸気を庫内の上部から食材に直接噴射して短時間で食材の表面を香ばしく焼き上げるという「あぶり機能」も搭載した。

2018年6月14日に発売したAIスピーカー連動新製品の「ヘルシオAX-XW500」（税別17.5万円）には，30リットルの大容量で上下2枚のオーブン皿を入れられ，異なる2つの食材を同時に加熱・調理することができる。例えば上段で焼きそばの調理，下段でお惣菜を温めるという使い方ができる。アマゾンやグーグルのAIスピーカーと接続することもでき，利用者はAIスピーカーに向かって「冷蔵庫にある○○野菜を使った料理を教えて」と話しかけると，シャープのクラウド・サービス「ココロ　キッチン」につながり，その日の気分や調理履歴などからお薦めのメニューを音声で提案してくれる。

④ 自動調理電気鍋

　2016年12月上旬にシャープは水なしで自動調理できる電気鍋「ヘルシオ　ホットクックKN-HT24B」を発売した。2.4リットルの容量は従来機（KN-HT99A，2015年11月発売，1.6リットル）の1.5倍になり，おでんやカレー，魚や鶏などを作りやすい。材料を入れておくだけで，鍋内のヘラが回転して自動的に調理する。小売価格7万円，月産1,500台を目指した。

　2017年10月26日，水なしで自動調理できる電気鍋「ヘルシオ　ホットクック」のシリーズ商品として，人工知能（AI）に対応したKN-HW24Cを発売した。2.4リットルの大容量で，食材や調味料を入れてから簡単なボタン操作だけで無水全自動調理を作ってくれる。調理メニュー155種類を本体内蔵しているほか，搭載された無線LAN機能を使ってシャープのクラウド・サービス「ココロ　キッチン」に接続すれば100種類以上のメニューを追加することができる。調理履歴や家族構成などを参考に利用者の好みに合わせたメニューを提案し，本体の画面からメニューを簡単に選ぶこともできる。食材の量や切り方や手順などを音声や画面で伝える。外出先からスマートフォンのアプリで調理時間を設定することもでき，帰宅時に出来立ての料理を楽しめる。市場想定価格はやや高めの税別75,000円前後であった。

(4)　冷蔵庫

①　停電時対応の冷蔵庫

　2016年6月15日，停電時でも10日以上連続して作動する大型冷蔵庫JH-DT55Bを発売した（税別48万円）。全体容積は551リットルであるが，停電時に太陽電池を使って冷凍室の192リットルだけが稼働する。

②　プラズマクラスター冷蔵庫

　2016年9月23日，約30分で急速冷却・急速冷凍できる「プラズマクラスター冷蔵庫SJ-GT55C」を発売した。冷凍室容量192リットル，全体容量551リットル，6ドアという大型冷蔵庫となる。冷凍室が大きく約30分で急凍急冷できるモードを搭載するほか，「雪下シャキット野菜室」を設けて野菜の鮮度を維持できるのは最大の特徴となる。税別35万円前後，月産2.1万台を目指した。

　高級の大型冷蔵庫に力を入れるだけでなく，プレミアム価格の中小型冷蔵庫

の開発にも取り込んでいた。その成果として，2017年1月19日に少人数世代向けの中小型の「プラズマクラスター冷蔵庫」2種類を発売した。左右両方向に開くガラス材のドアを使うことで見た目の高級感を出している。冷蔵庫内部に浮遊する菌を分解して清潔に保ちやすくするためのプラズマクラスターイオン機能を搭載することで鮮度保持性能もある。しかも大型並みの省エネ性能も保持している。183リットルの冷蔵室，99リットルの冷凍室，68リットルの野菜室を備える合計容量350リットルの中型冷蔵庫SJ-GW35Cは税別16万円前後，合計容量137リットルの小型高級機種のプラズマクラスターSJ-GD14Cは税別6.5万円前後，ちなみに同じ137リットルの普通機種の「SJ-D14C」（ドア両開き）は税別5万円前後であった。

③　**AI搭載のプラズマクラスター冷蔵庫**

　2017年9月26日以降，自動ドアのようにドアの前面にあるセンサー部分に軽く触れるだけでドアが自動で開く高級冷蔵庫「SJ-GX55D」など4機種（税別34～37万円）を順次発売した。電動ドアが観音開き型と左右両方から開ける2種類をそろえる。指や肘で触れるだけでドアが開くので，体力の弱い人や，女性，子供，高齢者にはありがたい。551リットルの大容量機種では，冷凍室は189リットルと大きめ，低温で冷やす「雪下シャキット野菜室」を本体中段に設置した。ドアには液晶画面を備え，機能説明の表示，タイマー機能，各種設定などに使える。観音開き型ではAI機能を搭載してクラウドと連携し，献立の提案や保存期間の知らせなどもする。そして，2019年2月20日に発売した後続機種のSJ-GA55E（6ドア，551リットル，38.6万円）はAI機能をさらに強化した製品で，消費者の好評を受けているようである。

　ちなみに，ドアを左右両方のどちらからも開けるという「どっちもドア」はシャープ冷蔵庫のオリジナル機能（1988年から）かつオンリーワン機能である。

(5)　洗濯器具

① **プラズマクラスター洗濯乾燥機**

　シャープは，2016年6月23日に毛布やカーテンなどのような大きなものを洗える，縦型で容量10キログラムの「プラズマクラスター洗濯乾燥機ES-PX10A」を発売し（約20万円），また2016年8月4日に性能をより向上したド

ラム式の「プラズマクラスター洗濯乾燥機ES-ZP1」（約30万円）を発売した。そして，2017年6月22日から，衣類のしわを抑える機能を新たに搭載した「プラズマクラスター洗濯乾燥機」3種類（ES-PX10B-Tなど）を順次発売した（税別16〜19万円）。洗濯中に衣類が絡み合うのを防ぎ，脱水の際にかかる力を緩めることによってしわがつきにくくなるし，独自技術のプラズマクラスターも搭載し，衣類や靴を洗濯槽内で干して消臭・除菌することもできる。

2017年9月22日，ガラス素材を蓋またはドアに使い，デザインにこだわった高級洗濯乾燥機2種を発表した。縦型洗濯槽のES-PU11B（22万円）は10月19日に発売し，ドラム式のES-P110（33万円）は11月9日に発売した。鏡のように見えるハーフミラーガラスをドアまたは蓋の部分に搭載しているので，電源を入れるとガラスがタッチパネルとなり，文字が浮かび上がる。光るキーで洗濯モードなどを選べ，見た目での高級感を印象づける。大きな投入口から槽内を見やすく，また，衣類に細かな水滴を噴き出して頑固な汚れも落とせる。

② **AI対応型洗濯乾燥機**

シャープは洗濯機のデザイン性を追求するとともに，人工知能（AI）やクラウドとの連携も模索しており，2018年11月29日に初のクラウド・サービス対応のプラズマクラスター洗濯乾燥機ES-W111-SLが発売された。クラウド・サービス「COCORO WASH」から天気情報を取得し，最適な洗濯方法を提案する。また洗濯する衣料品などに適した洗濯コースもクラウド上からダウンロードできる。アマゾンなどのスマートスピーカーと連携した音声機能や乾燥フィルターの自動掃除機能なども搭載し，乾燥・糸くずフィルターのお手入れ時期やエラー内容と対応策などもタイムリーに通知する。想定価格は税別34万円と高いが，年産1.2万台を見込む。

③ **ふとん乾燥機**

2017年10月19日，布団や靴やシーツなどに対応する「プラズマクラスターふとん乾燥機UD-AF1」を発売した（23,000円前後）。温風とプラズマクラスターの吹き出し口をキノコの笠をイメージした形状に仕上げ，送風パネルを使い，360度全方向に強力な風を届ける。独自技術のプラズマクラスターイオンは消臭効果を高め，ダニ対策の効果もあるし，汗やカビ，おねしょの臭いなどを消臭することもできる。吹き出し口を取り換えれば，靴やブーツにも対応できる。

④　超音波洗濯器具

　2016年9月15日，シャープは超音波振動で衣類の汚れを落とせる片手サイズの洗濯器具「超音波ウォッシャーUW-A1」を発売した（約15,000円）。スティック状の器具の先端の金属板部分を当てると水分に毎秒38,000回の超音波振動を与え，発生した微細な泡で衣類の部分的な汚れ（食べこぼしや皮脂など）をはじき出して洗浄する。アルミ素材を使った四角形のデザインで，168×40×40ミリのサイズで重さ200グラムという軽量で持ち運べる。この商品は2018年5月まで日本，中国，アジアなどで累計19万台の販売実績を上げ，おおむね成功したと言える。

　2018年6月21日，後続商品の「超音波ウォッシャーUW-S2」が発売された。先端部分の直径を従来製品より約6割小さい5ミリメートルとし，重さを従来の半分の約100グラムに軽量化した。そのサイズは万年筆よりやや大きいが，ポーチやカバンなどに容易に入れられ，外出先に持ち運びやすいので，顧客訪問や出張や旅行などのときに利用できる。販売価格は従来品と同じく，約15,000円前後である。

(6)　掃除機

①　サイクロン掃除機

　2016年9月，シャープはサイクロン掃除機「パワーサイクロン」2種類（EC-G8XとEC-P8X，税別4万円前後）を発売した。中心部のほか，周囲にも8つの小型サイクロンを搭載している。集めたごみを7分の1に圧縮し，捨てるときに舞い立つホコリを抑えることが特徴である。

②　最軽量掃除機

　2016年12月8日，シャープは業界最軽量のコードレスサイクロン掃除機「ラクティブエアEC-A1R」を発売した。パイプ部分に軽さと強度を備える炭素繊維シートを採用するほか，部品数を最小限にしたため，総重量は1.5キログラムに抑えられた。ホコリのたまる棚や家電の上でも持ち上げて手軽に掃除できる。フル充電の所要時間は80分，最長運転時間は強モードならば8分，標準モード30分を持つ。税別5.2万円の小売価格は上位機種として手ごろな価格設定となる。この商品は元々シャープ系列の工場で自前生産を検討していたが，

炭素繊維の加工に強みがある鴻海工場に生産を依頼した。発売後の売れ行きが好調で，月産8千台の目標は達成されたようである。

2017年4月20日，従来品に隙間も掃除できるノズルや布団用のヘッドを追加したパッケージを発売した（7.5万円前後）。また，モーターのファンを立体的な形状に改良することで吸引力を3割高めたスティック型新製品（月産1.2万台，税別6万円）を2019年6月に発売することが既に決まった。

2017年9月13日に「ラクティブエア」シリーズの新機種として，本体とホースと吸い込み口が分かれたキャニスター型の世界最軽量掃除機EC-AP700Nを追加した。本体を含む総重量は2.9キログラム，強い吸引力を保ちつつ，コードレスで持ち運びながら使用できる。従来のスティック型掃除機と比べて，モーターやバッテリーをより軽量化，本体を1.8キログラムと半減，吸引性能を2割増，最長60分の運転時間を実現した。この商品でも鴻海の生産技術を生かして軽くて強度の高いドライカーボンをパイプに採用したため，ホースの付いた手元部分は1.1キログラムに抑え，手にかかる負担はスティック型より小さくなる。サイクロン式と紙パック式の両方式をそろえ，税別8万円前後の市販価格を想定していた。

③ 「吸う」「拭く」掃除機

2018年1月18日，シャープはごみを吸い込みながら，拭き掃除ができる掃除機「EC-FW18」を発売した。2004年に発売された初代の「コードレスワイパー掃除機EC-FW1」を14年ぶりにモデル・チェンジした商品で，新ジャンルと言えないが，使い勝手の意味では，斬新な商品となる。この「EC-FW18」は吸い込み口のヘッド部分に市販のワイパーシートを装着させる。ヘッドの前面が吸い込み口となり，後ろ側がシート部分になっている。高さ約1メートルのスティック型コートレスタイプで，重量は1.3キログラムと軽く，腕力のない人でも使いやすい。しかも，持ち手部分を外せば，ハンディータイプの掃除機としても使うことができる。充電時間は約5時間で，最長運転時間は10分程度である。

日本国内市場で掃除機とフローリングワイパーの併用比率は約70％と高いので，その両方を買うよりもこの新商品のほうはコストがかからず，しかも掃除の手間や時間が省ける。本格的な掃除には向かないが，掃除を手軽に済ませた

い場合には便利な道具となる。フローリング床の住居に住む若年層を顧客ターゲットに定め，販売価格税別1.5万円，月産台数３千台を想定していた。

(7) 健康器具

① 頭皮ケアドライヤー

2016年10月27日，シャープは頭皮ケア用のドライヤー「プラズマクラスタースカルプエステIB-GX9K」を発売した。風の吹き出し口に手の形を模した専用器具「かっさアタッチメント」を取り付けて，頭皮をマッサージしながら，独自のプラズマクラスターイオンを吹き付ける。水分子に覆われたイオンが頭皮を潤い，ふけやかゆみを抑えることができる。従来のヘア・ドライヤー（売れ筋商品の平均価格は8,000円前後）より高い販売価格（税別25,000円）を設定し，年間2.4万台の販売目標を掲げた。

2017年９月14日，「プラズマクラスタースカルプエステ」シリーズの新商品として，送風の温度を自動で切り替える機能などを追加した「IB-HX9K」を発売した（税別25,000円）。冷風から温風の間で４段階の温度帯を設け，センサーが周囲の温度を感知し，自動で適度な温度で送風し，熱によるダメージを防ぐ。

2017年10月２日，かつら業界最大手のアデランスはシャープと共同開発したヘア・ドライヤーN-LED Sonicを発売し，三色を用意した（税別37,000円）。頭皮環境を整えるために発光ダイオード（LED）をドライヤーの先端部分に設置したことを除けば，その基本的な原理と形状はシャープ単独製品の「IB-HX9K」と同じである。

② ヘアアイロンと頭皮マッサージ機

頭皮ケアドライヤーの延長線上で，2018年11月８日にプラズマクラスターを搭載したヘアアイロン（IB-JA7H，税別1.8万円）と頭皮マッサージ機（IB-JZ5K，税別1.6万円）を発売した。ヘアアイロンは髪へのダメージを抑えながら髪の癖を整えることができ，頭皮マッサージはマッサージ部分の形状を改良して従来型の頭皮ケアドライヤー以上のマッサージ感覚を得られる。

③ 老化物質測定器具

2017年８月４日，シャープは老化物質を指から測定する健康器具RQ-AG01J

を発売した。老化の原因物質とされるAGEs（糖化最終生成物）が体内にどの程度溜まっているかを測定するため，挿入された指に光を照射して30～60秒で結果が表示される。腕から測定する他社既存商品より手軽に利用でき，精度も高いという。測定機器や表示用タブレットやプリンターなどを組み合わせたセット販売価格は80万円程度と高いが，調剤薬局や美容サロン向けに売り込み，月産150台を目指した。

(8) 新型電子辞書

① ペン型の「ナゾル」

　2016年12月8日，シャープはペン型電子辞書「ナゾル」を発売した。紙面上の語句を（普通のボールペンの長さで重さ86グラムの）専用ペンで「ナゾル」だけで，約2秒で翻訳や意味などが液晶画面に表示される。従来のキーボード型と比べて単語を打ち込む手間が省けるので，海外旅行やビジネス商談などに活用できる。スマートフォンを使って単語を調べる人が増え，電子辞書の市場が著しく縮小する傾向にある中，利便性の良い新しいタイプの電子辞書をあえて提案した。国語辞典モデル「BN-NZ1J」と英和辞典モデル「BN-NZ1E」の2種類が用意され，小売価格は税別1.3万円前後であった。

　2017年7月13日，法律や医療などの科学系，慣用表現なども含め，約21万項目を収録する「グランドコンサイス和英辞典」を搭載したナゾル型電子辞書「BN-NZ1N」（重さ86グラム，税別1.3万円）を発売した。さらに2018年4月19日，英語モデル（英和辞典と和英辞典を搭載）の「BN-NZ2E」（税別1.6万円）と中国語モデル（中日辞典と日中辞典を搭載）の「BN-NZ2C」（税別1.8万円）をペン型辞書「ナゾル」に追加した。

② 高度学習機能の「ブレーン」

　2017年1月以降，シャープは高機能な電子辞書「Brain（ブレーン）」のシリーズ商品を順次に発売した。単語を調べると自動的に単語帳が作成され，作った英文を合成音声で読み上げるという高度な学習機能を搭載し，「打倒スマートフォン」を目指す。まず高校生向けのPW-SH4を1月19日に発売し（税別3.4～3.8万円），その次に中学生向け（2月発売，税別3.4万円），大学生向け，成人向けの4機種11モデルが予定されていた。

2018年1月から2月にかけて，片手で簡単に使え，折り畳み式，英語も学習しやすくした電子辞書「ブレーン」シリーズ4機種（中学生向けのPW-SJ5，高校生向けのPW-SH5，大学生・ビジネスマン向けのPW-SB5，生活・教養モデルPW-SA5）を順次発売した（税別3.4～3.8万円）。単語の意味だけでなく，英語を話す・書く能力などを総合的に高められる。2018年3月中旬から，英英辞典を増やし，英語を読み上げる速度を5段階から選べるように，「ブレーンプラス」の学習機能を拡充した。

　2018年10月12日，中学生向けモデルの「ブレーンPW-AJ1」を発売した（税別3.6万円）。ヒアリングや英検対策になるコンテンツを充実させ，画面部分を360度裏返してタブレットのように使える。

(9)　ポータブル機器

①　腕時計型ウェアラブル端末「funband」

　2017年6月1日，プロ野球チームの広島東洋カープのファン向けの腕時計型ウェアラブル端末「funband」を，広島県と山口県内のゆめタウンとゆめマート14店舗で1千台の数量限定で売り出した（税別1万円）。クラウド上のシステムとつながり，画面に得点数などの試合状況を表示できる。腕の動きに合わせて端末を振るわせたり，光らせたりして，観戦を盛り上げる。またセンサーで感知した腕の動きは応援ポイントとして数値化され，選手の人気投票などにも使える。2017年7月末には福岡ソフトバンクホークスのファン向けの同種商品「funband」を発売した。ホークスの公式通販サイトやグッズ販売店，福岡市内の家電量販店で販売されている。奇しくもその2017年度に広島のチームと福岡のチームはそれぞれリーグ優勝を果たしたこともあり，この「funband」が多少なりに貢献したかもしれない。

　この「funband」は後に横浜DeNAベイスターズモデル，阪神タイガースモデルなども発売され，価格は従来通りの税別1万円と据えられている。今後はプロ野球だけでなく，サッカーなどのスポーツやエンターテインメントなどにも広げられる見通しである。

②　ポータブルテレビ

　2018年9月20日，シャープはポータブルテレビ「アクオス ポータブル」3

機種（16インチ画面の2T-C16AP，12インチ画面の2T-C12APと2T-C12AF）を発売した（税別4.5〜8万円）。16インチ画面の重さが1.36キログラム，12インチが0.97キログラムで，片手で楽に持ち運べる軽量設計である。上位2機種はともにタッチパネルと500GBの内蔵HDDを採用しており，番組の録画もできる。また上位2機種はAIoTクラウド・サービスの「COCORO KITCHEN」アプリを搭載しており，シャープ社の調理家電（ウォーターオーブンやホットクックなど）に連動して専用レシピをテレビの画面で確認することができる。

　ハンドル付きスタンドもあるので，テーブルの上に置いたり，フックに掛けたりして視聴することができるし，上下左右のどんな方向から見ても画面が白っぽくならず，鮮やかな映像を楽しむことができる。防水性能もあり，台所や風呂場での隙間時間の利用を見込む。

　日本国内のテレビ市場でシャープは首位を長年キープしているが，ポータブルテレビの分野では後発者となる。実際，5年前に一度ポータブルテレビへの参入を試みたが，販売は振るわず，すぐに撤退した。今回はライバル他社の既存製品を研究したうえ，自信を持っての再参入となる。据え置き型テレビ市場は飽和状態であるのに対して，持ち運び型テレビは成長市場と見られる。2017年の日本国内市場は約17万台規模で，2020年に約2倍になる見通しである。その中，シャープは初年度12万台，2020年までマーケットシェア50％の獲得を狙う。

③　**ウェアラブルネックスピーカー**

　2018年11月17日，シャープは小型のウェアブルネックスピーカー「アクオスサウンドパートナーAN-SS1」を発売した（税別1.4万円）。わずか88グラムという超軽量（他社同類製品の3分の1程度）を実現し，イヤホンのように耳に装着せず，肩に乗せる形で使用する。近距離無線通信の「ブルートゥース」を利用し，10メートル以内であればスマートフォンやテレビとつないで番組視聴や音声案内を楽しむことができる。2.5時間の完全充電で14時間の連続再生が可能で，室内でも外出時でも便利で，月産1万台を想定した。

⑩　**新型BDレコーダー**

　2017年3月24日，シャープはブルーレイ・ディスク（BD）の次世代規格と

なる「ウルトラHDブルーレイ」を再生できる録画機「アクオスブルーレイ　BD-UT3100」を発売した。高画質の4K映像を鑑賞できることが最大の特徴である。ハードディスク容量は1, 2, 3テラバイトの3種類を用意し，価格は9〜12万円を設定した。3月発売後の評判がよく，2017年5月の実売価格は7.0〜8.7万円であった。

2017年10月30日，シャープは，BDレコーダー「AQUOSブルーレイ」4機種（「AQUOSブルーレイ　BD-UT3200」など）を発売した。最大の特徴は，再生速度を1.1〜2.0倍の間では0.1倍単位で自分好みに設定して，録画した番組を視聴することができる，ということである。速度を上げても音声と字幕を表示できるので，時間を短縮しながら内容をきちんと理解できる。BDの次世代規格となる「ウルトラHDブルーレイ」を再生することもでき，高画質の映像番組を楽しめる。使用寿命は従来機種の約3倍になるが，販売価格は録画容量やチューナー数などによって異なり，税別8.5〜10.5万円となる。

2018年12月1日に始まるNHKの4Kと8Kの試験放送に合わせて，4K放送に対応するBDレコーダー「AQUOS 4Kレコーダー」2機種（4B-C40AT3/C20AT3，税別14万円／11万円）を2018年11月17日に発売した。4K放送を4K画質のまま録画し，HDDに録画した4K番組をブルーレイ・ディスクに4Kのまま保存するという「4Kダビング」もできる。またその後に発売した2B-C10BW（5.5万円前後）は簡単なAI機能を搭載し，スマートスピーカーや音声対応リモコンに話しかければ番組表や録画リストの検索ができる。

⑾　防犯型固定電話機

シャープはかなり早い時期から防犯型電話機の開発に取り組み，品ぞろえを増やしてきた。

- 2015年3月に振り込め詐欺や迷惑電話への防御機能を搭載した家庭用固定電話機「JD-AT80」を発売した（1.4万円）。それは通話の自動録音や大型ランプの光による相手識別などの工夫を凝らした製品であった。
- 2015年9月に不審者からの電話を自動的に識別して着信を拒否できるファクシミリ電話機UX-AF91（3.5万円）を発売した。
- 2016年夏には，かけてきた相手の名前を音声で知らせる機能を追加した新

機種「JD-AT85」（約 2 万円）を発売した。

- 2017年 2 月に電話親機の数字ボタンの上に「お名前確認」，「お断り」，「安心相談」という 3 つのボタンを配置する新機種「JD-G56CL」（0.8～2 万円）を発売した。

- 2017年 5 月に見守り機能を搭載した「JD－AT82CE」（1.6～2.6万円）を発売した。あらかじめ設定した時間に鳴る呼び出し電話に出なかたり，またけがなどの緊急時に特定の緊急呼び出しボタンを押したりすると，ほかの場所にいる家族に自動的に連絡が行くという仕組みが工夫されている。

- 2017年11月16日，小型のデジタルコードレス電話機「JD-S08CW」を発売した。通話中に違和感がないように顔のラインに沿う曲線形状を採用しており，電話機の背面は布地のような滑らかな手触りで，文字が見やすいようにホワイトバックライト液晶を搭載した。迷惑電話や電話詐欺への対策として，相手確認の機能を付けている。子機 2 台込みの販売価格は1.6万円であった。

⑫　喋る複合機

　2017年12月 1 日から，シャープは「音声アシスト機能」を搭載したデジタル複合印刷機（モノクロ機） 3 機種を順次発売した。印刷が終わったり，用紙やトナーがなくなったりしたときに音声で知らせたり，作業状況やエラーなどを音声で伝える。さらに，複合機に近づいてくる人間を検知する「人感センサー」を搭載しているため，人間が近づいたら自動で操作パネルが起動し，コピーやスキャンの準備をする。またあらかじめ設定しておけば，夜間に不審者が検知エリアに入ると音声で周囲に知らせるし，インターネット経由で管理者のメールアドレスにアラートメッセージを送信することができる。節電効果，仕事の能率向上，情報の安全性などのメリットを同時得られるので，企業，学校，自治体などでの需要を見込む。モノクロ機 3 機種MX-M6070／MX-M5070／MX-M4070は税別151～201万円，月産150台を目指す。モノクロ機のほか，フルカラー機の販売も予定していた。

　後続機種として，操作アイコンや使用言語を一人ひとりが自分仕様に設定できるデジタルフルカラー複合機 5 機種（MX-3661／3161／2661／3631／2631な

ど）が2018年11月15日に発売された。操作画面上の自分のアイコンにタッチするだけで，ユーザーごとにカスタマイズされたホーム画面に簡単にログインできる。自分の好みで言語，色，背景，文字の大きさなどを自由に設定できる。クラウド・サービスとも連動し，パソコンを介さずにデータの保管や印刷をすることができる。税別125〜175万円，月産3,500台を想定した。

さらに2019年3月25日，原稿の置忘れを防止するために発光ダイオード（LED）を搭載したデジタルフルカラー複合機を発売した（税別198〜236万円）。原稿の置忘れを音声と光の両方で利用者の注意を喚起して情報漏洩などのセキュリティー対策につながるものである。

⒀ AIoT型ペットケアモニター

2018年6月11日，AIとIoTを組み合わせたAIoTプラットフォームを活用したペット関連事業に参入するとシャープは発表した。その第1弾として，猫の尿の量や回数，体重，滞在時間などを自動的に記録・解析し，そのデータをクラウドで飼い主のスマートフォンに通知する，という猫用システムトイレ型ペットケアモニター「HN-PC001」を7月30日に発売した。一般的な猫トイレと同じ形状であるが，用を出すと大まかな尿の量や体重をその都度計測する。使用頻度と合わせて健康状態に関連する時系列データを飼い主のスマートフォン上の専用アプリに表示する。目立った変化に気づいた飼い主が早期に猫を動物病院に連れて行けば症状悪化を未然に防ぐ確率が高まる。本体価格税別2.5万円，サービス利用月額料金税別300円と設定し，月産2,500台を目指した。

このシステムでは，さらに首輪に装着できる個体認識バッジ「HN-PM001」（3,980円）を使えば最大3頭まで同時に管理できる。また，「ペットケアモニター用チップ（2.5L）HN-PC501」（600円）」，「ペットケアモニター用シート（20枚）HN-PC502」（800円），「ペットケアモニター交換用上部ユニット HN-PC503」（5,980円），といったシステム専用の消耗品をシャープの直販サイトで販売する。

2018年9月28日，有害物資や臭いを除去できる独自技術「プラズマクラスター」には，犬や猫などのペットの皮膚病の原因となる細菌やカビを抑制する効果がある，ということを実証したとシャープは発表した。今後は実験を積み

重ねていき，ペットケアモニターに続くペット向け商品を開発するという。な
ぜなら，少子化が進む日本国内での犬，猫の飼育頭数は約1,800万頭で，15歳
未満の子どもの1,571万人を上回っており，しかも，犬は心臓の病気，猫は腎
臓や泌尿器などの病気を抱えることが多いので，ペットのヘルスケアというビ
ジネスは大きな成長が期待できるからである。

シャープは2020年度にこの事業単独の売上高100億円を目指している。

5 太陽光発電事業

シャープは太陽光発電事業に最初に参入した日本企業であるが，近年は大変
苦しい状況を強いられ，幾度も解体売却の危機に晒された。本節はその実態を
探ってみよう。

(1) 世界市場の変容

2006年までの間，シャープ，京セラ，三洋電機，三菱電機，昭和シェル系の
ソーラーフロンティアなどの日本メーカーは世界の太陽光パネル市場で上位を
独占していた。日本国内市場シェアの上位をかろうじて守っていたものの，
2010年以降に日本内外のマーケットシェアを大きく落とした。それと同時に，
太陽電池技術をリードしてきたドイツ企業も勢いを失い，かつて世界首位のQ
セルズ（ドイツ）が2012年に破綻して韓国ハンファグループの傘下に入ったこ
とに続き，太陽光パネル大手のソーラーワールドも2017年5月に破産手続きに
入った。一方，低価格を武器にする中国企業は大きく躍進し，2016年時点では，
1位のジンコソーラー（上海市），2位のトリナー・ソーラー（江蘇省），4位
のJAソーラー（上海市）に続き，8位のライセンエネルギー（浙江省），10位
のロンジ・ソーラー（陝西省）などのように，世界ランキングトップ10の5席
を占めていた（表3-4）。

表3-4 太陽電池のマーケットシェア上位企業（2016年度，出荷量ベース）

順位	日本国内市場	%	世界市場	%
1	京セラ	13.5	ジンコソーラー（中国上海市）	8.1
2	シャープ	11.3	トリナー・ソーラー（中国江蘇省）	7.4
3	ハンファQセルズ（韓）	10.8	カナディアン・ソーラー（カナダ）	6.3
4	カナディアン・ソーラー（カナダ）	9.8	JAソーラー（中国上海市）	5.9
5	インリーグリーンエナジー（中国河北省）	9.1	ハンファQセルズ（韓）	5.6

出所：『日本経済新聞』2017年10月29日朝刊記事内容などにより作成。

　2017年度に太陽光パネルの世界出荷量は前年度比19.3％増の9,729万キロワットに達したが，上位3社シェアの合計（ジンコソーラー10.1％，トリナー・ソーラー9.3％，JAソーラー7.7％）は前年比5.3ポイント増の27.1％へと拡大した[30]。また，世界上位10社のうち，中国勢は7社を占めているのに対して，日本勢は1社もない。2018年には，世界シェア上位10社のうち8社が中国企業で，生産地別では中国が71％を占め，2位の韓国（7％）を大きく引き離している。しかも，中国メーカーの日本市場進出はすでに本格化しており，その商品も「安かろう悪かろう」から脱皮しつつ，日本勢のシェアがさらに縮小するのは避けられない。

(2)　国内市場の飽和感

　日本政府の再生エネルギーの固定価格買取制度（FIT）は太陽光発電市場の一時的な成長をもたらしたが，1キロワット時（kwh）あたりの買取価格はFIT発足の2012年に40円，2016年に24円，2017年に21円，2018年に18円へと毎年引き下げられるとともに，ドイツ，カナダ，韓国，中国などの外国メーカーが次々と日本市場に参入しており，日本の太陽電池メーカーは極めて厳しい戦いを強いられている。

　最近数年の状況を概観すると，2015年度の太陽電池の国内出荷量は8年ぶりに前年割れ，出力ベースで前年度比15.3％減の786.3万キロワットであった[31]。

　2016年1～6月の太陽光発電関連企業の倒産件数が，前年同期比で24％増の31件で，2000年以降では上半期ベースで最多となり[32]，2016年度の太陽電池

の国内出荷量は前年比17.9％減の645.4万キロワットとなった。前年２位の京セラはほぼ横ばいの出荷量を維持して首位に浮上したが，前年１位のシャープは1.4ポイント落として２位に転落した[33]。2017年度の国内出荷量は前年比11.2％減の573万キロワットで，韓国のハンファＱセルズが京セラとシャープを抜き，海外メーカーが初めて日本国内市場の首位に立った[34]。2018年度に国内市場出荷量が下げ止まり，経営環境は安定する方向に向かっているが，シャープを含めた日本企業の成長力が弱く，韓国のハンファＱセルズが出荷量（90万キロワット）を前年比17％伸ばし，２年連続の首位を守った。

　エネルギーの９割を海外に依存する日本で，太陽光発電は自給率を高める有効な手段になるはずである。しかし，海外勢との激しい競争に晒され，日本の太陽光パネルメーカーが衰退しているのは明白である。その原因を探ると，太陽光パネルの生産原価の約半分はガラスなどの原材料で占められるので，そういう原材料の大量調達によって仕入れ価格を抑えることが客観的に求められている。しかし，海外勢と比べて，日本メーカーはどれも生産規模が小さく，原料調達や生産体制などの面で「規模の経済性」を発揮することができない。そこではコスト高の体質を改善することはできないので，採算性に合わせるために，販売単価の高い住宅向け太陽光発電システムにシフトせざるを得ない。しかし，国内市場を中心とする小さな市場に多数の日本企業が集中参入すれば，１社あたりの受注量が小さく，製品の生産コストはさらに高まり，採算性の悪化を招く結果となるからである。

(3) シャープの方向転換と事業縮小

　太陽光発電の市場全体が失速する中，長い歴史と優れた技術を誇るシャープは2015年度に日本国内市場の首位をかろうじて守ったものの，市場シェアは前年比7.3ポイント減の12.7％，２位の京セラは2.2ポイント減の10.8％，カナダのカナディアン・ソーラーは前年の５位から３位に浮上し，パナソニックは前年３位から４位に後退し，韓国のハンファＱセルズは初めて５位に入った[35]。そのときのシャープは太陽電池分野ですでに欧米市場から撤退しており，日本国内の住宅向け市場シェアもこの３年ほどで20％台半ばから10％台後半に低下していた。2016年３月期の太陽電池事業の売上高は前年比42％減の1,568億円，

2期連続の営業赤字（184億円）を計上した[36]のである。

シャープと買収契約を交わした2016年4月時点，鴻海は太陽電池事業の切り離しを示唆していたが，その後に方針を転換して，「シャープ」ブランドで太陽電池事業の継続を決めた。しかし，日本国内市場での不安と顧客離れが止まらず株価にも影響したため，シャープは文書形式の公表を鴻海に要請した。その結果，「（太陽電池分野で）シャープブランドの継続を心からの誓約として伝える」，「私たちは太陽光発電事業に完全にコミットしていることを伝えます」と鴻海の郭台銘会長とシャープ次期社長の戴正呉による署名入りの文書が2016年5月25日に公表された[37]。

2016年8月の戴社長就任後に太陽光発電事業の継続は確認された。しかし，固定価格買取制度（FIT）の変化と海外勢の進出という挟み撃ち攻撃を受け，2015年まで日本市場シェア第1位を長年守ってきたシャープは，さまざまな新商品の開発を続けたものの，産業用メガソーラーから家庭用エネルギー管理システム（Home Energy Management System, HEMS）やゼロエネルギー住宅（Zero Energy Home, ZEH）へ，日本国内から海外へと方向転換しながら，事業規模を縮小せざるを得なかった。

戴社長就任半年後の2017年2月3日，シャープは2016年10～12月期の連結決算を発表した。太陽電池以外の6部門はすべて営業黒字化を実現し，最終損益は42億円の黒字と9四半期ぶりに黒字転換した。太陽電池事業が赤字になった主な原因は，原材料のシリコンの買い付けを高い価格で長期契約している，という「負の遺産」のためであるという。2月に行われた太陽電池材料のシリコン購入契約の見直し交渉では，材料買い付けの引当金を101億円減らすことで調達先と合意した。それを受けて主要7部門で唯一の営業赤字である太陽電池部門の年間最終損益は約100億円縮小して271億円の赤字になる見通しであった。

日本内外の太陽電池市場でのコスト競争が激しくなった状況に直面して，パナソニックや京セラなどの日系メーカー各社と同様に[38]，シャープは国内事業の大幅縮小を決めた。2018年春から太陽電池事業で生産を除く全部門を販売子会社の「シャープエネルギーソリューション」（大阪府八尾市）に統合すると2018年1月1日に発表した。太陽電池の開発や設計，商品企画，施工，保守，海外営業など本体の数百人の人員を販売子会社に移管し，蓄電池や家電を組み

合わせた提案営業を強化する方針を決めた。一方，子会社への統合に入らない
生産部門の約250人は2018年4月1日付けで本社の他事業に移管されることに
なった。

(4) 新商品開発

① 宇宙向け太陽電池モジュール

　鴻海入りが決まった2016年4月以降，シャープは太陽電池の分野で反転攻勢
に出始めた。まず太陽光を電気に変換する効率が31.17％と世界最高水準の太
陽電池モジュールを宇宙航空研究開発機構（JAXA）と共同開発したことを
2016年5月19日に発表した。樹脂フィルムに挟まれ，薄くて曲げられ，重さは
従来の約7分の1というのは最大の特徴である。しかし，一般の太陽電池に比
べて価格は約100倍になるため，当面の用途は人工衛星や宇宙船などに限られ
る。5年以内に生産コストを10分の1に引き下げて車載向けなどへ用途を広げ
たいとしている。

② 「ブラックソーラー」

　2016年5月25日に太陽光を電気に変換する効率が19.6％となる，住宅向けで
は業界トップ級の太陽電池「ブラックソーラー」の開発に成功し，それを2016
年8月25日に発売すると発表した。現在の日本国内市場では，売電せずに蓄電
池と組み合わせて「自家発電・自家消費」，エネルギー収支を実績ゼロにする
というタイプの「ゼロエネルギー住宅（ZEH）」が注目されている。2015年度
に国の補助金を使ったZEHの建設件数は6,146件で2012年度の14倍に増え，日
本政府は2020年までに新築住宅の半数以上をZEHとする目標を掲げている[39]。

　ZEHの場合に太陽電池と蓄電池と各種生活家電をセットで販売することが
できるので，総合家電メーカーとしてのシャープにとっては，大きなビジネス
チャンスになりうる。具体的な取り組みとして，シャープは大阪府八尾市の技
術拠点に，工務店のZEH導入を支援するサポートセンターを作った。全国約
30か所の営業拠点に配置したZEHの営業担当者と連携し，工務店の代わりに
注文住宅の断熱性能などを計算し，最適な太陽光パネルの設置規模などを提示
する。工務店が消費者に提案しやすくするほか，シャープ製太陽光パネルおよ
び各種生活家電の販売拡大にもつなげたいというものである。

③　ソーラー充電機器

2016年10月27日，シャープは椅子の背もたれに太陽光パネルと蓄電池を搭載し，スマートフォンなどの充電に使える椅子型充電機器「シティチャージ」を発表した。椅子の重さは23キログラムとやや重いが，一応移動が可能で，スマートフォン12台分を同時に充電できる。商品化の実証実験として，10月下旬に東京都内のスターバックス3店舗（上野恩賜公園店，双子玉川公園店，町田金森店）に1年間置き，評判が良ければ本格的な商品化を進める方針であった。

この椅子型ソーラー充電装置の後続商品として，2017年12月6日にシャープは移動式のソーラー充電スタンドを発売した。設置工事や商用電源への接続が不要なので，手軽に導入でき，またキャスター付きタイプなので，季節や時間帯に応じて日光の当たる場所に簡単に移動できる。災害による停電時にも柔軟に使える点をアピールし，商業や公共の施設向けに販路を開拓していく。太陽光パネルはシャープ自社が開発した高効率の「ブラックソーラー」を採用した。スタンドには4つのUSBボートがついており，スマートフォンやタブレットなどを充電できる。スタンドは跳び箱のような形で2つの面があり，片方が太陽光パネル，片方はポスターを掲示できるスペースを用意した。ポスター掲示スペースにイベント情報や地図などを張り付ければ，LEDで照らすと，夜間や停電時でも遠くから見える。最大A1サイズの大きさまで掲示できる。想定価格は税別98万円，受注生産となる。

2018年1月31日，ソーラー充電スタンドを香川県丸亀市総合運動公園に設置した。充電スタンドは傘のような形をしており，その屋根部分に太陽光パネルを搭載している。スタンドに5種類の充電用端子が4セット付いており，スマートフォンや携帯電話の充電はできる。今回の設置は地元企業の寄贈によって実現され，その利用は無料である。スポーツイベントに活用するだけでなく，地震や台風などの災害時にも使えるというものである。

④　「クラウド連携エネルギーコントローラ」

2017年6月12日，太陽光発電システムの稼働状況や家電などの電気使用量を管理するHEMS（家庭用エネルギー管理システム）の新型機器として，HEMS機能搭載の「クラウド連携エネルギーコントローラ（JH-RV11）」を発売した（税別10.4万円）。クラウドに連動して自宅の電動窓シャッターや家電などの電

源管理をいつでも操作できるというものである。

⑤ 「スマート蓄電池システム」

2017年11月6日，シャープは中小規模の工場や事務所などの利用を想定した「スマート蓄電池システム」（想定価格1～2千万円）を発売し，年間売上高10億円を目指した。

⑥ クラウド蓄電池システム

2018年7月6日，シャープは住宅用クラウド太陽光発電蓄電池システム「JH-WBP67A」と「JH-WBP70A」を発売した（税別291万円，月産目標250台）。

電圧を高めるなどして急速に充電し，フル充電にかかる時間を従来の半分程度の2.5時間に短縮し，パワコンの変換効率は96％まで高め，晴れ間が少ない曇りの日にも蓄電できるように成功した。停電時に自律運転モードに切り替え，照明や冷蔵庫などの電源を確保している。自律運転の出力を従来の1.5キロワットから2キロワットまで高めた。

⑦ IoT機器向けの「色素増感系」太陽電池

2018年8月10日，シャープは2018年度中にもIoT向けの新型太陽電池を製品化すると報道された。この新型電池は「色素増感系」と呼ばれるタイプで，屋内照明などの弱い光でも発電できるという特徴がある。電池交換が不要で，小型化もできるので，使い勝手が高まり，IoT機器に活用しやすい。まず圧力計を製造する木幡計器製作所（大阪市）と組み，インターネット経由で機械式計器の計測値を遠隔でも見られるシステムの試作品を共同開発する。2018年9月から実証実験を開始して早期の実用化を目指している。

(5) 海外進出

日本国内市場での競争はあまりにも熾烈なので，どんな新商品を出すにしても，シャープの太陽光発電事業の収益性は高く期待できない。唯一の赤字部門となっている太陽光発電事業を残そうとすれば，海外市場に活路を見出さなければならない。そのため，シャープはモンゴル，フィリピン，インドネシアの3か国で現地企業と手を組み，メガソーラー（出力量が1,000キロワット時（kwh）を超える大規模太陽光発電所）を建設する方針を2016年6月末時点に決めた。なお，台湾や欧米での太陽電池の販売を強める方針も打ち出している。

鴻海出資後の８月下旬以降に，原材料の調達や販売チャネルなどの面で鴻海の支援を受けられることを前提に，巨大市場となる中国と米国への参入も検討し始めた。

　海外進出の第一弾として，シャープは重光商事（金沢市，社長格根塔娜）や現地企業と手を組み，モンゴルでのメガソーラー事業に参加すると2016年７月19日に発表した。ダルハン市内の約29万平方メートルの敷地に出力規模１万kwhのメガソーラーを建設し，７月下旬の着工と12月の稼働開始，年間発電量約1,400万キロワットを見込んだ。シャープは発電所の設計，太陽光パネルやインバーターなどの部材の供給を手掛けた。その後の2018年９月中旬には，モンゴル国内２件目として，シャープ子会社のシャープエネルギーソリューション（大阪府八尾市）と重光商事（金沢市）とソーラーテックLLC（ウランバートル市）の共同投資によって建設されたメガソーラーはドルノゴビ県ザミンウード市に完成した。首都のウランバートルから約650キロメートル離れたゴビ砂漠地であるが，年間を通じてほとんど雨が降らない気候が太陽光発電に適している。また中国との国境が近く，中国への送電も可能である。出力規模は約16.5メガワット，年間発電量は約31,162メガワット時を見込んでいる。極寒猛暑地での実績豊富なシャープがその経験を生かし，砂の侵入を防ぐ高床式構造や循環換気システムを開発・導入した。

　2017年２月，タイやフィリピンなどの東南アジア諸国で，それまでのメガソーラー向け事業中心から転換し，自家消費に軸足を移す方針を公表した。その後はタイの発電事業者「インパクト　ソーラー」から太陽光発電システムを受注したと2017年６月27日に発表した。タイの大手スーパーマーケットチェーン「ビッグシー」の店舗や倉庫の屋根に太陽光パネルを設置し，発電した電力は店舗などの施設運営に使われる，という計画であった。シャープは設計から部品調達，設備導入，運転開始後の保守などを請け負い，2017年７月に着工し，12月から順次運転を始めた。さらに2018年度末まで16か所の稼働と2,100万kwhの年間発電量を目指していた。

　2017年４月からドイツをはじめとして，代理店を通じて，自社製太陽光パネル「ブラックソーラー」をヨーロッパで住宅向けに販売開始し，欧米市場への再進出を挑戦した。

2018年4月上旬からインドネシアのスマトラ島南部で建設されたメガソーラーが稼働を始めた。出力規模は約1.6メガワット，年間発電量は約1,922メガワット時を見込んでいた。また，ベトナムで年間発電量約6.2万メガワット時（約3.2万世帯分の電力を賄える）のメガソーラーを受注した。2018年2月に着工し，同年9月中の稼働を目指した。

太陽光発電の世界市場を見ると，中国もアメリカも中東も東南アジアも大規模な太陽発電所の増設計画が相次いで発表され，メガソーラーの市場規模は迅速に拡大している。価格面で中国や韓国のライバルに勝てないため，シャープを含めた日本企業はメガソーラー事業から自家消費に軸足を移している。つまり，太陽光パネルという単品だけでなく，多機能・高付加価値のエネルギー管理システムと一体化して販売強化をしているのである。例えばドイツで販売する「ブラックソーラー」は，価格が割高だが，発電効率が高い商品である。

確かに，高品質・多機能・高価格とは日本企業の従来型ビジネスモデルである。しかし，この戦法は商品個性が重要視される家電や携帯電話の分野でさえ既に多くの失敗を喫しており，コスト・パフォーマンスが最重要視される太陽電池の分野で成功を収めるのは非常に難しいと思われる。

6 AIoT関連事業

2016年7月29日，シャープの2016年第1四半期（4～6月）決算が公表された。売上高は4,233億円（前年度6,183億円，前年同期比−31.5％），営業損益は25億円の赤字（前年度287億円の赤字），経常利益は223億円の赤字（前年度333億円の赤字），最終損益（純利益）は274億円の赤字（前年度339億円の赤字）となった。純有利子負債（有利子負債−現預金）額は4,698億円で，債務超過の状態が続いていた。コンシューマー・エレクトロニクス，エネルギー・ソリューション，ビジネス・ソリューション，電子デバイス，ディスプレイ・ディバイスという5つの事業分野の売上高はすべて前年度を下回った。明らかに，シャープの再建を果たすために，将来にわたって安定的な利益を見込めるような新しい商品分野の開拓が必要である。そして，2016年10月にシャープは

AI（人工知能）とIoT（あらゆるものがインターネットにつながる）を組み合わせたAIoT商品分野に注力する方針を表明した。その成果の一部は以下で紹介するが，そのいずれも導入期から抜け出せず，利益創出の段階に至っていない。

(1) クルマ型監視ロボット

　シャープが最初に構想したAIoT商品は，警備・監視目的のクルマ型監視ロボットである。GPSを利用してあらかじめ設定したルートを自動で走行し，搭載した5台のカメラで周囲の状況を死角なく撮影し，無線を通じて場所の離れた監視室に映像を送信する。時速5キロメートル程度で，センサーが障害物を検知したら自動停止し，一回の充電で約6時間も連続作動できる。不審者を発見すると搭載したスピーカーを通じて警告したり，マイクで相手の声を聞き取ったりすることも可能である。摂氏マイナス20度から40度までの幅広い環境下で動作し，7センチメートルまでの段差も乗り越えられ，雪道や坂道の走行も可能である。広大な敷地を持つ施設が多い米国で導入されると，警備員人件費の3～4割程度の削減が可能だという。

　2017年6月に商品化された屋外自律走行監視ロボット「SV-S500」は正式に発売され，米大手警備会社のU.S. Security Associatesに採用された。最高時速は約5km，舗装または非舗装エリア（70mmまでの凹凸）の走行が可能である。広角カメラ4台とPTZカメラ1台を搭載し，オプションとしてサーマルカメラも用意している。

(2) AI搭載エアコン

　2016年10月末，シャープはAI搭載の「プラズマクラスターエアコンXシリーズ」のAY-G80X2などの9機種を発売した。このクラウド・サービス接続の新しいタイプのエアコンは，設定温度の操作経歴などのデータに基づいて好みの温度に自動調整したり，その日の天気に合わせて運転モードを自動で変えたりすることができる。またエアコン停止中でも，温度20度以上，湿度70％以上になると，プラズマクラスターイオンを自動的に放出してカビの発生と増殖を抑制する機能も搭載している。つまり，このXシリーズのエアコンは夏と冬だけ

が使われるのではなく，365日通して使われる製品を目指している。店頭価格は税別23～37万円とやや割高であったが，売れ行きは好調らしかった。

後続機種としての2018年モデル（2018年10月25日発売）のAY-J40X2では，使用状況を学習して好みの温度に設定するほか，気候に合わせて日ごとに設定する機能も加えた。スマートフォン経由で外出先からも遠隔操作することができる。最大な特徴は，スマートフォンのアプリと連動し，使用経歴や節電アドバイスを知らせるので，従来モデルより17％の節電効果がある。中国にある自社工場で生産し，月産1万台を見込んでいる（計9機種，23～37万円）。

(3) 音声対話型AI技術システム

シャープはロボホンやAI搭載オーブンレンジなどのシャープ製品に応用した音声対話型AI技術を使ったシステムを外販し，AI技術の活用による事業拡大を目指している。例えばコンピュータやタブレット端末にシャープ製のシステムをつなぐことだけで，簡単な接客や受付などの業務ができるようになり，人件費の削減や待ち時間の短縮などにつながる。

また，家電や住宅設備機器を一括管理する「ホームアシスタント」ロボットを開発し，2017年前半の発売を目指していた。ロボットに話しかけると，音声を認識してエアコンの温度を調整したり，照明をつけたりすることができる。商品の開発と設計をシャープが担い，生産製造を鴻海が担当する。しかし，その後は発売を延期し，2018年度の発売に変更された。

(4) IoT関連の有償研修

2016年11月からベンチャー企業向けへの有償研修を実施し，シャープのIoTの経験とノウハウを外販して収益の拡大を試みている。最初の具体例として，奈良県天理市にあるシャープ社の総合開発センターで「モノづくりブートキャンプ」と題する10日間の研修を実施し，シャープのベテラン社員が製品設計，量産技術，品質管理などのノウハウを教えている。1社2人の参加費用は85万円，毎回4社程度の参加と年間4回の開催で実施している。1回目は5社の10人が参加し，2018年3月末までに6回開催され，計23社の41人が参加した。例えば福岡市のITベンチャーのtsumug（ツムグ）はこの研修を受けて，鍵がな

くてもスマートフォンアプリの認証でドアを解錠する「スマートロック」の開発と製造に成功した。

　また，有償研修に参加したベンチャー企業の要望に応えるために，ベンチャー向けにIoT関連商品の開発や量産などのノウハウを有償で提供する「量産支援サービス」を2016年12月に開始した。量産に適した設計方法をシャープの技術者がアドバイスしたり，量産にふさわしいシャープ関連の工場を紹介したりして，商品企画から出荷後のアフターサービスとリサイクルまでサポートし，利用料金は1社ごとに交渉して決める。社内ノウハウの外販を進めて収益力を高めるとともに，有望なベンチャーを引き寄せてシャープのIoT事業の強化を狙う。さらに2018年9月から，シャープはスタートアップ企業を対象に自社のエンジニアを派遣して，IoT関連の量産技術やノウハウを伝授する出前講座を始めている。この出前講座は有料で，参加者一人当たり1日2～3万円である。

(5) IoT住宅

　2016年12月1日，シャープは高齢者生活支援の実証実験を島根県津和野町で始めると発表した。ウェブ会議システムや（テレビや水なし電気鍋などの）家電を（65歳以上の人口比率が45.7％と全国平均を大きく上回っている）津和野町に住む65歳以上の単身者や夫婦の50世帯に提供するというものである。テレビ経由の食材注文や水なし電気鍋による料理づくりなどができ，買い物や料理づくりなどの家事はより簡単になる。シャープ社員2名が常駐し，利用者の声を聞き取る。実験期間は12月6日から2017年2月28日までの約3か月間と設定していた。実験期間中の2017年2月1日にシャープはIoT住宅への進出を表明し，オーブン，エアコン，ロボホン，太陽光パネル，テレビといったシャープのIoT商品を一括にして住宅設備機器メーカーに販売することを目指した。

　2017年5月24日，経済産業省が主導した家電をインターネット経由で操作するという「スマートホーム」関連の実証実験に参加するとシャープは表明した。シャープのIoT技術と白物家電と太陽光発電パネルの強みを集結して新しい成長分野を開拓すると狙うのである。約1年後の2018年5月10日にシャープは広島県福山市でスマートシティ（環境配慮型都市）の実証実験に参加し，福山市，

福山市立大学，ソフトバンク，シャープなどの7企業・団体で協議会を作り，シャープが持つAIやIoTの技術を使い，市街地の活性化を図った。例えばシャープのセンサーを使った高齢者の遠隔見守りサービス，監視カメラを使った歩行者の動向解析，クラウドによる子育てアンケートの分析などが行われた。

2017年6月12日には，シャープは太陽光発電システムの稼働状況や家電などの電気使用量を管理するHEMS（家庭用エネルギー管理システム）機器の新モデル（JH-RV11）を発売した（税別10.4万円）。クラウドに連動して自宅の電動窓シャッターや家電などの電源管理をいつでも操作できるというものである。

2017年7月5日，シャープは通信サービス大手のアルテリア・ネットワークス（東京・港）などと組み，IoTを活用した集合住宅向けの子供見守りサービスを開始した。共働き世帯を主要ターゲットに定め，子供の帰宅や外出，来訪者の情報などを，スマートフォンのアプリを使って保護者に伝えるというものである。専用カードを持った子供が自宅のドアロックを解錠した際に，シャープが提供したスマートフォンのアプリ「ココロボ〜ド」を通じて保護者に通知するほか，ドアの施錠状態も確認でき，閉め忘れの解錠状態であればアプリから施錠することもできる。

2018年7月26日の新聞記事によると，経済産業省の呼びかけで，シャープ，KDDI，コニカミノルタ，オムロン，ルネサンス（フィットネス業），ニューロスペース（睡眠改善システム），セコムなどの約10社は協力してIoT家電などから集めたデータを分析し，運動指導や認知症予防などに役立てる仕組みを2019年度に稼働させる。人感センサーを備える冷暖房，食品を保存する冷蔵庫などを通じて持ち主の生活スタイルを分析するのがシャープの主な役割である。このような複数の企業がデータを共有して健康産業に生かす取り組みは初めてなので，経産省が事業費用の一部を補助する。

(6) 無人搬送台車

2018年2月19日，シャープは工場や倉庫を自律走行する低床ガイドレス無人搬送台車（AGV）「XF-100」の受注を開始した。2次元LiDAR-SLAMと呼ばれるセンサーを搭載し，磁気テープの誘導がなくても自律で走行するルートを設定できるというものである。搬送台車のルートを設定する磁気テープが不要

で，運搬物の配置が変わっても簡単にルート変更ができ，磁気テープを併用すれば5ミリメートル程度の誤差で正確に走ることができる。ルート上の人や障害物を検知した場合は自動で停止して衝突を回避することもできる。

このAGVは幅約48cm，奥行き約90cm，高さ約19cmの低床型なので，市販のカゴ台車の下に潜り込んで運ぶことができ，汎用性が高い。人手不足に悩む工場や倉庫向けに販売し，完全受注の生産体制を取る（税別300万円から）というものであった。2018年3月に東京都内の商業施設のカフェに試験導入され，店員に代わってテーブルの片付けなどの業務を手伝い，1日平均で8kmを走行していた。

2018年6月にシャープはAGVを最大で20台を同時にコントロールするシステムを年内に発売すると発表した。磁気テープがなくても自律走行するAGVがセンサーで周囲の状況を検知しながらそれぞれの位置情報を無線で知らせ，互いに衝突するのを防ぐことができる。また走行ルートを事前に設定する必要もなく，センサーで集めた情報をAIが分析・判断をして最適な走行ルートを自ら作成することができる。

日本国内で商品の搬送に使われる台車は約1,000万台あるとされ，その大半は人間が動かしており，人手不足が深刻になっている現在，無人運搬機となるAGVの利用価値が一気に上がっている。現行のAGVには，動線のフロア上に磁気テープを張り付けて走行する有軌道型と，磁気テープなしで自律走行する無軌道型，という2種類がある。現在は有軌道型が主流であるが，倉庫や工場では短期間で製品配置が変わるため，（シャープ新製品を含めた）磁気テープを貼り直す必要のない無軌道型のAGVに対する市場ニーズが高まっている。

⑺　カキ養殖実験

2018年12月下旬から，シャープは東京大学，中国電力，NTTドコモなどの計10企業・団体と組み，IoT技術を広島県江田島市のカキ養殖事業に活用する実証実験を開始した。漁場のブイや養殖用のいかだに設置したセンサーやドローンで撮影したデータから，カキの生育に適した場所や時期を推定することができる。また海水温度や食害の原因となる魚の接近などの情報も専用の端末を通じて養殖業者にリアルタイムで通知する。

(8)　半導体事業の分社化

　シャープは1985年から福山第1工場（広島県福山市）で半導体関連製品の生産を開始し，その後に福山第2～4工場も稼働した。2001年に福山第1工場が操業停止したが，翌2002年に三原工場（広島県三原市）が稼働開始した。しかし，その後のシャープの半導体事業は低迷を続け，2011年に福山第3工場が操業停止し，2016年6月に福山第2工場を第4工場に集約させ，2017年に三原工場を閉鎖して福山工場に集約した。現在は福山第4工場でイメージセンサーや半導体レーザやシリコンウェハーなどを生産しているが，2000年以降に十分の追加投資が行われず，半導体業界内での競争優位性はさほど高くはない。

　8KやIoTを今後の成長戦略の柱に据えたシャープにとって，半導体関連事業は最重要分野の1つとなる。しかし，半導体分野で成功を収めるために，研究開発と製造装置への大規模投資は欠かせず，シャープ単体での力では足りない。

　そのため，シャープは鴻海と一緒に，中国の珠海市で1兆円規模の半導体工場を建設することを検討していると2018年12月に報道された。また福山事業所を中心に展開する「電子デバイス事業本部」をシャープ本体から切り出して事業子会社として独立させ，福山事業所所属の約1,300人を2019年3月中に新会社に移し，2019年4月1日付で新会社となるシャープ福山セミコンダクター（SFS）とシャープ福山レザー（SFL）の2社がともに福山工場を生産拠点にして正式にスタートすると2018年12月26日に発表された。この分社化によって半導体事業の権限裁量と経営自主性が大幅に高められ，鴻海グループ各社をはじめとする国内外の企業との事業提携や資源利用などがより機動的に行えると期待されている。

(9)　その他

　以上(1)～(8)のほか，本章2節4項で取り上げたAIoT型4Kテレビ，本章4節各項で取り上げたAI搭載型加湿空気清浄機，ロボホン，IoT対応のオーブンレンジ，自動調理電気鍋，AI搭載のプラズマクラスター冷蔵庫，AI対応BDレコーダー。喋る複合機，AIoT型ペットケアモニター，および2019年夏の投入が決まったAI機能搭載スマートフォン「アクオスR3」などもすべてAIoT商品

に該当する。こうして，シャープのAIoT商品は多岐に渡っているが，特に健闘しているのはロボホンや冷蔵庫や調理家電などである。

① シャープの販売努力

シャープはAIoT商品の2018年度売上高を1,000億円と見込み，2019年度末まで日本国内で累計300万台のAIoT商品の販売を目指していた。この販売目標を実現するために，シャープは2018年11月から2019年3月までの約5か月間に，自社のAIoT家電製品（テレビ，冷蔵庫，電気鍋）を乗せたトラックを全国の約60か所を巡って走らせ，「つながる家電」を体験してもらうプロジェクトを始めた。

② 鴻海のAI領域進出

シャープのAIoT分野での商品開発努力に対して，親会社の鴻海は協力体制の構築を開始し，2018年2月2日，鴻海は人工知能（AI）の研究開発センター「AI応用実験室」を台湾に設立すると発表した。郭台銘会長は台湾で記者会見し，今後5年間にAI関連に100億台湾ドルを投じ，ビッグデータやロボットなどを活用する新たな製造業に脱皮すると強調した。また，シャープの戴社長も同席して鴻海のAI戦略に連携することを表明した。

鴻海がAIを推進する背景として，まず高騰している中国工場の人件費を削減する意図がある。iPhone関連子会社を2018年内に上場させて調達する約4,600億円の資金をスマートフォンの生産ライン改造などに充て，世界最先端の製造現場を整備してロボット化・自動化・無人化・AI化を目指すとその方向性は決まっている。直後の2018年2月6日，鴻海グループの群創光電（イノラックス）は製造工程の自動化を積極的に進めることによって，2018年内に従業員1万人以上を削減し，5万人以下にすると表明した。

2018年5月に郭台銘会長は中国の清華大学で講演して「必ず半導体を製造する」と宣言した。また，2018年7月6日に米国のスタンフォード大学での講演で「米西海岸エリアで人工知能やビッグデータ関連の人材やベンチャー企業に投資したい」と郭台銘は強調した[40]。

要するに，鴻海は自社工場を念頭にAI研究を進めているが，ビッグデータやロボットなどの分野での研究と実験の成果はシャープのAIoT事業にも大きく寄与することが可能である。

7 新規事業分野

上述した液晶パネル，テレビ，スマートフォン，アイデア家電，太陽光発電，AIoTといった既存の事業分野で継続的に努力しているとともに，鴻海入り後のシャープはそれまでに注力してこなかった新しい事業分野にも挑戦しており，その一部の事例を本節で紹介する。

(1) 緑色半導体レーザー

2016年12月6日，シャープは緑色半導体レーザーを開発したと発表した。赤，青，緑と組み合わせて3原色がそろい，プロジェクター向けの用途があるとされる。開発の成功を発表したときに量産時期はまだ定まっていなかったが，IoTが普及しているなか，通信機器や光学機器や自動車などに内蔵する半導体レーザーの需要が伸びており，この3原色がそろう半導体レーザーを光源として採用する高精細のプロジェクターは今後の主流になる可能性がある。緑色の半導体レーザーを製造している企業はあるが，1社で3原色すべてをそろえられるということは開発期間の短縮などにもつながる。そのため，シャープは3原色半導体レーザーの量産に業界最初で踏み込んだ。

2017年11月中旬から赤・青・緑3原色の半導体レーザーの量産を開始し，月100万台の緑色半導体レーザーの2モデルを生産する目標を掲げた。この目標に合わせて，今後数年で広島県の福山工場に100億円以上の設備投資を行う計画も発表された。この緑色レーザーは波長515ナノメートル，光出力30ミリワットを実現し，標準タイプの直径5.6mmとコンパクトな直径3.8mmの2種類の金属パッケージを揃え，小型プロジェクターやヘッド・アップ・ディスプレイ（HUD），ヘッド・マウント・ディスプレイ（HMD）などの光源として，顧客の多様なニューズに対応しようとした。

その後，光出力を従来の約4倍に高めた新型の緑色半導体レーザーの量産計画（福山工場で月産50万台）は2018年10月上旬から実施された。光出力130ミリワット，波長520ナノメートルとより鮮やかな色合いの映像を実現できるので，現在のプロジェクター用のほか，自動車向けの採用も狙う。

(2) 海外販路開拓

① アジア市場

2017年1月20日，中国や東南アジア向け家電製品の研究開発センターを中国深圳にある中国事業の統括会社となる夏普科技の中に開設した。これは，鴻海の研究開発拠点に隣接しているため，互いのノウハウや設備を活用することで両者の相乗効果を期待しているのである。

2017年度前半から中国市場で掃除機や調理機器などの小型家電の販売を開始し，その第1弾は最新のスティックタイプの掃除機と水なし自動調理電気鍋であった。その後も鴻海と協力して製品種類を増やし，中国市場での存在感を高めていった。

2017年9月29日，シャープは台湾の携帯電話販売大手のオーロラ・テレコムに約10億円を出資し，33％の議決権を取得した。台湾に148店舗を持つオーロラの販売網を通じて，シャープブランドの液晶テレビや白物家電製品の販路を広げ，台湾での売上高拡大を狙う。

② 欧州市場

2014年9月にシャープは冷蔵庫，洗濯機，電子レンジなどの白物家電のブランド使用権をトルコ家電大手のベステルに与えていた。したがって自社ブランド商品の販売方法に全く関与できず，ブランド力の維持と向上が困難であるという状態は「あるべき姿ではない」ことから戴社長が就任早々で，ベステルとの交渉を開始し，白物家電のブランド使用権の買戻しを目指した。しかし，この交渉は難航し，いまだに実現していない。

2017年2月8日，欧州子会社のシャープ・エレクトロニクス（ヨーロッパ）は，スイスで複合機などの販売を手掛けるフリッツ・シューマッハーの全株式を1,720万スイスフラン（約19.3億円）で買収すると発表した。この買収を通じてスイスでの複合機販売事業を強化する狙いがあった。

2017年2月27日，（同2月に買収したばかりの）子会社のUMC（スロバキア）が販売するテレビの7割程度にシャープ製パネルを搭載させること，シャープブランドのテレビ以外の家電製品もUMCに委託販売させることを戴社長が表明した。2018年3月からUMCの販売網を活用して，まず業界最軽量のコード

レスサイクロン掃除機「ラクティブエア」をドイツ，オーストリア，フランスで販売している。その後は高級機種となる電子レンジや空気清浄機なども投入する（第3章2節3項参照）。

シャープの携帯電話は2011年に欧州市場に挑戦したが，売れ行きが悪くすぐに撤退した。新しいプブランドの「アクオスR」をもって，2018年に欧州のスマートフォン市場に再参入することが決定されたが，その実態は不明である。

③ 北米市場

2018年春，シャープはアメリカテキサス州にある複合機などの機器販売会社のアメリカン・ビジネス・マシンズ（ABM）を約20億円で買収した。ABMの販路でシャープの複合機，電子黒板，テレビ会議システムなどを販売していく。

(3) 空中表示素子

2017年3月3日，空中に画像を表示することができる「空中表示素子」を開発したと報道された。空中に映像を表示する技術として，既に「ホログラム型」や「プラズマ発光型」などの方式はあるが，シャープは元の映像を鏡で反射させ，空中に映像を映し出す「ミラーアレイ型」を採用している。大型化が難しいという欠点はあるものの，素子を通すだけで手軽にクリアな画像を空中に表示できるというメリットがある。商品の実用化まで時間がかかりそうだが，将来有望な技術だと見られる。

(4) 採光プレート

2017年3月13日，窓に設置することで省エネ効果を高める「採光プレート」を開発し，ヒューリックの本社ビル増築棟に初めて導入したとシャープは発表した。窓の上部に取り付けると，外の光を天井方向に採り入れて室内を明るくする効果がある。液晶パネルで培った光学制御技術を生かした形で，この新しいタイプの採光プレートは光を取り入れる採光フィルムと光を拡散させる拡散フィルムを一体化しており，季節や時間帯によって光の入射角度が変わるにもかかわらず，どの方向からの光も天井に集めて室内空間全体を均一に明るくすることができ，照明用の電力を年間で4割以上削減できる。また，従来型の採光プレートはフィルムとガラスを組み合わせた製品であったが，シャープの新

製品はガラスを使わずにアルミフレームを採用することで，（縦65cm横180cm
の場合）重量が24kgから1.5kgと約94％軽量化され，設置しやすくなった。
2017年10月上旬に千葉市の幕張メッセで開かれた商品見本市で，シャープはこ
の採光フィルムの実用方法を提案した。

⑸　食品宅配サービス

　2017年10月19日，シャープと（飲食店情報サイトを運営する）ぐるなびと
（食材宅配サービス業者の）タイヘイという3社の共同事業として，食品宅配
サービス「ヘルシオデリ」が開始された。ぐるなびのネットサイトで注文した
調理キットは下ごしらえ済みの半完成品の状態で届き，シャープ製のウォー
ターオーブン「ヘルシオ」や無水電気鍋「ヘルシオ　ホットクック」を使い，
ボタンを押すだけで，有名レストランのシェフらが監修したメニューを自宅で
簡単に実現することができる。価格は1メニュー（2～3人前）あたりに税別
3,800円から，食材送料は北海道，四国，九州は一律税別300円，他の地域は無
料であるが，配送は週末限定となる。「中食」の社会ニーズが高まるなか，
2020年ごろをめどに食材宅配事業で200億円の売り上げを目指している。
　「ヘルシオデリ」開始以来の調理キットはやや高級食材に偏っていたが，
2018年11月に日常の家庭食事向けのメニューを追加した。1メニュー（2～3
人前）当たりの価格は税別1,380円と低めに抑え，配送も従来の週末限定から
平日まで拡大した。

⑹　新型POS機器

　2017年5月下旬，シャープと鴻海傘下企業と共同開発したタッチパネル型の
POS（販売時点情報管理）端末が発売された（税別26万円）。15インチの液晶
を搭載し，画面を触って操作するメインメモリーが8ギガバイトの「RZ-E606」
と16ギガバイトの「RZ-806」の2種類を用意した（第2章4節8項参照）。
　2018年2月下旬には新型のPOS機器「RZ-A471S」を発売した。タッチパネ
ル機能付きの15型液晶ディスプレイとキーボードとレシートプリンターの3つ
が一体化した機器となる。メインメモリーを従来機種（2014年発売のRZ-A390
シリーズ）と比べて2倍の4GBにしたほか，高速CPUも搭載したため，売り上

げ集計や在庫管理などをより早く処理することができ，閉店後のレジ締めなどの作業時間を短縮することができる。従業員の人手不足などが深刻になっている飲食店などを中心に，作業負担の軽減などを訴えて需要を取り込む。また設置面積を幅27.8cm，奥行き37.7cmと業界最小レベルにして省スペースにも対応できる。税別78万円，月産200台を想定した。

さらに，シャープはITサービスのボクシーズ（東京・千代田）と連携して，飲食店向けのPOSレジで，スマートフォンアプリと連動したサービスの提供を2018年4月から始めた。来店客が自分のスマートフォンから注文・会計できるようにし，店員待ちやレジ待ちの煩わしさを減らし，店舗の業務軽減や顧客分析にも役立てる。システムの導入にあたり，大掛かりな内装工事も必要ないので，POSレジなどの機器とシステム構築を含めた価格は税別150万円前後と割安であるが，アプリ「Putmenu」の導入費や月額使用料は別途かかる。このサービスは2017年夏から東京都内の飲食店で実証実験を行い，一定の需要が見込めると判断したため，本格的に展開することにした。

⑺ 両面読み取り複合機

2018年3月14日，シャープはA4サイズ書類の両面を毎分55枚という高速で読み取り，印刷したり，PDFファイルに変換したりすることのできる複合機「MX-B455W」を発売した。無線LANモジュールを内蔵しているため，LANケーブルでインターネットに接続する必要がなく，オフィス内での設置場所を変えやすい。大きな液晶タッチパネル（7インチ）を操作パネルに採用しているため，機能アイコンを大きく表示して見やすくした。スマートフォンやタブレットとの接続もQRコートを読み取るだけで設定できる。事務作業を省力化したい中小企業を主要顧客と想定し，税別107万円，月産800台を見込んだ。

⑻ 真空超音波洗浄乾燥装置

2018年4月11日，シャープは金属部品についた油汚れの洗浄時間を3割程度短縮できる装置「UC-800」の受注生産を始めたと発表した。従来の超音波洗浄方式に新たに「真空低温沸騰方式」という手法を組み合わせ，油やワックスなどの汚れを落とす薬剤を蒸気の力で部品の細部まで行き渡たせる仕組みを採

用して，複雑な形状をする部品の細部や管状部品の内部の汚れまでより速く洗浄できる。また，洗浄から乾燥までにかかる時間を従来機比で約30％短縮し，洗浄バスケットの容量を従来機比2.7倍の30Lへ拡大し，一度に多くの金属部品や工具を洗浄できる。サイズは幅1200×奥行き1680×高さ1750mm，超音波発振機設置部の高さは1920mm，重量は約1000kg（乾燥時）である。販売価格は仕様によって異なるが税別1,200万円からである。少量多品種の生産を担う中小の金属加工メーカー，自動車部品メーカーを主要顧客に販売し，完全受注生産の形をとっている。

(9) センサー

① FA向けカメラセンサー

2018年4月23日，シャープは精密部品の微細な傷などの欠陥を検知するカメラセンサー機器2機種「IV-S402M」と「IV-S412M」を発売した。接続されたカメラで撮影した画像をセンサーコントローラーに送って処理する。カメラの解像度を従来の650万画素から2,500万画素まで大幅に高め，ディスプレイや基板に付着した異物や傷などを検査し，目視だけで難しかった細かい部分まで判定することができるものであり，税別80万円から，月産50台を目指している。この種のカメラセンサーはファクトリーオートメーション（FA）すなわち工場生産自動化の推進に役が立つので，日本国内では人手不足が深刻な精密部品工場などに向けて売り込んでいる。また人件費の高騰でFAが急速に押し進められている中国においても，鴻海の力を借りて販路の拡大を目指している。

② 自動運転車向けセンサー

2018年10月13日，シャープは車の自動運転に欠かせない次世代センサー事業に参入し，自動車と物体との距離を正確に測るセンサーを2020年代前半に実用化すると報道された。市街地などの一般道路での自動運転に不可欠なセンサーとなるLiDAR（ライダー）は，照射したレーザー光を反射し，自動車と物体間の距離を正確に検知するもので，この点シャープは1982年にCD用の赤外線レーザーで世界初の量産を開始し，長年の経験で培った精度の高さが強みである。したがって，CDの読み取りや監視カメラに使う赤外線センサーの技術をベースにして出力と精度を自動運転に対応できるレベルまで高めていく。ライ

ダーの中核部品になる赤外線レーザーの試作量産を2019年春に福山工場（広島県福山市）で始めた。

⑽　監視カメラ

　シャープは2011年に監視カメラの事業に参入したが，後発のため日本国内シェアは１％未満にとどまっていた。2018年８月３日，シャープは監視カメラの映像を鮮明に映すための補助光源として使う赤外線レーザーを開発したと報道された。現状で一般的に使われている赤外線発光ダイオード（LED）に比べて，対応距離，明るさ，人間の目に対する安全性，消費電力，カメラ設置の利便性などの面で性能を大きく改善した。ただし，現在のLED光源よりコストは何倍も高いことは普及への課題となる。

　2018年９月中旬以降，シャープは新たに13機種の監視カメラを順次投入し，市場シェアを現在の１％以下から10％超に引き上げようと狙う。さらに2019年３月５日，シャープは8K映像に対応した監視カメラの開発成功を発表した。肉眼以上の解像度を実現して細かい文字や数字を確認でき，人手不足の深刻さが進む工場などのビジネス現場に適用できるという。世界初の商用化を目指し，早ければ2019年内にも受注生産を開始したいとしている（本章２節６項参照）。

⑾　パソコン事業再参入

　2017年４月15日，戴社長はパソコン事業への再参入を検討していると明言した。そして，2018年６月５日，シャープは東芝のパソコン事業を買収し，いったん撤退したパソコン事業に再参入すると発表した。実際には，シャープは2000年代に薄型・軽量を特徴とするノート型パソコン「メビウス」を販売していたが，採算悪化で2010年に撤退した。鴻海傘下入り後に液晶やテレビや家電などの主力事業の業績は急回復したが，売上高倍増の中期目標を実現するために，従来の事業分野にとどまらず，新しい商品分野への進出は必要不可欠であった。HPやデルのパソコンを大量に受託生産している鴻海とのシナジー効果を考えると，シャープがパソコン事業に再度参入することは理にかなってはいる。

　実際に，スマートフォンとタブレットの普及につれて，パソコン産業は縮小

している。世界のパソコン総出荷台数は2011年の3億6,500万台から7年連続減少し，2017年は前年比0.2％減の2億5,952万台，2018年は前年比0.4％減の2億5,853万台であった[41]。世界中のパソコンメーカーが厳しい競争に晒されているなか，シャープ自社ブランドを新たに立ち上げるのは容易なことではない。しかし，かつて世界首位を独走していた東芝のパソコン部門が赤字体質に陥って売りに出されたため，シャープは千載一遇のチャンスと見て積極的に動き出した。

　東芝のパソコン事業ないし会社全体の経営危機についての説明は省くことにするが，とにかく不正な会計操作や原子力事業の失敗などで大きな損失を被った東芝はもはやパソコン事業を再建する体力も意欲も失っていた。パソコン事業を売却するために，まず2017年11月に台湾パソコン大手の華碩電脳（エイスース）と協議を開始したが，その交渉はまとまらなかった。その後の2018年1月30日に，シャープと東芝の両社はパソコン事業の売却条件などを詰める実務レベル協議に入っていると報道された。

　2018年6月5日，シャープは東芝のパソコン事業の完全子会社となる東芝クライアントソリューション（TCS，東京・江東）の株式80.1％を40億円で買収し，一度撤退したパソコン事業に再参入すると発表した。一方の東芝は，経営業績悪化中のTCSを本体から切り離し，TCSに対する保有株式を19.9％に下げて連結決算対象から外すと発表した。これに関して戴正呉社長は2018年6月6日の記者取材に対して，「1〜2年で黒字化して投資を回収したい」と自信を見せた[42]。

　この事業買収に伴い，東芝本体が持つ中国杭州市のパソコン工場や欧米での関連事業計6か所（東芝情報機器杭州，TCS豪州，TCSカナダ，東芝アメリカ情報システム，東芝システム欧州，東芝シンガポール）を一本化したうえ承継することとなるので，東芝の約2,200人の従業員，うちIT関連技術者約400人を一括して獲得することができ，シャープが最も重視するAIやIoTなどの事業との相乗効果も大きく期待できると戴社長は強調した。また，同月20日に戴社長は「将来，新規株式公開（IPO）する可能性もある」と買収した東芝のパソコン事業の将来について言及した[43]。

　既に汎用品になっているパソコンという製品分野では，米インテルのCPU，

米マイクロソフトのOS，台湾系の半導体設計，中国系の組立工場という形の国際分業体制がほぼ確立している。業界リーダーのHP，レノボ，デル，などはみんな薄利多売のビジネスモデルを採用し，年間1,000万台以上を売りさばかなければ利益を上げられないと言われている。

　高品質・高性能・高価格を基本特徴とする旧来の東芝パソコンのコスト・パフォーマンスは，消費者の好評を得られず衰退の一途をたどってきた。しかし，シャープの親会社の鴻海は世界の主要パソコンメーカーから受託生産しており，良質のパソコンやサーバーなどのIT機器を安価で大量に製造するノウハウを豊富に保有している。また性能の良い部材を大量に，優先的に，安価に仕入れることも可能である。さらにノートパソコンの品質を大きく左右する液晶パネルやセンサーなどの重要部材をシャープの日本国内工場から優先的調達することができる。そのため，鴻海とシャープとの相乗効果を生かせば，東芝ブランド（ダイナブック）のパソコンを短期間でシャープの手で復活させ，パソコンを収益力の高い商品に育て上げることは可能だと思われる。

　2018年10月1日，予定通りに買収出資が実施された。TCS社長だった覚道清文が最高経営責任者（CEO）に就任し，シャープ副社長の石田佳久が新たにTCSの会長に就任した。2018年10月15日の記者会見で，TCSを（前年度83億円の営業赤字から）2018年度中に黒字化に転換できると石田新会長は見解を示した。また，今後は「ダイナブック」のブランド名で国内市場と海外市場の両方で販売拡大を目指すと語った。

　2019年1月1日付で社名を「TCS」から「Dynabook（ダイナブック）」に変更し，社名に「東芝」を消しても「シャープ」を入れなかったのはこの会社の斬新性と独立性を強調したいためだとされる。同時に公表された中期経営計画として，今後は主力のノートブックパソコンにデスクトップ型パソコンやサーバーなどの新商品を追加し，2019年3月期は売上高1,600億円，営業利益46億円の赤字，2020年3月期は売上高2,400億円，営業利益20億円の黒字，2021年3月期は売上高3,400億円，営業利益70億円，すなわちわずか2年間に売上高の倍増と営業利益の恒常黒字化を目指す。また3年後の新規株式公開（IPO）を目指すことも表明した。

　2019年1月17日，新生のダイナブック社はシャープ傘下入りしてから初めて

の新商品を発表した。新商品の「ダイナブックG」シリーズはシャープの高級液晶のIGZOパネルを採用し，省電力性能を高めた。最軽量モデルは739グラム，従来モデルより２割程度軽くなる。振動と衝撃にも強く，耐久性が良い。まず日本国内の個人と法人向けに販売し，月産1.5～2.0万台を目指し，今後はシャープや鴻海の販路も活用しながら，海外売上高比率を現状の22%から2020年度の42%まで押し上げると目指す。

TCSは元々中国浙江省杭州市にパソコン生産工場を持っていたが，山東省煙台市にあるシャープ子会社の「煙台夏普電子」でダイナブックブランドのノートパソコンを2019年度中に生産開始すると2018年11月30日に発表された。実際に，シャープ親会社の鴻海は煙台市に液晶テレビ，一部の白物家電，ゲーム機などを生産する大規模な工場を持っているので，シャープの煙台工場でパソコンを生産する場合，部品調達コストや物流コストなどの面で，鴻海工場とのシナジー効果が期待できると思われる。また2019年５月に台湾の桃園市に子会社の「桃園ダイナブック」を設立すると2019年４月２日に発表された。台湾現地で鴻海と連携しながら，部材調達や人材活用などの面でのメリットを獲得する狙いである。

そして，2019年５月10日に開かれたシャープの年度決算発表会では，ダイナブック単体事業は2018年下半期に黒字化を実際に達成したと公表され，シャープ傘下に入ったダイナブックは回復軌道に順調に乗ったと思われる。

⑿ 保冷材

2018年11月上旬，シャープは日本酒などの飲料を低温保存するための保冷材を発売した。保冷材を収める容器はボトル型で，瓶や缶などを上から入れる。冷凍庫で凍らせた保冷材を容器の内側に付けると，入れられた飲料を氷以上のマイナス６度まで冷やすことができ，その保冷効果は２時間ほど持つ。想定価格は税別5,500円，2018年度中に５千本，2019年度に２万本の販売目標を掲げている。

この保冷材は2017年度に設立されたシャープ社内の起業組織「テキオンラボ」による最初の市販製品となる。寒い地域でも液晶を凍らせないノウハウを保冷材に生かし，飲料を特定温度に保てるようにした。

第3章　主要製品分野の変化　**143**

⒀　コンビニプリントサービス

　シャープは白黒コピーが主流だった1980年代からコンビニ向けの複合機設置に取り組み，今ではファミリーマートやローソンなどの複数のコンビニチェーンと提携して複合機を設置している。コンビニ店舗でのマーケットシェアは約6割（約3万台）で業界首位を握っている。

　ペーパーレス化が進む中，インターネット上にあるエンターテインメント・コンテンツの魅力を生かすために，2018年11月21日，シャープが複合機を納入している全国のコンビニ約3万店舗を対象に，LINEのアプリを通じてスマートフォンやタブレット端末にある（自分，家族，アイドル，ペット，景色などを含めた）様々な写真をコンビニの複合機で印刷するという新たなサービスを開始した。例えば芸能人の写真は肖像権込みで1枚300円（A4サイズ），著作権のない写真は1枚30円（L判サイズ）と手ごろの価格設定で，消費者は自分好みの写真を選んで印刷することができる。

　2019年3月初めから，それまでの画像印刷に加え，新たにPDF文書の印刷もLINEのアプリを使って注文できるようになった。外出中のビジネス文書の印刷というニーズに対応することで，利用のすそ野を広げる。PDF印刷のA4サイズ1枚当たりの料金は白黒20円，フルカラー60円と設定された。

⒁　半導体生産工場の建設

　鴻海とシャープと中国広東省珠海市政府との共同事業として，直径300ミリのシリコンウェハーを使う最新鋭の半導体生産工場を珠海市に新規建設し，（投資総額は1兆円規模になるが，）補助金や税金減免などで事業費の大半を珠海市政府などが実質負担する方向で協議されていると2018年12月下旬に報道された。

　「中国製造2025」という産業発展綱領の中，中国政府は半導体の自給率を現在の10％台から2025年まで70％に高める目標を掲げている。米中摩擦が激化する中，このように半導体の国産化レベルを高めようとする中国政府から巨額な補助金と強力な税制支援などを引き出すことは十分可能であるが，米国政府の反感と圧力が強まれば半導体を生産する装置を海外企業から購入することも困

難になるし，鴻海とシャープの米国事業を危険にさらすこともありうる。したがって，この投資計画は白紙撤回の可能性もあるが，順調に進めば鴻海とシャープにとって新たな事業分野への進出となり，大きく成長する可能性もある。

⑮　その他

　以上で説明したように，鴻海入り後のシャープは液晶パネル，テレビ，スマートフォン，アイデア家電，太陽光発電，AIoTといった既存の事業分野で継続的に努力しているとともに，それまでに注力してこなかった新しい事業分野にも積極的に挑戦している。本節で紹介している諸事例のほか，カンタツの子会社化によるカメラレンズ事業への進出と（第2章3節8項），マイクロLED技術への参入（第2章4節7項），超短焦点プロジェクターの開発（第2章4節10項），といった取り組みもすべて新規事業への進出となる。これらの新規事業はいずれにしても現時点で頼りになる収益源まで成長できていないが，大きく成長する可能性は否定できない。

〈第3章の注〉

1）　『日本経済新聞』2017年10月4日朝刊記事。
2）　『日経産業新聞』2016年12月22日記事。
3）　2014年3月の上場時の公募価格は900円，2017年6月時点に200円前後，2018年12月13日に上場来最安値の50円を付けた。
4）　『日本経済新聞』2017年6月7日夕刊記事。
5）　『日本経済新聞』2016年11月2日朝刊記事。
6）　『日経産業新聞』2017年7月26日記事。
7）　『日本経済新聞』2016年12月15日朝刊記事。
8）　『日本経済新聞』2017年1月13日朝刊記事。
9）　『日本経済新聞』2018年11月9日朝刊記事。
10）　『日経産業新聞』2017年3月2日，12月21日記事。
11）　『日経産業新聞』2016年5月13日記事。
12）　DIAMOND　online2018年5月14日記事：
　　　https://web.smartnews.com/articles/2GRc9MF4Kp7?from=singlemessage&isappinstalled=0
13）　『日本経済新聞』2016年10月27日朝刊記事。
14）　『日本経済新聞』2016年11月9日朝刊記事。
15）　『日経産業新聞』2017年8月8日記事。
16）　『日経産業新聞』2018年8月17日記事。

第3章　主要製品分野の変化　*145*

17)　『日経MJ（流通新聞）』2016年7月18日記事。

18)　『日経産業新聞』2017年11月6日記事。

19)　『日経MJ（流通新聞）』2018年6月27日記事。

20)　『日経産業新聞』2018年7月30日記事。ただし，最近の調査結果によると，2018年度の台数ベースでソニーは首位シャープの半分程度にすぎないが，金額ベースでは16年ぶりに首位を奪還した。つまり，シャープテレビの強さは高額機種ではなく，中間価格帯の機種にとどまっていると言える。『日経産業新聞』2019年6月11日記事。

21)　『日経産業新聞』2018年10月22日記事。

22)　『日経MJ（流通新聞）』2018年7月25日記事。

23)　2019年4月26日に発表されたソニーの2019年3月期決算では，スマートフォン事業の販売台数（約650万台）は前年（約1,350万台）から約半減し，赤字額（971億円）は前年（276億円）の3倍以上に膨らみ，世界シェアは1％未満と判った。ソニー本社は他事業との統合と人員削減に取り掛かり，スマートフォン事業の存続を図る方針を公表しているが，事業規模の縮小は避けられない。スマートフォンが5Gの時代に移行するなか，アップル，サムスン，ファーウェイなどは大きく先行しており，今後の世界市場においても，日本国内市場においても，ソニーやシャープはもはや先行する外国勢と争う力を持っていないと悲観的に思われる。

24)　『日経産業新聞』2019年2月11日記事。

25)　『日経産業新聞』2018年9月20日記事。

26)　『日本経済新聞』2018年10月6日朝刊記事。

27)　2019年夏に発売予定のAQUOS R3は世界初となるAIによる動画の自動編集機能を搭載し，またIGZO液晶パネルを採用して高画質を実現した。

28)　『日経産業新聞』2018年3月20日，5月9日記事。

29)　『日経産業新聞』2019年2月11日記事。

30)　『日経産業新聞』2018年8月9日記事。

31)　『日経産業新聞』2016年8月22日記事。

32)　『日経MJ（流通新聞）』2016年8月8日記事。

33)　『日経産業新聞』2017年8月10日記事。

34)　『日本経済新聞』2018年7月10日朝刊記事。

35)　『日経産業新聞』2016年8月22日記事。

36)　『日経産業新聞』2016年6月30日記事。

37)　『日本経済新聞』2016年5月26日朝刊記事。

38)　例えば京セラは2017年に伊勢工場での太陽光電池の生産を中止し，三菱電機は太陽光パネルの中核部材であるセルの生産を2018年3月で停止した。パナソニックは2018年に滋賀工場を閉鎖し，いったんマレーシア工場に移管したが，2019年5月にそのマレーシア工場を中国企業に売却すると発表した。『日本経済新聞』2019年5月12日朝刊記事。

39)　『日経産業新聞』2016年10月21日記事。

40)　『日経産業新聞』2018年7月23日記事。

41)　『日経産業新聞』2018年9月20日と2019年7月30日記事。

42)　『日本経済新聞』2018年6月6日夕刊記事。

43)　『日本経済新聞』2018年6月21日朝刊記事。

経営再建の成功

　まず第1章で説明したように，紆余曲折を経て，ようやく2016年8月12日に鴻海はシャープへの出資金（総額3,888億円）を振り込み，シャープ議決権の約66％を取得した。鴻海副総裁である戴正呉は翌13日にシャープの新社長に就任し，シャープの経営再建がスタートした。次の第2章で説明したように，それ以降のシャープは鴻海グループ企業の一員として，トップ経営陣の刷新，鴻海流意思決定スタイルの導入，資本関係の整理，傘下事業の再編，鴻海との共同事業の開始，従業員報酬制度の改革，といった様々な改革策を断行し，シャープの経営再建に向けて企業組織体制の基盤を固めることに務めた。そして，第3章で説明したように，液晶パネル，テレビ，スマートフォン，アイデア家電，太陽光発電，AIoT関連，および様々な新規事業分野において，シャープは次々と新商品を投入し，その多くが消費者の好評を得て，売上高と営業利益の面でシャープの経営再建に確実に貢献した。本章では，シャープの経営指標ならび取引関係者・格付け機構・投資家・株主・消費者の評価を中心に，シャープの経営再建が成功しているかどうかを検証してみる。

1　経営指標の改善

　まず本節では，最近数年の年度決算データ（表4－1参照）を中心に，鴻海

表4-1　シャープ年度決算値の推移（億円）

年度	売上高	営業利益	最終損益
2010	30,219	788	194
2011	24,558	−376	−3,760
2012	24,785	−1,462	−5,453
2013	29,271	1,085	115
2014	27,862	-480	−2,223
2015	24,615	−1,619	−2,559
2016	20,506	624	−248
2017	24,272	901	702
2018	24,000	841	742
2019	26,500	1,000	800

出所：筆者作成。

注：2019年度数値は2019年5月時点の予想値。

傘下入りの前後にシャープの経営業績がどのように変化しているかを検討して
みる。

(1)　鴻海傘下入り前の危機的状況（2010～2015年度）

　2013年度（2013年4月～2014年3月）の連結売上高は29,271億円（前年同期
比18.1％増），連結営業損益は1,085億円の黒字（前年同期は1.462億円の赤字），
連結最終損益（純利益）はかろうじて3年ぶりの黒字となる115億円（前年同
期は5.453億円の赤字）を計上した。

　2014年度の売上高は27,862億円，営業損益は480億円の赤字，最終経常損益
（純利益）は2,223億円の赤字となった。この巨額の赤字を計上したため，資本
金は1,218億円から5億円に減り，99.6％の自己資本が毀損して，自己資本比率
は8.9％から一気に1.5％へ下落した。

　2015年度の売上高は24,615億円，営業損益は1,619億円の赤字，最終損益は
2,559億円の赤字である。2期連続の赤字で，もはや身の動きが取れなくなった。

　とりわけ最も重要な経営指標となる最終損益を見ると，2010～2015年度の6年
間に，2010年度に194億円と2013年度に115億円という小幅な黒字を計上したが，
ほかの4年分はすべて数千億円の赤字を出し，その合計は13,995億円という巨額

となり，シャープは危機的な状況下に置かれていたのは明白である（表4－1）。

(2)　鴻海傘下入り後の業績回復（2016年度以降）

　売上高，営業利益，最終損益という3つの主要経営指標を年度別に並べると，鴻海傘下入り前後にシャープの経営業績が大きく改善したことは一目瞭然となるが（表4－1），ここで鴻海傘下入り後のシャープの業績推移状況を少し細かく説明してみる。

　2017年4月28日に発表した2016年度の連結決算では，シャープ全社の売上高は20,506億円，営業損益は624億円の黒字，最終損益は248億円の赤字になった。

　各種の損益性指標は前年度の大幅赤字から大きく改善したものの，売上高の16.7％減（2002年3月期以来の最低値）が最大の課題となっていた。これは，主要事業7部門の売上高がすべて前期実績を下回ったため，全社売上高の3期連続減少をもたらしたほか，2016年4～9月の上半期で液晶パネルや太陽光発電の事業に関する減損損失を346億円計上したことの悪影響も大きかった。しかし，戴社長就任後の2016年10月～2017年3月という下半期に限って見ると，主力7事業すべての部門営業損益が黒字化を達成し，全社の営業利益と連結経常損益を赤字から黒字に転換させることができたのである。

　国内ライバルのJDIの経営業績が低迷している中，シャープの経営業績は急激に回復しているのは明白である。業績好転の要因として，「有言実行」を掲げる戴社長のもとで進められた工場統廃合，組織再編，拠点統合，部品や原材料の調達ルートの再編，「不平等な調達契約」の見直し，事務経費の削減といった経営合理化対策が功を奏していると考えられる。

　2017年5月26日，シャープは2019年までの3か年中期経営計画を発表した。

　事業環境は改善傾向にあるので，長期の経営不振で続いた縮小均衡から攻めの成長に軸足を移して，8KテレビやIoT関連事業を成長の柱に据えた。まず2018年を「反転攻勢の年」と位置づけ，2018年3月期の売上高を前期比22％増の25,100億円，最終損益を600億円程度の黒字（4年ぶり）と目標を定めた。さらに，中期計画が終了する2020年3月期の連結売上高を32,500億円，営業利益を1,500億円，最終損益を1,000億円と過去最高に迫る水準に設定した[1]。

　その後の2017年度各四半期の経営業績（表4－2）を見ると，最初の3つの

表4－2　シャープ四半期決算値の推移（億円）

決算期	売上高	営業利益	最終損益
2017.04-06	5,064.2	171.1	144.8
2017.07-09	6,087.4	234.5	202.6
2017.10-12	7,142.8	297.7	206.5
2018.01-03	5,978.3	198.0	148.4
2018.04-06	5,338.6	248.0	192.0
2018.07-09	5,951.8	222.0	217.3
2018.10-12	6,425.0	212.5	221.5
2019.01-03	6,285.4	158.9	111.5

出所：筆者作成。

四半期に売上高も営業損益も最終損益も順調に伸びており，その要因はタブレット端末に使う中型パネルと大型テレビの販売が中国や欧州などの市場で大きく伸び，主力の液晶パネル事業は全社の改善を大きく牽引したところにある。

　しかし，第4四半期は，一転して売上高も営業損益も最終損益も大幅に減少し，経営業績は伸び悩み始めた。

　ところが，2018年4月26日に正式に発表した2017年度の連結決算では，売上高は24,272億円（前年比18.4％増），営業損益は901億円（44.3％増），最終損益は702億円（前年度は248億円の赤字）で4年ぶりの最終黒字を実現した。そして，2018年度の通期業績予想として，売上高が前年比19.1％増の28,900億円，営業利益が同22.1％増の1,110億円，最終損益が同13.9％増の800億円と見込んだ。

　2018年に入ると（表4－2），まず第1四半期の売上高は前年同期比5％増の5,338億円にとどまったが，営業損益は前年同期比45.0％増の248億円の黒字，純利益は前年同期比33％増の192億円の黒字と大きく改善した。中国でのテレビ販売は減速しはじめたが，東南アジアや欧州などでの事業拡大が全社業績を押し上げたとされる。次の第2四半期には，中国市場でのテレビ販売減速や台風による関西国際空港の閉鎖などの大きなマイナス要素の影響もあったため，売上高は前年同期比2.2％減の5,952億円，営業利益は同比5.3％減の222億円となったが，純利益は7.3％増の217億円となり，まずまずの結果となった。第3四半期の売上高は前年同期比10.1％減の6,425億円，営業利益は同比28.6％減の212.5億円，純利益は7.3％増の221.5億円となった。本業収入の減り幅は2桁

台に拡大し，経営低迷の傾向が鮮明になっている。最後の第4四半期では，売上高は前年同期比5.1％増の6,285億円，営業利益は同比19.7％減の158.9億円，純利益は24.9％減の111.5億円である。収益の大幅減少は続いているが，売上高が増加に転じたため，なんとか10四半期連続となる最終黒字を確保することができた。

　2019年5月9日，シャープ代表取締役兼副社長執行役員の野村勝明は2018年度（2019年3月期）の連結決算を正式に発表した。売上高は前年比1.1％減の24,000億円，営業利益は前年比6.6％減の841億円，純利益は前年比5.7％増の742億円となった。これらの実績数字はすべて前年決算期の予想値（売上高28,900億円，営業利益1,110億円，最終損益800億円）を下回っている。さらには，（2017年5月に発表した）中期計画の最終年度に当たる2020年3月期の各種指標も（売上高は32,500億円から26,500億円へ，営業利益は1,500億円から1,000億円へ，最終損益は1,000億円から800億円へ）余儀なく下方修正されてしまった。

　しかし，米中摩擦やiPhoneの販売低迷や中国市場でのテレビ販売抑制などの不利な要因が重なっている状況下にもかかわらず，前年度を上回る最終利益を確保できたことは大きな成果と言えよう。とりわけ10四半期連続となる最終黒字を確保し，最終損益も（2017〜2019年の）3年連続の黒字増加になるという意味では，「増収減益」の親会社の鴻海（第5章3節の表5-2参照）とは対照的に，シャープは「減収増益」を実現し，戴社長が掲げた「量から質へ」の転換方針に成果が表れているとも受け止められる。また，今後の方向性として，8K+5Gのエコシステムと AIoT事業と（テレビや白物家電やスマートフォンなどに使われる「アクオス」とパソコンに使われる「ダイナブック」といった複数のブランドを統合した）One SHARPのグローバル・ブランドの構築などをさらに強化するとシャープは表明した。

　売上高，営業利益，最終損益という3つの主要経営指標の年度別推移状況を棒グラフの図形に表すと（図4-1-A〜C），鴻海傘下入りの2016年以降にシャープの経営業績は着実に上昇傾向にあり，倒産直前の瀕死状態から脱出して，利益を稼げるまで成長したと言えよう。

図4−1−A 売上高(億円)

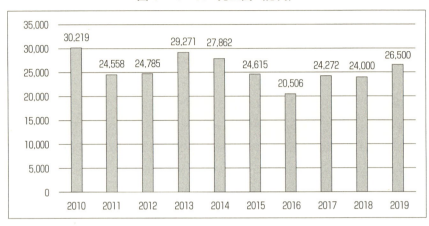

図4−1−B 営業利益(億円)

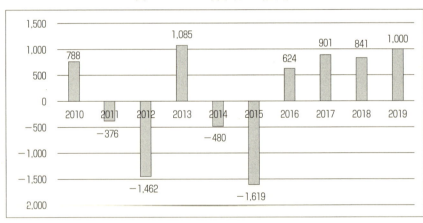

図4−1−C　最終損益（億円）

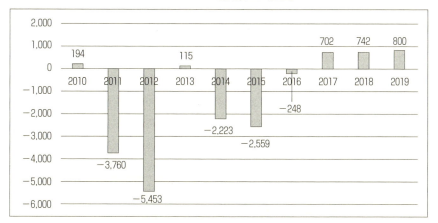

2　東証1部復帰

　2016年5月に発表されたシャープの年度決算報告書では，2016年3月末の自己資本はマイナス430億円で，債務超過の状態に陥った。東京証券取引所の規則に従い，2016年8月1日付けでシャープの株取引は東証1部から東証2部に降格された。

　2016年10月29日，自身の母校である大同大学（台北市）の記念式典に出席した際，取材記者に対して，戴社長は「2018年に東証1部への復帰を目指す」と語り，「東証1部に戻るために安定した利益と成長が必要だ」とし，1部復帰への条件となる「収益基盤の安定性」の確保に注力する方針を示した。「200億円のコスト削減が必要と考えているが，すでに100億円は達成した」とも述べた[2]。また翌11月にはシャープ社員向けに出した社長メッセージの中，「V字回復を果たし，遅くとも2018年度に東証1部への復帰を目指す」と宣言した[3]。

　2017年2月27日，シャープと鴻海が共同設立した3つの合弁会社（医療・健康関連，物流関連，知的財産管理関連）の新規株式公開（IPO）を早期に行い，数年後に株式上場を目指すという方針をシャープが表明した。さらに翌28日，1年前倒して2017年度中の東証1部復帰を目指すとシャープが表明した。

2017年6月30日，経営業績が急回復したシャープは東京証券取引所に対して，市場第2部から第1部への変更を申請した。通常数か月かかる東証の審査のなかでは，経営収益性や負債状況などは当然審査される。とりわけシャープ株の66％が鴻海1社によって保有されている当時の状況では，シャープ経営の独立性が審査の焦点になる可能性が大きいとされた。この点，市場流通株が発行済み株式数の35％以上を占めるというのは，東証1部復帰を実現する前提条件となる。そのため，2017年11月13日，鴻海はシャープの発行済み株式1.1％を売却し，鴻海の持ち株比率を66％弱から64.8に引き下げた[4]。

経営業績の回復（前節2項参照），自己資本の充足（次節1項参照），流通株比率の上昇などの変化に鑑み，シャープの東証第2部から第1部への市場変更の申請は12月7日付けで承認すると2017年11月30日に決定された。過去10年に2部降格となった企業はシャープと東芝を含めて計16銘柄であるが，そのうち2部から1部に復帰できたのは，（2007年に2部降格，みずほフィナンシャルグループと伊藤忠商事の支援を受けて2011年に1部復帰した）オリエントコーポレーションの1例しかない。その他の銘柄は立ち直れず，パシフィックホールディングス，大和システム，NISグループなどは経営破綻し，ネットマークスは日本ユニシス，島田理化工業は三菱電機の完全子会社となり，日本インターは京セラに吸収合併された。要するに，2部降格された銘柄が1部に復帰するのは非常に困難であり，債務超過による2部転落（2016年8月1日）から1部復帰（2017年12月7日）までわずか1年4か月というシャープの短期間は極めて異例のケースといえる。

3 信頼回復

(1) 自己資本の充足

2016年3月末時点のシャープの自己資本はマイナス430億円で，債務超過の状態に陥ったが，2016年8月の鴻海出資後に債務超過の状態が解消され，自己資本比率は2017年3月期に16.6％，2018年3月期に19.8％，2019年3月期に

18.8％と安定している。財務健全の目安とされる30％には届いていないものの，取引関係者から見ればひとまず安心という状態に入った。主要取引銀行が保有する優先株の残り（1,150億円分）を2019年6月まで自己資金で買い戻して消却させた後（第2章2節4項参照），自己資本比率はさらに低下するが，シャープは利益の積み上げで補う方針を表明しているので，経営の安全性に大きなマイナス影響は及ばないと見られる。

(2) 格付けの引き上げ

経営業績が悪化している数年間にシャープの格付けは何度も引き下げられていたが，鴻海傘下入りが決まった2016年4月以降，まず銀行系ファンドのJISが保有する250億円分のシャープ優先株をすべて買い戻すことが検討された。

その場合，優先配当金などの上乗せを含めて約300億円の費用がかかると見込まれる。JIS保有の優先株を買い戻すための資金を捻出するために，大阪市にある本社を堺市に移転すること，海外の生産・営業の拠点を鴻海に集約すること，日本国内のシャープ従業員を3千人規模削減すること，といったリストラ策が検討されていると報道された。シャープの鴻海傘下入りと新しいリストラ策を市場関係者が高く評価し，2016年5月17日にまず格付け会社のS&Pはシャープの長期格付けを「CCC」から「CCC+」に1段階引き上げた。

シャープに対する格付け各社の評価はその後も上昇し続け，とくに戴社長が就任した2016年8月以降，日本評価機構（R&I）は「CCC+」から「BB+」へ4段階，日本研究信用評価センター（JCR）は「B+」から「BB」へ2段階，S&Pグローバルは「CCC+」から「BB-」へ4段階，といったように，複数の格付け会社はそろってシャープの投資リスクの格付けを数段階も引き上げた。

(3) 株価の回復

株価は企業価値と投資家の信頼度を測る最も重要な指標なので，ここでシャープ株価の推移状況について説明する[5]。シャープが深刻な経営危機に陥ったため，一般個人も法人も含めて投資家のシャープ株離れが急激に進み，シャープの株価は大幅に下がっていた。例えば2015年9月30日の株価終値は137円，2016年1月14日終値は109円，上場以来の最安値を次々と更新した。

2016年4月2日に鴻海出資が正式に決まった時に，シャープ株の買取価格は2016年3月30日の時価（終値135円）を基準にして88円と低めに設定された。

その後の終値を見ると，2016年6月27日は95円へ下がり，鴻海の出資が正式に決まった2016年8月9日と翌10日は同じ89円まで低迷していた。

鴻海傘下入り後の業績好調を反映した形で，シャープの株価は着実に回復していた。2016年12月6日の株価は一時216円を付け，終値は208円で，2015年5月以来はじめて200円台に乗せた。その後もシャープの株価が上昇し続け，12月30日の終値は270円を付けた。2017年1月5日以降は300円台に，3月14日以降は400円台に安定し，3月31日の終値は470円であった。2017年4月4日に付けた終値498円は近年の最高値で，その後は下がり始めたが，4月14日の終値361円まで下がってからまた反転し始め，それ以降は400円を挟んで上下していた。

戴正呉が社長就任後1年となる2017年8月10日の終値は382円であった。2016年8月9日の終値89円と比べてシャープの株価は4倍以上に上がったため，シャープの株主は大いに満足できたはずである。もちろん，シャープ株を88円の最安値で買い取った鴻海は一番大きな投資利益を得ていた。

ところが，シャープの株価は2017年6月以降に下降気味となり，7月26日の401円を最後にして300円台に落ち，9月5日に302円の安値を付けた。2017年10月1日からシャープの取引単位株数（単元株）が従来の1,000株から100株に変更された。つまり，従来の10株を新1株とし，株の単価は従来の10倍に上昇したが，実質価値に変化はなかった。しかし，2018年4～9月期の連結業績の下方修正が発表された直後の2018年10月25日に，シャープ株の終値は前日比9％安の（新表記の）1,671円（旧表記の167円に相当）まで急落し，約1年11月ぶりの安値を付けた。

そこで，同年10月31日に約852億円による92,000株の取得枠を設定して自社株買いを決定し，株主の信頼回復に努めようとした。すると市場関係者の信頼を少しずつ取り戻したため，シャープ株価は2017年12月29日に3,870円，2018年1月9日に4,005円，1月11日に4,190円まで回復した。しかし，この高値水準も長くは続かず，2月以降にまたもや下落傾向に転じた。しかも，2018年の1年間はほぼずっと下落し続け，12月25日に年内最安値の1,004円を付け，年

内最終取引日の12月28日に1,102円で終了した。

　結局，東京証券取引所第1部に上場している（時価総額3,000億円を超える）大企業のうち，2018年度中に下落幅が大きいという不名誉なランキングでシャープは第1位となった（下落幅7割超）。シャープ株価が低迷する原因について考えると，中国でのテレビ販売の減速，9月の大型台風による関西国際空港の閉鎖，米中貿易摩擦で親会社の鴻海の収益悪化の懸念，iPhoneの販売不振といった悪影響が大きかった。

　2019年1月30日，シャープは2019年3月期の売上高が従来予想より1,900億円低い2兆5千億円（前年比3％増）程度になると発表した。営業利益予想も50億円減らして1,070億円（同18.7％増）に下方修正した。業績低迷という状況下で，シャープの株価がさらに下がる可能性もあるが，市場関係者にも株主にも大きな動揺がなく，投機的な高値から妥当な水準に戻ったとの見方が一般的であった。事実として，業績下方修正発表直後の1月31日にシャープ株価の終値（1,153円）は前日（1,181円）より少し下がったが，翌2月1日に1,272円に回復した。2月25日の高値（1,371円）を経て，年度末の3月29日に1,218円で終了し，新年度の4月中はずっと1,200円後半で安定していた。米中貿易摩擦の悪影響が強まる5月以降にシャープの株価は下がり続け，6月3日に年内最安値の958円を付けたが，シャープの年次株主総会の6月25日には1,150円程度まで回復した。

⑷　株主安心感の回復

　2017年6月20日，鴻海傘下入りしてから初めてのシャープの株主総会が堺市の本社で開かれた。株価は鴻海出資時の2016年8月9日の89円から2017年6月20日現在の420円へと約5倍近くに上昇したこと（2017年4月4日に付けた終値498円は近年の最高値），また2012年3月期を最後にずっと中断してきた株式配当を2018年度から6年ぶりに復活したこと（1株100円）を背景に，出席者数は798人で前年（1,029人）より2割減，質問者数は6人で前年の1/3にとどまった。和やかな雰囲気の中で人事などの7議案はすべて承認され，前年の3時間23分を大きく下回る1時間7分で無事に終了した。

　1年後の2018年6月20日，シャープの株主総会が同じく堺市にある本社で開

かれた。今後の方針として，戴社長は8KとAIoTを中心とする商品ラインの強化，モノづくりからサービスとプラットフォームの提供への転換などを強調した。株主総会に出席した株主人数は約前年半分程度の372人，所要時間は１時間１分と短いものであった。出席した株主の多くはおおむねシャープの経営業績回復を評価し，戴正呉の社長続投にも歓迎していた。

2019年６月25日，シャープの年次株主総会が開かれ，業績の伸び悩みや株価の低迷などの経営課題も認めながら，当期純利益の２年連続の黒字，銀行優先株の買い戻し，米国でのテレビ販売商標権の取り戻しといった成果を報告された。392人の株主が出席する中，株価や配当金への不満を訴える意見もあったが，すべての議案が認められ，１時間ほどで終了した。この株主総会をもって，シャープの経営再建は事実上完了したと考えられる。

⑸　消費者信頼の回復

戴社長をはじめとするシャープ全社員の再建努力と次々に出される新商品が消費者の好評につながり，2017年の日本企業ブランド力のランキングでは，シャープは前年の81位から71位に上昇した。

地域社会・地域住民との一体感を強める活動の一環として，2018年１月25日，シャープはプロサッカークラブのセレッソ大阪とスポンサー契約を結んだ。契約期間は2018年12月末までの１年間，セレッソの本拠地となるヤンマースタジアム長居などで8Kテレビのプロモーションなどを展開した。シャープにとって，日本国内のプロスポーツクラブとスポンサー契約を締結するのは初めてであった。このスポンサー契約は2019年１月にさらに１年間延長され，スタジアムで電気製品のプロモーションをするだけでなく，選手のユニフォームの左袖に「SHARP」のロゴを入れるという新しい内容が追加された。また，若者の心をつかむために，2018年後半から複数のｅスポーツ競技大会に協賛し，自社の有機ELパネルを搭載したスマートフォン「アクオスゼロ」でプレイする楽しさをアピールする狙いもある。

シャープ商品のユーザーに感謝する取り組みの一環として，2018年６月18日に起きた大阪北部を震源とする地震（震度６弱）で被害を被った企業と個人を支援するために，今回の地震でシャープ社の家電製品が破損した顧客に対して

は，同等クラスのシャープ製品を買い替える場合に限定して，税別金額の半額相当を後日に払い戻しする，という顧客サービスをシャープが開始した。交換の対象を液晶テレビ，冷蔵庫，洗濯機，電子レンジ，エアコンの5品目，対象地域を大阪市や高槻市などの12市1町，受付期間を7月1日まで，破損商品の写真と買い替え商品購入時のレシートを付ける，といった補助条件を設定していた。制約条件が多く，対象範囲も若干狭かったが，一応，地元消費者の好評を得たようである。

4　まとめ

　第2章2節で説明したように，鴻海出資が決まった2016年4月直後にクアルコムもサムスンもJISもシャープ株を全量売却し，主要取引銀行保有のシャープ優先株も2019年6月まで全量を買い戻された。鴻海を除く法人大株主との資本関係が解消され，シャープの経営自立性は著しく向上した。さらに本章の説明から判るように，2016年8月の鴻海傘下入り後のシャープは，わずか1年余りという短期間のうちに，最終損益の黒字化，東証1部への復帰，取引関係者・格付け機構・投資家・株主・消費者の信頼回復といった大きな成果を上げた。2010〜2019という過去10年の数値を見てみると，売上高は伸び悩んでいるものの，営業利益と最終損益の黒字化が実現されている。とりわけ鴻海傘下入りの直近数年間にさまざまな新商品が次々と発売され，傘下全事業が黒字化を実現している。これらの事実に鑑み，シャープの経営再建は立派に成功したと言えよう。

　2019年6月現在には，シャープの経営業績や株価は低迷傾向にあり，また様々な経営課題（第6章参照）も抱え込んでいる。しかし，仮にシャープの今後の経営業績が再び悪化しても，今までの努力と成果を否定することはできない。話の繰り返しとなるが，鴻海入り後のシャープ経営者と従業員が一丸になって最大限に頑張ったため，方向性が失われ，組織が麻痺し，瀕死状態に陥ったシャープを見事に甦らせ，「Ｖ字回復」という言葉のごとく，シャープの経営再建を短い期間中に成功させたと改めて強調したい。

〈第4章の注〉

1） シャープの過去最高水準として，売上高は2008年3月期の34,177億円，営業利益は2007年3月期の1,865億円，最終損益は2008年3月期の1,019億円である。
2） 『日本経済新聞』2016年10月30日朝刊記事。
3） 『日本経済新聞』2016年12月5日夕刊記事。
4） 株価表示単位が変化したため，単純比較はできないが，シャープ株取得価格（88円）の約4倍の価格で売却したため，巨額の売却益が鴻海に入ったことになる。またその後の2018年1月30日に鴻海は保有するシャープのC種種類株を全株売却し，約2,524億円の売却益が発生した。2016年8月の買収時に鴻海出資総額3,888億円のうちの1,000億円分がこのC種種類株に割り当てられた。このC種種類株は普通株と違って議決権がないため，その売却の前後に鴻海の持ち株比率（64.8％）に変化はない。ちなみに，種類株の売却先は鴻海グループの役員や従業員などで構成する持ち株会社で，シャープ株を使ったストックオプション（株式購入権）などの実施に使われると見られる。
5） 『日本経済新聞』スマートチャート：https://www.nikkei.com/markets/chart/#!/6753

再建成功の要因：
鴻海とのシナジー効果を中心に

　1980年代から世界市場を席捲していた日本の家電産業は，2010年以降に明らかに衰退し始め，ソニー，パナソニック，東芝，日立，三菱電機，富士通，NEC，シャープ，三洋電機などの家電総合大手はそろってかつての活力を失った。東芝の白物家電が中国の美的集団（メディア）へ，東芝のテレビが中国の海信集団（ハイセンス）へ，東芝のパソコンが鴻海傘下のシャープへ，NECと富士通のパソコンが中国の聯想集団（レノボ）へ，ソニーのパソコンが投資ファンドへ，富士通の携帯電話が投資ファンドへというように，一部事業を切り離して売却するケースが多く，また三洋電機がパナソニックを経て中国の海爾集団（ハイアール）へ，シャープが台湾の鴻海（ホンハイ）へ，（シャープのライバル）JDIが台中連合へ，というように，企業全体が身売りになるケースも見られる。しかし，シャープのように見事に経営再建に成功した事例は初めてである。そのため，経営学の見地から，シャープ再建が成功した要因を探り，その経験をまとめ上げることは極めて有意義であろう。

　シャープ再建の成功要因を論じようとするときに，ポーターの競争戦略論，プラハラードのコア・コンピタンス論，バーニーの資源ベース戦略論といったように，経営戦略論のさまざまな分析枠組みを用いて，シャープ社内の経営陣と従業員による自助努力に焦点を当てるという思考方法も当然必要かつ可能であり，その自助努力の重要性を無視ないし否定するつもりは毛頭ない。しかし，シャープの経営再建は鴻海傘下入り後に本格的に開始したものである。その再

建のプロセスにおいて，鴻海派遣の戴正呉社長ら経営陣も，さまざまな商品開発における鴻海との共同事業も，中国市場における鴻海の販売支援も，すべてそれなりに貢献していると考えられる。したがって，いろいろな角度から再建成功の要因を探るのは必要かつ可能であることを認めながら，筆者はあえてシャープと鴻海との協力関係という1点のみに注目し，両社の協力関係から生まれたシナジー効果がシャープ再建の重要な要因の1つになっていると強調したい。

1 シナジー効果に関する理論説明

シナジー効果について，さまざまな定義や分類方法が存在しているものの，シナジー効果の重要性を初めて提起したのはおそらくアンゾフ（1965）である[1]。そのため，本節はもっぱらアンゾフの解説に基づいてシナジー効果を理論的に説明する。

(1) アンゾフの企業成長戦略

アンゾフ（H. I. Ansoff, 1918～2002）は現代の戦略経営や企業戦略の大枠を作り，その後の経営戦略論に大きな影響を与えた人物である。彼は経営戦略，戦略計画，戦略経営といった領域で先駆的な研究を継続的に行ない，壮大な理論的体系を作り上げているが，「製品・市場成長マトリックス」という企業成長戦略の枠組が最も一般的に受け入れられている。その内容として，企業の成長という目標を実現するために，企業製品と顧客市場の異なる組み合わせによってPPM（Product Portfolio Matrix）にまとめられた4つの基本的戦略が存在すると概略的に説明することができる（表5-1）。

表5-1 アンゾフの企業成長戦略PPM

	現製品	新製品
現市場	市場浸透	製品開発
新市場	市場開発	多角化

出所：Ansoff（1965），p.99. 広田訳（1969），137頁。

① **市場浸透戦略（market penetration strategy）**：これは，現在の市場セグメント，すなわち今までと変わらぬ顧客層に対して，（モデル・チェンジされたシリーズ新製品を含む）既存の製品（例えばパソコンや携帯電話）をさらに売り込み，既存顧客の購入頻度と購入量の増大を通じて，売上高とマーケットシェアの拡大をはかる方法である。この場合，販売価格の引き下げ，生産コストの削減，広告・宣伝の強化，顧客関係の構築などの方策が効果的で，企業の資金力が勝負の決め手になる。

② **市場開発戦略（market development strategy）**：これは，既存の製品をもって新しい市場セグメント，例えば所得，年齢，地域，価値観，行動特徴などが異なるタイプの顧客層を開拓し，成長の機会を見出す方法である。（自動車を）国内から海外へ，（コンピュータを）法人向けから家庭向けへ，（携帯電話を）高級品から大衆品へ，新しいブランド・ネームの導入（TOYOTAにLEXUSを追加），といった新しい市場セグメントの開拓はすべてこれに当たる。この場合，営業販売や顧客関係強化対策をはじめとする商業的な能力が勝負の決め手になる。

③ **製品開発戦略（product development strategy）**：これは，現在の市場セグメント（顧客層）に対して，既存の製品と大きく異なるような，新機能や新デザインを付けた新しい製品を投入し，売上の増大をはかる方法である。新製品の開発に当たり，商品カテゴリーの幅の広さ（洗剤に化粧品を追加）と商品アイテムの奥行きの長さ（個体洗剤に液体洗剤を追加）という製品ラインの両方向から事業の拡大を目指すことはできるが，いずれの場合においても，商品の企画と開発をはじめとする技術的な能力が勝負の決め手になる。

④ **多角化戦略（diversification strategy）**：これは，新しい顧客市場において新しい製品を投入し，今までと完全に異なる新天地で成長の機会を求めていく方法である。損害保険事業への家電メーカーの進出，テーマパーク事業への鉄鋼メーカーの進出，中国外食産業への日本の仏壇メーカーの進出などはどれも多角化戦略に当たる。多角化戦略を実施する手法として，技術協力，業務提携，単独事業，合弁事業，フランチャイジング，OEMなども用いられるが，とりわけ企業の合併と買収（M&A）が最も重要視される。また，いずれの手法であれ，上述3つの戦略にそれぞれ必要不可欠とされる資金力，

商業力，技術力などを含めた総合的な能力が必要とされる。

　企業を成長させるための戦略は4通りあるが，その優劣を比較することはできない。あらゆる環境状況にも対応できる唯一最善の方法は存在しないことを基本思想とするコンティンジェンシー理論の視点に立って考えると，成長戦略の選択にあたり，製品と市場の組み合わせによって生まれた4つの成長戦略は，どれも条件づきに有効であるし，またどれの有効性も条件づきである。

　ただし，4つのうち，多角化戦略は製品と顧客市場の両面から新しい事業にチャレンジするので，企業内部に既存のコア能力から大きく逸脱することになりやすい。そのため，資金力，商業力，技術力などを含めた総合的な能力が客観的に求められる。失敗するリスクも高いが，成功すれば大きな成長が見込めるという意味で，多角化戦略はハイリスク・ハイリターンの成長戦略である。

(2)　多角化戦略がもたらすシナジー効果

　アンゾフが提示した4つの成長戦略のうち，ほかの3つと比べて，多角化戦略が市場と製品の両方向で熟知している既存領域から大きく離脱し，それを成功に実施するのは最も難しいにもかかわらず，企業の成長を実現させる最も重要な戦略だと一般的に認識されている。企業をこの危険な賭けに駆り立てた理由はいろいろな角度から解釈されているが[2]，アンゾフ本人は多角化の理由をシナジー効果に求めている。

　アンゾフの定義によると，シナジー効果（synergy effect）とは，「企業の資源から，その部分的なものの総計よりも大きな一種の結合利益を生み出すことのできる効果（This effect which can produce a combined return on the firm's resources greater than the sum of its parts）」である[3]。シナジー効果を「2＋2＝5」と表現することは多いが，相乗効果とも呼ばれるので，「2＋4＝2×4＝8」と表現したほうがより分かりやすい。

　多角化戦略の実施に従い，新規進出分野と既存の事業分野との間に何らかのシナジー効果が生まれるとされており，アンゾフ自身はそれらを次の4種類に分類している[4]。

① **販売シナジー（sales synergy）**：共通流通経路，共通販売組織，共通広告，共通商標，共通倉庫などによって生まれるメリット

② **操業シナジー（operation synergy）**：施設と人員の高度な活用，間接費の分散，共通の学習曲線，一括大量仕入れなどによって生まれるメリット

③ **投資シナジー（investment synergy）**：プラントの共同使用，原材料の共同在庫，機械設備の共同使用，研究開発成果の他製品への移転，共通の技術基盤，共通の材料調達，共通の投資機会などによって生まれるメリット

④ **マネジメント・シナジー（management synergy）**：業務現場を管理する手法，事業運営のノウハウ，経営陣の能力と経験などの移転可能性によって生まれるメリット

要するに，事業の多角化を進めることによって，いろいろなシナジー効果が生まれ，企業内部に蓄積されている資産，技術，人材，知識と経験といったあらゆる経営資源を最大限に利用し，経営資源の余剰（slack）を最小限に抑えることが可能となる。厳密に言うと，シャープと鴻海との協力事業のすべてが全部「新製品＆新市場」という多角化の範疇に属するというわけではないが，企業の合併と買収（M&A）によって協力事業が初めて実施可能になったという視点から言えば，鴻海とシャープ両社間の技術協力，業務提携，合弁事業，OEMなどの取り組みは多角化として捉えることができ，その理由もシナジー効果の獲得で解釈することができる。

2　シャープと鴻海の協力事例リスト

両社協業のシナジー効果を論じるときに，本来，両社相互の立場から寄与効果の実態を検証することが重要である。実際に，鴻海はシャープを傘下に収めてから新しい方向へ大きく変わろうとしている。米国，中国，インドなどで展開される巨額の投資プロジェクトのいずれも，鴻海が従来から得意とした単純な委託加工型の工場ではない。超高精細な8K技術をテレビや医療機器に生かしたり，次世代の通信規格とされる5Gや勢いよく進化しているAIoT家電やAIoT電気自動車といった最先端技術に絡む製品分野に参入したりして，鴻海は従来の強みだった人海戦術から抜け出し，高付加価値製品の分野に積極的に攻め込んでいる。鴻海の新変化はシャープとの協力関係を事実前提としており，

シャープの技術力やブランド力などは鴻海の成長野望を支える必要不可欠の原動力になっている。つまり，シャープから鴻海へのシナジー効果が大きく期待されており，その内容の検証も極めて有意義である。しかし，鴻海の秘密主義は非常に有名で，またシャープから鴻海への技術流出を危惧する関係者も少なくない。そのため，シャープから鴻海への寄与効果を検証することは極めて困難である。幸い，シャープ再建の軌跡を明示して再建の要因を探るためには，鴻海からシャープへの寄与効果という片方だけを検証しても目的の達成が可能である。

　また，シナジー効果をプラス効果とマイナス効果の2種類に分けるというより広い意味での解釈もあるが，本章ではアンゾフの解釈に従い，シナジー効果をプラス効果のみに限定して説明を進めていく。両社協業がもたらすマイナス効果については，「今後の課題」として次の第6章で改めて説明する。

　2016年4月に鴻海によるシャープ買収が正式に決定されてから，2社にまたがる多数の協力事業が行われている。第2章4節で一部の事例を集中的に紹介しているが，それがすべてではない。本書のあちらこちらに散らかっている両社の協力事例を網羅して時系列に整理すると，次のような長いリストとなる。

①　2016年4月21日，アジア市場向けの新型テレビを鴻海と共同開発して年内に発売するとシャープが発表した。これは資本提携後の最初の試みとなり，それ以降に白物家電やスマートフォンの共同開発も進められた。

②　2016年8月27日にシャープの新しい経営陣が就任した。鴻海出身の戴正呉と高山俊明，シャープ出身の野村勝明と長谷川祥典と沖津雅浩といった両社の精鋭が一緒になって新生シャープの経営に当たった。

③　2016年9月以降，取引業者の選別を開始した。元々外部他社に製造委託している小物家電（オーブントースターなど）を鴻海工場に切り替え，生産コストの削減をはかった。

④　2016年9月，鴻海傘下のフォックスコン日本技研（大阪市）を解散し，20人程度の技術研究者を鴻海とシャープが共同出資するSDP（堺工場）に吸収して，有機ELの研究開発を続けている。

⑤　2016年10月3日，シャープの知的財産の管理を目的とする新会社となるサイエンビジップ・ジャパンを大阪市に設立した。新会社資本金500万円のう

第5章　再建成功の要因：鴻海とのシナジー効果を中心に　*167*

ち，シャープが51％，鴻海子会社のサイエンビジップ・コンサルティングが20％，新会社役員が29％をそれぞれ出す。鴻海グループの知的財産管理のノウハウを生かして，シャープの知的財産や関連人材の有効活用を図った。

⑥　2016年10月3日，シャープは社内の物流部門を切り離し，100％子会社のシャープ・ジャスダ・ロジスティクス（SJL）を設立した。その後の11月29日，このSJL社を鴻海傘下の100％子会社となる物流会社の「準時達国際公司（JUSDAインタナショナル）」の子会社にすると発表した。シャープと鴻海の物流部門が一本化になることによって，情報管理や人員配置や配送効率などの大幅な改善と物流コストの低減が期待された。

⑦　2016年10月，鴻海とイギリスのアーム・ホールディングスは共同事業となる半導体チップの開発・設計センターを中国深圳市に設立し，シャープの現地子会社もその業務に参加した。

⑧　シャープが2016年12月8日に発売した業界最軽量のコードレスサイクロン掃除機は，炭素繊維の加工に強みのある鴻海工場で生産された商品であった。また2017年9月13日に発売したその後継機種のキャニスター型の世界最軽量掃除機にも，鴻海生産の軽くて強度の高いドライカーボンをパイプに採用していた。

⑨　2016年12月30日，SDPが中国広州市で世界最大級の液晶パネル工場を新規建設すると調印された。その後の2017年7月26日に鴻海が米国ウィスコンシンで液晶パネルを生産する大型工場を新規建設することも決定された。つまり，堺工場，広州工場，ウィスコンシン工場という3つの世界最大の液晶パネル工場において，鴻海とシャープが資金と技術の両面で協力することになった。

⑩　2017年1月3日，中国事業を統括する現地子会社の夏普科技を設立した。シャープの完全子会社であるが，鴻海の深圳（龍華）工場内に設けることで，両社の連携をより密接にすることになった。

⑪　2017年1月20日，中国や東南アジア向け家電製品の研究開発センターを夏普科技の中に開設した。鴻海の研究開発拠点に隣接しているため，互いのノウハウや設備を活用することで両者の相乗効果が期待された。

⑫　2017年2月にシャープと鴻海の両社が共同開発した，少人数会議に適した

40型サイズの液晶タッチディスプレイ型電子黒板を発売した。タッチセンサーに鴻海の技術を活用し，ディスプレイのコントローラーはシャープの技術を使い，鴻海の中国工場で生産することになった。

⑬　2017年春以降，シャープブランドのスマートフォンの製造を海外の協力工場から中国にある鴻海工場に切り替え始め，製品の一部を日本国内で順次発売することになった。

⑭　2017年前半に最新のスティックタイプ掃除機と水なし自動調理電気鍋を中国市場で発売した。その後も鴻海と協力して製品種類を増やし，中国市場での存在感を高めていくことになった。

⑮　2017年度中に栃木工場の液晶テレビ生産の一部を亀山工場に移し，その大半を鴻海の海外工場に移すと2017年3月15日に報道された。

⑯　2017年度からシャープブランドの複写機事業は開発，生産，物流，販売のすべての面において鴻海との連携体制を強化することになった。

⑰　鴻海とシャープの共同出資で医療・健康分野での合弁企業を設立した。シャープが開発した超音波洗浄装置やたんぱく質分析装置などの医療器具を鴻海グループが関係している台湾・中国の医療機関に販売することになった。

⑱　2017年5月18日，シャープは鴻海の出資に追随して，今後5年間に最大10億ドルを世界最大規模の投資ファンド「ソフトバンク・ビジョン・ファンド（SVF）」に出資すると発表した。

⑲　2017年5月22日，シャープは鴻海のグループ企業2社と総額30億円を共同出資し，「マイクロLEDディスプレイ」の技術を開発したアメリカのベンチャー企業イー・ラックスを2017年10月めどに買収すると発表した。

⑳　2017年5月下旬，シャープと鴻海傘下企業と共同開発したタッチパネル型のPOS端末が発売された。

㉑　2017年5月31日，シャープと芙蓉総合リースとの共同出資会社「クリスタル・クリア・エナジー」が宮城県七ケ宿町でメガソーラーの建設に着手した。パネルを固定する金属製の支柱となる「架台」は鴻海製品を採用することになった。鴻海が開発した架台は部品点数40％と少ないため，工期をほぼ半減でき，施工コストも大きく下げられる。

㉒　2017年6月下旬以降に発売された，レーザ光源を採用した超短焦点プロ

ジェクターは鴻海と共同開発した新製品であった。

㉓ シャープ携帯電話の2017年（1〜12月）の日本国内出荷台数では3年ぶりにソニーを抜き，アップルに次ぐ第2位に浮上した。シャープ好調の原因の1つは鴻海工場との協業関係である。iPhoneシリーズをはじめとする大手各社のスマートフォンを受託生産している鴻海は商品開発，部品調達，品質管理，納期管理といったほぼすべての面において最も優れたパートナーであり，コストや品質などの面でシャープブランドのスマートフォンの競争力を高めた。

㉔ 2018年2月2日，鴻海は人工知能（AI）の研究開発センター「AI応用実験室」を台湾に設立すると発表した。ビッグデータやロボットなどの研究成果はシャープのAIoT事業にも大きく寄与できるので，シャープの戴社長も記者会見に同席して鴻海のAI戦略に連携することを表明した。

㉕ 2018年2月25日，シャープと鴻海グループ子会社との共同出資で，車載カメラ事業の合弁会社を設立し，車載カメラや電子ミラーの開発，製造，販売までをグループ一体で担うと報道された。鴻海は51％，シャープは49％を出資し，またシャープは車載カメラの開発と設計，鴻海は量産技術と販路を担うことになった。

㉖ シャープブランドのテレビを鴻海傘下の販売チャネルで売りさばき，中国市場での占有率を前年比3倍増の7％に押し上げた。

㉗ 2018年6月5日，シャープは東芝のパソコン事業の株式80.1％を40億円で買収し，一度撤退したパソコン事業に再参入すると発表した。鴻海は世界の主要パソコンメーカーから受託生産しており，良質のパソコンを安価で大量に製造するノウハウを十分に保有している。また性能の良い部材を大量に，優先的に，安価に仕入れることも可能である。さらにシャープの日本国内工場でノートパソコンの品質を大きく左右する液晶パネルやセンサーなどの重要部材を優先的調達することができる。両社の相乗効果を活かせば，パソコン事業を短期間に再建することは可能である。

㉘ 2018年6月20日に鴻海グループが米国テレビ販売大手のビジオの10％超の株を取得した。シャープがビジオの販売網を利用すれば，北米テレビ市場での再出発が可能となる。

㉙　2018年8月3日，シャープは栃木工場での液晶テレビの生産を2018年内に打ち切り，生産体制を中国の鴻海工場に移すと発表した。

㉚　2018年8月8日，シャープは中国山東省煙台市に電子部品などの生産と販売を手掛ける合弁会社「煙台夏普電子」を8月中に新設すると発表した。シャープは52億円を出資して合弁会社の株式の7割を握り，残りの3割は現地の投資会社が出資するというものである。鴻海の煙台工場にシャープ製の電子部品を委託製造したり，供給したりして，鴻海との連携を強化していくことになった。

㉛　2018年12月，鴻海とシャープが中国広東省珠海市で投資総額1兆円にのぼる半導体生産工場を新規建設すると報道された。この投資計画の前景は不透明であるが，順調に進めば，鴻海とシャープにとって新たな事業分野への進出となる。

3　シャープ再建におけるシナジー効果の重要性

　いうまでもなく，シャープ再生の背後には，シャープ経営者と社員一同の並々ならぬ奮闘が一番大きな要因になるはずである。本書でも説明したように，戴正呉新社長の献身的奮闘（第2章1節2項），傘下事業の再編（第2章3節）に伴う各種困難の克服，従業員モティベーション（第2章5節）の維持と向上に求められる従業員一人一人の犠牲と貢献，液晶パネル・テレビ・スマートフォン・アイデア家電・太陽光発電・AIoTならびに様々な新規事業分野における新商品（第3章）の開発過程における技術者や従業員らの能力発揮，といったシャープの自助努力は絶対に欠かせず，シャープ再建の要因を経営陣・中間管理層・技術者・一般従業員を含めた全員の自助努力に帰結することは十分に可能である。

　ところが，本章で説明してきたように，シャープが再建するプロセスにおいて，シャープと鴻海との協力体制によって生まれたシナジー効果も非常に大きな役割を果たし，シャープの再建を成功させた重要な要因の1つになっている。

　つまり，シナジー効果に関するアンゾフの理論的説明に基づいて考えると，

前節でリストアップしたそれらの協力事例はいずれもある程度のシナジー効果を生み出し，シャープの経営再建にポジティブに貢献した。さらに，前節で挙げられたそれらの具体的な協力ケースだけでなく，

① 部品調達コスト，量産体制コスト，品質安定性などの面で世界最高水準となる鴻海工場との協業関係の樹立

② 「大きい会社が小さい会社に勝つのではなく，速い会社が遅い会社に勝つ」というスピード経営意識を表す意思決定体制の構築

③ 組織の再編，管理運営事務，原材料と部材の調達などにおける徹底的なコスト削減意識の浸透

④ 信賞必罰と実績主義を方向とする従業員報酬制度の導入

⑤ 「最先端技術の製品」から「売れる適正技術の製品」への商品開発思想の切り換え

といった目に見えないような組織体制面での取り組みや鴻海流経営スタイルの吸収なども両社提携後のシナジー効果として現れ，シャープ製品の市場競争力を高め，シャープの業績改善に大きく貢献しているはずである。したがって，シャープの経営再建において，シャープの自助努力による寄与効果も非常に大きいだろうが，鴻海との協力体制の構築によって生まれたシナジー効果はそれに劣らずに重要であると筆者は見ている。両社協力によるシナジー効果の大きさを数値化すること自体は不可能であるが，大ざっぱに表現すると，（5＋5＝10）＜（5＋5÷15）＜（5×5＝25），すなわち足し算と掛け算の間というイメージで把握してよかろう。

実際に，鴻海がシャープを買収した当初から，この資本提携がもたらすシナジー効果に対して，様々な異なる見方があった。例えばシャープのブランド力が低下するとか，鴻海がシャープの高度技術を中国企業に横流しするとか，シャープの従業員が大きなリストラに遭わされるとか，シャープの各種事業が切り離されてばら売りされるとか，といった不安の声もあった。しかし，鴻海とシャープを数年間も研究してきた筆者は，コスト削減を追求する結果として，シャープに部材を納入する日本国内業者が締め出されたり，シャープの国内工場が閉鎖されたりするような事態も起きるだろうと認識しながらも，むしろ鴻海工場で委託生産されたシャープブランド製品のコスト競争力が急激に高まっ

て日本国内外市場を席巻すること，取引先各社から得た鴻海の技術力を生かして今までになかったシャープブランドの新製品（ゲーム機，スマートウォッチ，パソコン，電気自動車など）が次々と生まれること，アップル・ソフトバンク・アリババ・鴻海という米日中台強豪大連合に組み入れられたシャープが日本家電産業のトップに立つこと，等のシャープの新生と躍進に大きな期待を寄せていた。

　本書で検証したように，2016年4月〜2019年3月までの3年間に，（取引業者の選別，国内工場の縮小と閉鎖，東芝パソコン部門の買収といった）期待・心配していた変化は部分的に観察されているものの，画期的なレベルには至ってはいない。またシャープの経営業績が短期間のうちにV字回復して会社再建に成功したものの，「液晶の次も液晶」や8Kの「一人旅」やAIoT商品の売上低迷といった大きな経営課題も多数存在する。ただし，様々な小さな変化が日々に起きているので，積み重ねた結果として，相当大きなシナジー効果はすでに確認できている。

　他方では，米中貿易摩擦が激しさを増している中，アップル（鴻海売上高の約5割とされる）やファーウェイ（同1割とされる）などの製品を組立生産する中国工場に大きく依存する鴻海はかつてない苦境に立たされ，鴻海の株価は2018年内に3割以上も下がり，2019年に入ってからは米中摩擦の激化に伴ってさらに下がっている。2019年3月29日に発表された鴻海の2018年12月期の年度連結決算では，売上高（5兆2,938億台湾ドル）も営業利益（1,361億台湾ドル）も増えているものの，純利益（1,290億台湾ドル）は減っている。近年の業績推移状況を見ると，売上高は増えつつも，営業利益と純利益は伸び悩み，売上高利益率はずっと低迷しており，「増収減益」という構図が明白である（表5－2）。シャープを買収した2016年と直近2018年の数値を比べると，営業利益は28.5％減，純利益は15.2％減となっており，シャープを支える力は弱まる傾向にあると思われる。

　さらには，2019年4月17日に郭台銘会長は2020年1月の台湾総統選挙戦に立候補することを表明したため，今後は会社経営の第1線から身を引くこと，また政敵やマスコミからの監視の目が厳しくなることが予想される。2019年6月21日に開かれた鴻海の株主総会では，シャープの取締役を退任したばかりの劉

揚偉が鴻海の取締役会会長に選出され，郭台銘が取締役に残り，戴正呉が鴻海の取締役に復帰することとなった。鴻海とシャープとの関係について，「これまでも私に任されていた」，「新執行体制も同僚や後輩ばかり，鴻海とシャープの関係は変わらない」と戴社長は語ったが，劉会長は「鴻海はシャープを黒字転換させるため多大な支援をしてきた」，今後の「シャープは自ら責任を負わなければならない」との認識を示しており，両氏の発言内容に温度差が感じ取れる[5]。いずれにしても，今後の郭台銘ないし鴻海はシャープの経営意思決定に介入することはかなり少なくなり，シャープの独立自主性が高まると思われる。

　鴻海側に起きたこれらの変化はおそらく，鴻海とシャープとのシナジー効果を弱めることにつながる。したがって，シャープは親会社の鴻海に頼らず，自力での成長を目指していかなければならない。それにしても，米中貿易摩擦が長期化する危険性が小さく，遠くない将来に状況が好転して，鴻海とシャープとのシナジー効果が継続的に生み出されるだろうと筆者は期待を込めて楽観的に捉えたい。

表5-2　鴻海各年度（1～12月）業績の推移状況（億台湾ドル，%）

	2011	2012	2013	2014	2015	2016	2017	2018
営業利益	828	1,085	1,093	1,305	1,642	1,749	1,125*	1,361
売上高	34,526	39,054	39,523	42,131	44,821	43,587	47,074	52,938
売上高営業利益率	2.40	2.78	2.76	3.10	3.66	4.01	2.39*	2.57
純利益	—	—	—	—	—	1,486	1,387	1,290

注：2017年の営業利益ないし売上高営業利益率は推計値である。
出所：筆者作成

〈第5章の注〉

1 ）　Ansoff, H. I.（1965）, *Corporate Strategy: An Analytic Approach to Business Policy for Growth and Expansion*, New York, NY: McGraw Hill, Inc. 広田寿亮訳（1969）『企業戦略論』産業能率大学出版部。

2 ）　例えば範囲の経済性，プロダクト・ライフ・サイクルへの適応，リスクの分散，独占禁止法への対応といった見解もあり，詳しくは喬晋建（2014）を参照。喬晋建（2014）「アンゾフの企業成長戦略：多角化戦略を中心に」，（熊本学園大学）『商学論集』第18巻第2号。

3) Ansoff（1965），p.75. 広田訳（1969），99頁。
4) Ansoff（1965），pp.75-76. 広田訳（1969），100頁。
5) 『日本経済新聞』2019年6月22日記事と『日経産業新聞』2019年6月24日記事。

今後の課題：経営戦略論による分析

　2017年8月10日に開かれた社長就任1年後の記者会見では，自身への評価について，戴正呉社長は，「構造改革の進んだ国内は合格だが，海外はまだ満足いく状態ではない」と述べた。さらに，有機ELへの大型投資を見送って「液晶の次も液晶」で貫くこと，8K対応の液晶テレビを「3年後に3千億円以上に売り上げる」こと，海外市場での攻勢を強めてシャープ全社の海外売上高比率を直近の6割強から8割に引き上げること，経営危機に陥ったJDIの経営再建に積極的に関与すること，「人員削減をせず社員の満足度は上がっている」こと，技術流出はないこと，といった社長見解を披露した[1]。
　確かに，本書で説明したように，シャープの経営再建は短期間のうちに達成され，戴社長をはじめとするシャープ全員の努力を高く評価すべきである。しかし，シャープ再建のプロセスを追跡している筆者としては，シャープの今後の課題について，戴社長の公開見解と異なる認識を抱いており，本章でいくつかの重要課題について検討する。

1　鴻海・シャープの相互信頼関係を構築できるか

　鴻海のシャープ買収という一件を振り返って見ると，最初から互いに相思相愛の相手ではなく，片思いを抱いた鴻海は抵抗し続けたシャープを無理やりに

懐中に収めたと見るべきである[2]。そのため，買収後の不信感の解消と信頼関係の構築は急務であった。当然，両社のトップはこの点を十分に認識し，率先して取り掛かっていかなければならなかったのである。

(1) 買収前の相互不信

資本提携の場合，当事者双方が互いの立場と利益を十分に理解・尊重しなければならない。そのため，喰う側か喰われる側か，先輩か後輩か，大か小かという世俗的なプライドと見栄を捨て，自社の利益にかなうかどうかという経済的合理性に基づいて冷静に判断すべきである。残念なことに，この点で鴻海とシャープの双方はともに不必要なミスを犯してしまった。

シャープは創業百年以上の名門企業である。創業者の早川徳次の強力なリーダーシップのもとで，「他社にマネされる商品を作れ」をモットーに，シャープペンシル，電卓，テレビ，電子レンジなどの画期的商品を生み出した。大きく成長して「家電王国日本」の一翼を担うまでになっていたが，「二流企業」のレッテルが貼られ，ソニー，パナソニック，東芝，日立などと比べて存在感が小さかった。しかし，バブル経済崩壊後に同業他社の低迷ぶりとは対照的に，シャープはビデオカメラや液晶テレビなどの人気商品を連発し，大型パネルの生産工場を次々と日本国内に建設した。「産業空洞化の阻止」とか「ものづくりの国内回帰」などとマスコミに大きく賛美され，キヤノンと並んで日本の家電業界の「勝ち組」と見なされていた[3]。他方の鴻海は，台湾の小さな町工場として，1988年に中国大陸進出してから，わずか20数年間に，数々の世界規模の危機に乗り越え，世界中の一流企業から製品生産の大口オーダーを勝ち取り，売上高や製品種類や従業員規模などの面で世界最大のEMS企業に成長した。

その後シャープは液晶事業への過剰投資などで経営危機に陥り，日本家電産業の「勝ち組」から「落ちこぼれ」になったが，「老舗の名門」としてのプライドは依然高く，台湾系の鴻海を「成金の下請工場」と見下していた。また，剛腕経営者の郭台銘会長を「黒船乗っ取り屋」と見なし，シャープ経営体制の自主性が損なわれることを恐れていた。他方では，「シャープの経営には必ず介入する。もし経営介入が必要ないなら，シャープは銀行団とのみ話をすればよい」，「もし出資だけでよいなら私は必要ない。私はベンチャー・キャピタル

ではない」という郭台銘会長の発言はシャープ経営陣の恐怖感を一層刺激することになった[4]。

鴻海（郭台銘会長）の野心と経営手法に対するシャープ側の警戒感と反発心が非常に強かったため，シャープは鴻海の株式出資を頑なに拒みながら，クアルコム，サムスン，マキタ，LIXIL，デンソー，みずほ銀行，三菱東京UFJ銀行，企業再生ファンド（JIS）などの出資を自らの意志で招き入れた。しかも，クアルコム（取得価格172円），サムスン（同290円），第三者割当増資のマキタ・LIXIL・デンソー（同348円），株式公募の一般投資家（同279円）は全て契約合意時点または払い込み時点の株価を下回る価格で株式を取得しており，含み損を被っていなかったのに対して，鴻海だけが契約時の株価（495円）を11％上回る取得価格（550円）を要求され，大きな含み損を強いられていた。「契約通りにやれ，ジャンケンの後出しは認められん」というシャープ側の主張は正論かもしれないが，差別的な扱いに不満を抱く鴻海側の心情も理解できるはずである。

そして，2016年2月25日に買収交渉が一旦合意された後，翌日にシャープは総額約3,500億円の財務リスクの関連情報（退職金，他社契約の違約金，政府補助金の返還などを含む「偶発債務」リスト）を追加提出した。これに対して，郭台銘会長は怒りを爆発し，出資契約の審査期間を延長させたうえ，最終的に株式買収総額を当初予定額の4,890億円から約1,000億円減らして3,888億円とした。

この1件はシャープと鴻海の相互不信をさらに深めた。

結果的に，鴻海は略奪婚の形でシャープを買収することに成功したが，「火事場泥棒」の悪名を背負ってしまい，シャープ社内のみならず，日本の産業界や政府や一般市民からも不信・不安の目が向けられ，この状況を早急に解消しなければならなかったのである。

(2) 信頼構築の努力

2016年4月2日に開かれた共同記者会見の席で，高橋興三社長は「鴻海のスピードとパワーはすさまじい」と持ち上げ，「鴻海との戦略的提携で，世界トップクラスの高品質かつ洗練された商品を世界展開できるようにする」と述

べた。

　一方の戴正呉鴻海副総裁は「シャープを再び電子産業のリーダーとし，世界的企業の栄光を取り戻す」と述べたうえ，シャープの人心掌握術として，シャープ本社ビルの買戻しとシャープ創業者の早川徳次の記念館の新規建設に取り掛かると発表した。そして，郭台銘会長は，「シャープにはテレビや空気清浄機など国内トップシェアの製品がある。鴻海の能力を十分に活用しコスト削減，品質向上，開発の迅速化に取り組んでいく」，「控えめの目標として4年程度に黒字化を実現し，」……（シャープが）「再び先端的なブランドになれるよう支援する」とシャープ支援の決意を述べた。なお，シャープへの配慮から，「鴻海もシャープも独立したグループだ」，「これは買収ではなく出資投資案件だ」，「100年の歴史の積み重ねを学ぶ」，「イノベーションのDNAがあるからシャープが大好きだ」などとシャープを持ち上げ，「融和買収」の演出に腐心した[5]。

　2017年1月22日，春節（旧正月）前の鴻海の忘年会は台北市の国際展示場を貸し切って開催され，集まった従業員および家族約3万人の前，シャープ創業者早川徳次の孫らが特別招待客として紹介され，創業者一族に対する敬意を表することでシャープ従業員ないし日本社会の好感を得ようと狙った。

　鴻海側の郭台銘と戴正呉の好意的な言動に対しても，日本国内のマスコミの一部は強い不信感を示し，執拗に鴻海叩きの攻勢を展開したが，一方のシャープ社内では外資系の鴻海による買収を歓迎・期待するムードが高まり，シャープ再生のチャンスを郭台銘の強力なリーダーシップと鴻海の豊富な資金に託したいと好意的に受け止めた従業員もかなり多いようであった[6]。

(3)　郭台銘次第

　鴻海がシャープへの出資に動き出してから，日本産業界の関係者は鴻海の経営手腕に大きく注目してきた。買収交渉プロセスの前半に技術流出などを心配する意見は多かったが，後半には日本企業と異質な鴻海流経営スタイルに期待する意見は増えた。かつての1990年代にフランスルノー社から派遣されたカルロス・ゴーン社長は，系列部品会社との関係の見直し，労働組合からの過大要求の拒否，グローバルな視点からの部品調達と工場立地，人員削減，商品デザ

インの刷新といった改革策を強力に推進し，破綻寸前の日産を甦らせ，カリスマ経営者として祭り上げられた。したがって，鴻海の郭台銘をルノーのカルロス・ゴーンと同じように見なし，鴻海という異質な仲間の怪力でも借りれば，長年苦しんでいたシャープを再生させることはできるだろうと期待された。

　確かに，シャープ買収が実現されるまで，鴻海を格下と見下すシャープ側の過ちが多く，交渉中の誠意と本気度が疑われる場面は多かった。しかし，買収成立後には立場が逆転し，買収合意の条件と内容をきちんと実施していくかどうかによって，鴻海側の誠意と本気度が試されることになった。一歩踏み込んで言うと，鴻海とシャープの両社がウィン・ウィンになるか共倒れになるかは実質的に郭台銘一人に大きく左右される。郭台銘会長はワンマン経営者として知られており，会社経営権に対する執着心が大変強い。十数年前から引退を口にしながら後継者不在の状態がずっと続き，2018年6月の株主総会の席では，郭台銘本人が今後5年間引退しないと明言していた[7]。

　後継者のこの一件から判るように，自分の能力を過信して他人に任せられないのは郭台銘の大きな弱点である。無論，創業経営者として，一代で世界最大のEMS企業を築き上げた郭台銘は稀にみる優秀な経営者である。しかし，どんな天才であっても，どこかで大きな過ちを犯すのは免れない。郭台銘は電子業界のチンギス・ハンと呼ばれるが，本当にチンギス・ハンのように連戦連勝で巨大の帝国を開拓するのか，それともナポレオンのようにモスクワ遠征のような致命的大敗北を喫して悲劇の英雄になるのか，シャープ買収の成否がその分水嶺になるかもしれない。

　シャープ買収以来の2年余りの間，郭台銘はできるだけシャープの経営に直接に介入せず，後方支援の黒子に徹していた。郭台銘側近の戴正呉がシャープ再生の表舞台に立ち，シャープ再生劇の主役を演じていた。この形の郭・戴の役割分担体制はうまく機能し，またシャープの自助努力とシナジー効果がシャープの業績好転に表れている状況下で，シャープ社内の従業員も日本の産業界や日本のマスコミも格段の不満不平がなく，鴻海に対する信頼感が徐々に築き上げられていった。また鴻海（郭台銘）側からも大きな不満がなく，安心してシャープの自主経営に任せることができた。しかし，シャープの経営業績が2018年後半からまた低迷し始めていたので，オーナー経営者の郭台銘が我慢

できなくなって表舞台に飛び出し，シャープの指揮権を直接に行使する可能性
も否定できない。その際に両社の相互信頼関係にどんな変化が起きるかを簡単
に予測できないが，関係がぎくしゃくすれば両社がともに大きなダメージを受
けることになりかねない。要するに，鴻海とシャープの相互信頼関係の行方は
郭台銘の見識と力量と性格に大きく依存しており，すなわち郭台銘次第である。

　ちなみに，2019年 4 月17日，郭台銘は突如に2020年 1 月の台湾総統選挙に立
候補することを表明した。2019年 7 月15日に最大野党（国民党）の予備選挙で
敗北し，総統になる道は事実上断たれたが，米中貿易摩擦が激しくなる中，親
中派と見なされる郭台銘は鴻海の経営から離れて，統一か独立かが最大課題と
なる台湾政治の世界に身を投じたため，郭台銘の個人意志は鴻海とシャープの
企業間関係の次元をはるかに超え，台湾の未来と米中摩擦の行方に大きな影響
を与えることになる。

2　鴻海流文化をどの程度取り入れるべきか

　鴻海は秘密主義で有名なので，氾濫している様々な鴻海関連の情報の真偽を
判断することは難しく，鴻海流経営の内容を説明するのは容易ではない。しか
し，鴻海を長年研究してきた経験と成果に基づき[8]，筆者は鴻海の企業文化
と郭台銘の経営スタイルという 2 点に絞って鴻海流経営の特徴を説明してみる。

(1)　鴻海の企業文化

　山西省晋城市を故郷とする郭台銘は，自分が山西の人間であることを強く意
識し[9]，17世紀半ば以降のほぼ200年間も中国の金融業と貿易業を牛耳ってい
た晋商（すなわち山西籍商人）の経営スタイルをよく体現している。昔の晋商
文化に対する研究は様々な視角から展開されているが，筆者の見方として，以
下数点が今日の鴻海の企業文化の基礎をなしている[10]。

①　取引相手の信頼を勝ち取る

　晋商文化の特徴を挙げると，まず対外的には，（山西省生まれの英雄である
関羽のように）誠実と信義を重んじて，取引相手の厚い信頼を地道に取り付け

ることである。そのため，委託加工を主業とする電子企業は数多く存在しているなか，鴻海だけがデル，アップル，HP，任天堂，ソニーなどの世界一流企業から長期にわたって製品製造のオーダーを獲得しつづけている。顧客との信頼関係の構築を最重視して取引相手のどんな要求と期待にも懸命に応えようとする，という晋商の経営スタイルを鴻海が貫いてきたというのは鴻海社が大きく成功した最大の理由だと筆者が考えている。

② 政治権力者との人脈形成を重視する

晋商文化のもう１つの対外的特徴は時の政権と政治家と緊密な関係を築くことであり，郭台銘会長本人はまさにその一人である。中国大陸では，習近平国家主席が言い出した「中国夢」を情熱的に語り，愛国心を標榜して中央と地方のトップ役人と良好な関係を保っている。また郭台銘は習近平主席や習主席の跡継ぎと目される広東省トップの胡春華や貴州省トップの陳敏爾（2017年７月に重慶市トップに栄転）から厚く信頼されているという説もある。習近平政権が掲げる産業政策の「中国製造2025（中国が2025年に製造強国になる目標）」に呼応した形で，総額１兆円規模のパネル工場を広州に建設し，2018年６月上旬に中国の上海証券取引所に鴻海系の中核子会社FIIを新規上場させた。

アメリカでは「米国第一」を掲げるトランプ政権の誕生後に，大統領就任式典やホワイトハウスなどに何回も招待され，巨大なウィスコンシン工場群を建設することでトランプ大統領を大いに喜ばせ，トランプ大統領に最も近い台湾人（または中国人）と言われる。2018年６月28日のウィスコンシン新工場の着工式にもトランプ大統領が主賓として演説し，郭台銘を「良き友人」「すごい男だ」と上機嫌で持ち上げ[11]，郭台銘への信頼関係が良好であることを示した。

中国大陸に接近すると同時に，台湾では中国大陸への警戒感と台湾への郷土愛と責任感を声高に強調し，長年以来に国民党政治家と緊密な関係を維持しており，国民党の大統領候補者として浮上したことは何回もある。郭台銘本人は政界への転身を度重ねて否定してきたが，2019年４月17日に68歳の郭台銘は2020年１月の台湾総統選に立候補し，対中国融和路線を取る野党国民党の公認指名を目指すと突如に表明した。直後の５月１日にホワイトハウスを訪れ，政界入りの支持をトランプ大統領本人から直接に取り付けたと報道された。国民党内に複数の有力者が名乗りを上げているものの，カリスマ経営者として高い

知名度を誇り，中国の習近平国家主席や米国のトランプ大統領とも良好な関係を持つ郭台銘がすぐに指名争いの軸になったのである[12]。

いうまでもなく，人脈とコネが重要視される華人世界のなか，郭台銘本人が自国や世界各国の大物政治家と親密な人間関係を持っていることは非常に重要な意味を有しており，事業展開時に税制優遇や補助金や各種利便性を引き出すことができるので，鴻海の事業成長を力強く押し進めた重要な要因の１つとなっている。

③ 質素倹約を美徳とする

一方，対内的特徴として，まず質素倹約を美徳とする晋商文化（中国では，山西人は一番のケチと言われる）を受け継ぎ，会社経営の中で経済的合理性すなわち節約を徹底的に重視する。郭台銘本人は，山西人の特徴を「外を飾らず，内に蓄える」と表現し，原材料や部材の調達，工場生産，事務運営といったすべての面において，コスト削減と経費節約に気を使っている。郭台銘本人は「コストカッター」の異名で呼ばれるので，鴻海傘下に入ってから，シャープに部品を供給しているサプライヤー企業がより厳しい納入原価を強いられたり，シャープ社員の独特な商品を自由に開発するための創造性や遊び心が大幅に制限されたりすることが起きる可能性は大きい。

④ 独断専行の家長制

もう１つの対内的特徴は，家長による家族経営を基本とする晋商と同じく，「独裁為公」を標榜して，最高経営者の絶対的な権威と独裁を正当化している，ということである。鴻海の中国工場では，『郭台銘語録』の配布，郭台銘会長を賛美するスローガンの浸透，郭台銘個人名義による従業員奨励制度の実施，といった恩情主義的な施策が公然に行われている。他方では，軍隊式管理を取り入れて厳格な労働管理規則を守らせている。例えば入社後に「軍事訓練」という名の新人研修を受けさせ，上司命令に対する絶対的な服従を要求する。また懲罰対象は127項目にも及び，勤務中のトイレ使用の回数と時間までが具体的に定められている。労使関係が過度に緊張しているため，従業員の連続飛び降り自殺，不当解雇，デモ，ストライキなどの問題が多発している。この意味から，シャープ従業員がより厳しい労働環境に直面するかもしれない。

⑤　美しい経営理念を語らない

　先人の晋商と同じように，今日の郭台銘は事業拡大，企業成長，利益増加などを懸命に追い求めるが，事業成功の先にある美しき夢（経営理念や経営哲学）を語ることは全くしない。この特徴も鴻海の企業文化の1つの表れである。

　実際に，世界中の優良企業に共通する特徴の1つは「夢がある」ことである。例えばナイキは「スポーツの頂点に立つ」，BMWは「人生を全力で走る」，ネスレは「母心を持って世界に食べ物を供給する」，ホンダは「人と地球に夢，発見，ドラマを見せる」，ウォルト・ディズニー・カンパニーは「我々の想像力を生かして，人々を幸せにする」，パナソニックは「生産・販売活動を通じて社会生活の改善と向上を図り，世界文化の進展に寄与する」，というように，消費者に感動を与える夢を掲げている[13]。

　一方の鴻海では，EMS業界のナンバーワンとか，今後何年にロボット何百万個とか，連続何年間に売上高成長率を何パーセント維持するというように，企業業績に関する数量目標を打ち出しているが，これらの数量目標の先に何があるかを示していない。ナイキやBMWなどのB2C（Business to Consumer）企業と違って，鴻海はB2B（Business to Business）企業だから，美しい言葉を並べて一般消費者のご機嫌を取る必要はないのだと鴻海経営陣が考えているかもしれない。しかし，間接的とはいえ，鴻海は数えきれないほどの電子製品（携帯電話やゲーム機など）を世界中の一般消費者に提供しているので，一般消費者の認識・理解・好感・共感・賛同を獲得することは絶対に必要であるし，また可能である。例えば委託製造のB2B大手として，「地球資源を最も効率的に活かす」とか，「世界中の人々の暮らしを幸せにする」とか，「ハイテク商品をすべての人々に届ける」というように，高揚感は若干欠けても構わず，鴻海らしきの良さをアピールできる美しい夢を掲げるべきであろう。

　本来ならば，郭台銘の経営哲学や経営思想などについてもっと掘り下げ，それを鴻海の企業文化に結びつけて説明すべきであろう。しかし，鴻海従業員に配布される『郭台銘会長語録集』や複数の市販図書に目を通すと，いろいろなことを語っているが，場当たり的な発言が多く，論理の一貫性を見出せない。そういうバラバラな片言集語をつなぎ合わせて郭台銘の経営哲学ないし鴻海の企業文化としてまとめあげることは無理である。したがって，鴻海の企業文化

に関する議論をこの程度に抑えることにする。

(2)　郭台銘の経営スタイル

　元来，日本企業の老舗となるシャープは，根回しを特徴とした稟議制度に象徴されるように，意思決定が合意されるプロセスを重視していた。また会社内部に創業家，社内生え抜き，銀行，投資ファンド，外資企業といった利益集団が複雑に絡み合っていた。その結果，シャープの資本提携先を選ぶ過程中に，雇われ経営者としての高橋興三社長ら経営陣は株主，従業員，取引業者，同業他社，銀行団，政府当局といったありとあらゆるステークホルダーに対する説明責任を重く見て，手足が縛られて舵を大きく切ることはできず，八方ふさがりで半ば強要された形で鴻海の傘下に入った。

　一方の郭台銘はオーナー経営者として，自らリスクを負い，企業経営の成果を自分自身の運命と一体化している。郭台銘個人は鴻海株全体の12.2％を保有しており，そのうちの6億6,680万株（約2千億円相当）を担保にして個人名義で資金を調達し，自分名義の投資会社を通じて鴻海全社の戦略投資などに活用している。例えば2012年のシャープの堺工場への出資（投資全額の660億円）も2016年のシャープ本体に対する投資（投資総額約1割の369億円）も郭台銘本人の投資会社からの出資を利用した。個人資金を利用すれば，上場会社としての鴻海の株主たちの承認を事前に得る必要がなく，速やかな意思決定を行うことができるというメリットもあるが，失敗した場合にすべての損失と責任を自分で負担せざるを得ないというリスクもある。

　郭台銘は創業経営者らしく，即断即決と朝礼暮改の両面も合わせ持っているので，鴻海傘下に入ったシャープは郭台銘のトップダウンの意思決定スタイルに翻弄されることも多いだろう。日本社会が最も注目していた従業員雇用問題を例に説明すると（第2章5節1項参照），出資決定前に「40歳以下従業員の雇用を守る」と郭台銘は約束したとされる。しかし，出資決定の4月2日の記者会見の席で，「鴻海では毎年，個人の業績を理由に3〜5％の人に辞めてもらっている。日本については，…なるべく全員残ってもらえるようにしたい」と郭台銘は人員削減の含みを込めて述べた[14]。そして，2016年6月22日の鴻海株主総会の席で，「カットすべき人はカットする」，「場所を変えても飼い主

を代えても，腐った卵しか生まない鳥は要らない」と郭台銘は厳しい言葉を連発した。また同席した戴正呉は全世界のシャープ従業員（44,000人）を7,000人（海外4,000人，日本国内3,000人）規模削減する可能性があると示唆した[15]。

実際には，鴻海の中国工場で一般従業員を含めた年間離職率は30パーセント台と見られており，従業員に対する労働管理の手法は日本国内工場と比べられないほど厳しいものである。そのため，シャープ従業員は大規模のリストラや賃金水準の低下などを含め，より厳しい労働環境に直面する可能性が大きかった。買収契約時にリストラをしないと言っておきながら，買収後に社員削減を実施するのであれば裏切りだと日本人からの批判は多く見られるが，正確に言うと，社員削減をしないということは一度も約束されていない。むしろ，人減らしの可能性を何回も言及してきた[16]。幸い，鴻海傘下入り後のシャープは経営業績を驚異的に回復し，また日本社会の労働力不足も加わり，人員削減の必要性は自然に消えたのである。

別の事例として，買収後のシャープ経営陣について，最初は「日本人に任せる」と郭台銘は言っていたが，結局，鴻海副総裁の戴正呉を次期社長として送り込んだ。また，切り離していく事業部門は当初検討した白物家電から太陽電池へ変更したが，その太陽電池事業は鴻海のインド進出と絡むようになり，結局，太陽電池事業を今後も維持していくと2016年5月下旬に発表した。なお，買収後にシャープの技術秘密を守っていくと約束しているが，鴻海グループ内での転用は当然視野に入っている。早くも2016年4月2日に郭台銘は台湾メディアに対して，「シャープが最新技術を開発し，群創光電が生産を担当することが可能だ」と述べ，シャープの技術をグループ内で共有していく考えを示した[17]。鴻海はグループ傘下企業の名義で高雄市，鄭州市，貴陽市でLTPS技術を使った中小型液晶パネルの生産工場を建設しており，シャープの液晶技術をこれらのグループ工場に移転すれば，シャープの日本国内のパネル工場の重要性が下がり，従業員雇用の維持が難しくなるかもしれない。

要するに，即断即決と朝礼暮改の両面を持ち合わせている独裁型経営者（郭台銘会長＝戴正呉社長）の下で，買収合意の条件と内容に関して，大きな変更があっても別に驚くことではない。確かに，日本のマスコミと産業界が2012年出資契約の不履行の件[18]を槍玉に，「後出しジャンケン」をした郭台銘・鴻海

の豹変を批判してシャープの将来を憂慮する心情は理解できる。しかし、「約束を守らない」と批判してもほとんど何の意味もないので、むしろ、「良薬、口に苦し」のごとく、シャープの再建につながる構造改革を断行し、シャープ１社のみならず、製品やサービスが国内市場でしか通用せず、「クール・ジャパン」という美名のもとで「ガラパゴス化」した日本の産業界に新風を吹き込んでほしいと筆者が大いに期待したい。

(3) 鴻海流文化の有用性の検討

鴻海の企業文化（本節１項）と郭台銘の経営スタイル（本節２項）を合わせてその中身を検討してみると、それらをシャープに移植する必要性はそれほど大きくないと気が付く。

- 取引相手の信頼を勝ち取るという特徴は、もっぱら委託加工の受注側に立つ鴻海にとって極めて重要であるが、自社ブランド製品を数多く擁して発注側に立つことの多いシャープにとってはその重要性はかなり下がる。
- 政治権力者との人脈形成を重視するという特徴は、確かに海外でビジネスを展開するときに非常に重要であるが、海外拠点が少なく日本国内市場を主戦場とするシャープにとってはやはりその重要性は大きく下がる。なぜならば、地元経済の成長を願う行政の首長と良好な人間関係を築き上げたうえ、雇用と税金の増加見込みをちらつかせて、地元政府から大幅な優遇策を引き出すという手法は中国などの新興国で極めて有効であるが、先進国の日本では、権力者との人脈を生かして税制優遇や補助金や各種利便性を引き出すのは非常に難しく、むしろ癒着や汚職などのスキャンダルと法廷訴訟に発展しかねないからである。
- 質素倹約を美徳とする価値観は、コスト意識の強化につながるので、すでにシャープに取り入れられ、シャープの再生に大きく貢献している。しかし、過度なコスト削減は、商品の研究と開発にも従業員モティベーションの維持にもマイナス影響を及ぼし、画期的なイノベーションを期待して「他社にまねされる商品を作れ」というシャープの美学を壊し、会社組織ならびに社員同士への一体感（愛社心）を損なう、という危険状態に発展しかねない。

第6章　今後の課題：経営戦略論による分析　*187*

- 美しい経営理念を語らないというやり方は，B2B事業を専門とする鴻海にとって大きな障害にならないかもしれないが，自社ブランドのB2C商品を数多く擁しているシャープにとって，個人消費者の認知と信頼を勝ち取らなければならないので，崇高で美しい企業理念や経営ビジョンを声高にアピールすることは絶対に欠かせない。

- 独断専行の家長制という鴻海企業文化の特徴，即断即決と朝礼暮改という郭台銘の経営スタイル，という2点は同じく，極度のトップダウン意思決定体制を意味する。それは創業経営者またはオーナー経営者が最も好む体制で，またそれに限って実行可能な体制である。創業百年以上のシャープでは，初代社長の早川徳次（任期1912～1970年）から4代目の町田勝彦（任期1998～2007年）までの90年余りは創業家一族による経営体制であった（表6－1）。会社の経営危機と創業家一族の引責辞任を背景にして選任された5代目の片山幹雄（2007～2012年）も，6代目の奥田隆司（2012～2013年）も，7代目の高橋興三（2013～2016年）も，みな社内生え抜きのサラリーマン経営者で，力量不足で任期を全うすることすらできなかった。8代目社長となる戴正呉はオーナーの郭台銘から指名され，実質的には郭台銘の分身である。この意味では，シャープにおける「所有と経営の分離」は2007～2016年という短い期間だけで，今は再び「所有と経営が分離しない」という前近代的統治体制に戻ったのである。シャープの経営業績が好調である現在，戴社長の経営手腕が高く評価され，郭台銘が前面に

表6－1　シャープ歴代社長

	名　前	任　期	就任背景
1代目	早川徳次	1912～1970	創業者
2代目	佐伯　旭	1970～1986	中興の祖，戦争孤児で早川に育てられる
3代目	辻　晴雄	1986～1998	弟が佐伯の次女の婿
4代目	町田勝彦	1998～2007	佐伯の長女の婿
5代目	片山幹雄	2007～2012	液晶事業本部長やAVシステム事業本部長
6代目	奥田隆司	2012～2013	AVシステム事業本部長や海外生産企画本部長
7代目	高橋興三	2013～2016	北米事業本部長
8代目	戴　正呉	2016～	鴻海副総裁

出所：筆者作成。

出てくる必要もないが、いったんシャープの経営業績が悪くなると、オーナーの郭台銘がシャープの経営指揮権を自ら実行する可能性もある。他人の意見をあまり聞かず、自分の成功体験を頼りにするカリスマ経営者なので、そのときのシャープは郭台銘個人の決断に大きく翻弄され、「吉」になるか「凶」になるかは予測もつかない。

(4) 「7つのS」に基づく分析

経営学分野の1980年代のベストセラー『エクセレント・カンパニー』[19]の中で、著者のピーターズとウォーターマンは多くのアメリカ企業を調査したデータをもとに、1960年から1980年までの20年間にわたって高い業績と強い変革性を発揮し続けた超一流企業43社（IBM, H&P, DuPont, Boeing, 3M, Johnson & Johnson, P&G, McDonaldなど）を「エクセレント・カンパニー」として抽出した。ピーターズとウォーターマンの見解によれば、これらのエク

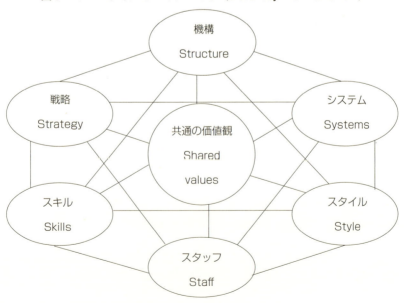

図6-1　マッキンゼーの7つのS（McKinsey 7-S Framework）

出所：Peters & Waterman (1982), p.10. 大前訳 (2003), 45頁。

セレント・カンパニーには,「7つのS」という企業構造を上手に構築しているという共通点があり,すなわち「7つのS」は企業成功の必要条件である。

その「7つのS」は元々,コンサルティング会社のマッキンゼー社が開発した企業の内部経営環境を分析する枠組みであり,その主要内容は以下7点である(図6-1)。

① **組織構造（structure）**：環境に応じて組織構造の類型を採用し,組織構成の各要素を統合する。

② **戦略（strategy）**：組織目標を実現するために,ヒト,カネ,モノといった限られた経営資源を有効に配分するための計画を作成する。

③ **体系や手順（system）**：組織行動に関する手続きやルールやマニュアルなどを作成する。

④ **人材（staff）**：組織に必要な人材を獲得したうえ,適切に配置してその能力を最大限に活用する。

⑤ **行動様式（style）**：企業風土と組織文化に合わせて組織目標の達成に最も有効な経営スタイルを選択する。

⑥ **スキル（skill）**：中核メンバーをはじめとする組織メンバー全員の能力と技能の向上を目指す。

⑦ **共通価値観（shared value）**：企業の存在意義や倫理観や行動規範などを企業独自の組織文化として組織全員に浸透させる。

これら7つのうち,structure,strategy,systemという3つはチャンドラーやアンゾフらによって重点的に議論され,「3Sモデル」として知られている。

さらに,ピーターズとウォーターマンはこの3つを「ハードのS」と呼び,ほかの4つを「ソフトのS」と呼んでいる。この意味では,ピーターズらのエクセレント・カンパニー論はチャンドラーやアンゾフらの「3Sモデル」をより拡大・詳細化したものである。ただし,この7Sモデルの中では,「ハードのS」よりも「ソフトのS」がより重要である（Soft is hard）と見なされている。

とりわけ7番目の共通価値観すなわち組織文化が最も重要視され,ほかの6つのSとすべて直接に連動しており,「7つのS」の中心に位置づけられている。

この「7つのS」の枠組みに基づく議論として，企業の経営活動において，共通価値観となる企業文化が最も重要な要素となるので，多くの従業員は自主性と企業家精神を発揮し，組織管理の機構やシステムにとらわれない行動を取るべきである。この種の行動を取れば組織内部に混乱が生じて各部門がばらばらになってしまう危険はあるが，その危険を回避させて従業員全員を1つの方向へ統合するものが共通の価値観である。つまり，価値観の全社レベルの共有は高業績への王道で，この種の考え方は「強い文化」論と呼ばれる。

この「強い文化」論の観点から出発すると，企業の将来を大きく左右する企業文化の内容を真剣に考え，企業の持続的な発展をもたらすような企業文化の体系を丁寧に築き上げていかなければならない。鴻海傘下に入ったシャープにとって，鴻海の企業文化と郭台銘の経営スタイルをある程度受け入れることは避けられない。しかし，買収する側が自分の企業文化と経営スタイルを買収される側に強引に押し付けると，過度な摩擦と衝突が起き，不要な内部消耗が大きく，受容と融合が困難になってしまう。したがって，鴻海の企業文化と郭台銘の経営スタイルの内容をよく吟味し，どの部分をどの程度シャープに取り入れるべきかを慎重に判断しなければならない。

前項で検討したように，B2Bの鴻海とB2Cのシャープの企業体質はあまりにも違いすぎ，鴻海の企業文化や郭台銘の経営スタイルの大半の内容はシャープにとっての有用性が低いと考えられる。新生シャープの企業文化の再建過程において，鴻海流の移植を強行すると，鴻海側に対するシャープ側の感情が悪化して信頼関係の構築が難しくなってしまう。そうなると，優秀な人材がシャープを去り，シャープ商品のブランド力が毀損し，シャープ社員・日本産業界・日本市場・日本人全体が鴻海を敵視するという最悪な事態に発展しかねない。

筆者の認識として，鴻海の企業文化と郭台銘の経営スタイルをシャープに積極的に導入する必要性は低く，またその全面移植は極めて危険である。むしろ鴻海流の移植をしない代わりに，シャープ固有の企業文化をもう一遍整理し，どのようなものを排除し，どのようなものを残し，どのようなものを新生シャープの企業文化の中心に据えるべきかを真剣に検討しなければならない。

3 「液晶の次も液晶」か

2017年8月10日に開かれた社長就任1年後の記者会見では，戴正呉は有機ELで先行するサムスンを横綱にたとえ，横綱と同じ土俵に上がっても勝ち目がなく，違う土俵，すなわち高級液晶などの商品分野で戦いを展開していくと表明した。明らかに，この発言は有機ELに対する大型投資を見送り，「液晶の次も液晶」という方針転換を意味する。しかし，この方針転換は不本意なもので，大きなリスクを伴っている。

(1) 液晶＝シャープのコア・コンピタンス

コア・コンピタンス（中核能力）という概念を最初に提唱したのはハメルとプラハラードである[20]。コア・コンピタンスに対する精密な定義は未だに確立していないが，大ざっぱに言うと，コア・コンピタンスとは，経営と技術のノウハウ，組織メンバーの経験と知恵などを含めた組織内の諸資源や能力が絡み合った集合体（bundle of skills）であり，ライバル他社が真似できないような自社独自の何らかの強みや，顧客のためになる本当の価値や利益を企業が提供する能力などを指す概念である。

優れた企業には，当然，何らかのコア・コンピタンスがあるはずである。どの企業も自社のコア・コンピタンスを見極め，育てていかなければならない。

また，当然の論理であるが，経営資源，企業風土，組織構造，従業員といった環境要素に配慮するように，組織内部の適応能力を十分に発揮し，企業のコア・コンピタンスにマッチングした経営戦略を構築していけば，特定の事業分野でナンバーワンないしオンリーワンになり，強固な競争優位性を築き上げることは可能である。

ハメル＆プラハラード（1994）によれば，コア・コンピタンスとなりうるものとして，以下3つの条件を満たさなければならない[21]。

① **顧客価値（Customer Value）**：「コア・コンピタンスは，最終製品が顧客にもたらす，知覚できる価値に大きく貢献するものでなければならない」。

② **競合他社との違い（Competitor Differentiation）**：「コア・コンピタンスは，

ライバルが模倣困難なものでなければならない」。特定企業の企業力のレベルは他社と比較して格段に優れていなければコア・コンピタンスになり得ない。この場合，特許などの知的財産権の保護措置が有効であり，また先発者優位を維持するために生産規模の拡大や浸透価格の設定などの措置が有効である。

③ **企業力を広げる（Extendability）**：「コア・コンピタンスは，広範かつ多様な市場へ参入する可能性をもたらすものでなければならない」。

　従来の競争戦略は，ポジショニング，経験曲線，規模の経済性などの視点から，製品単位や事業部単位の競争優位性の構築に注目したものである。

　それに対して，コア・コンピタンスの概念は，個別的なスキルや技術を指すのではなく，むしろそれらを束ねた，より幅広いもの（bundle of skills）を指し，様々な要素を組み合わせる能力，すなわち企業全体の競争力に注目したものである。

　この文脈から，コア・コンピタンスの概念が持つ意義を以下4点から説明することができる。

① 資源自体の量や質だけでなく，資源の組み合わせにも注目している。

② 何でも企業力になるのではなく，顧客にとっての利益すなわち顧客価値があるかという判断基準を導入した。

③ 製品や事業部の競争優位ではなく，企業全体の競争力に注目している。

④ 短期的な競争優位ではなく，持続可能な長期的競争優位の構築を重視している。

　実際に，どの企業にもそれなりのコア・コンピタンスが存在しているはずであり，それを賢く把握・定義することが大事である。シャープに限って考えると，シャープは多種多様な製品を生産している総合電機メーカーであるが，1）電卓から出発し，パソコン，電子辞書，デジタルカメラ，テレビ，電子黒板，携帯電話といった液晶パネルを主要部品とする事業分野に次々と進出してきたこと，2）とりわけテレビの分野で「亀山モデル」というシャープブランド力を高めて液晶パネルの絶対的な優位性を樹立し，プラズマパネルなどを採

用したライバルたちを完全に叩き潰したのは家電業界の武勇伝になったこと，3）電子レンジ，固定電話機，冷蔵庫，エアコン，空気清浄機，電気鍋，複合機，POS機器などの人気製品はともに液晶パネルを搭載していること，等という歴史的な事実があり，「液晶のシャープ」はもはや世間での常識となっている。したがって，液晶関連技術をシャープのコア・コンピタンスと定義するべきである。

(2) 韓国勢の有機EL制覇

2017年9月13日，アップルはiPhone8，iPhone8 Plus，iPhoneXという3機種のiPhoneを発表し，最高級機種のiPhoneXは有機ELパネルを採用したものである。実際，この件は「液晶対有機EL」の全面戦争の火付け役となったのである。

有機EL（organic electro-luminescence）とは，炭素と酸素の化合物である有機材料に電圧をかけると光が出る物理現象である。この原理を応用した有機ELパネルは，液晶パネルと比べて，鮮明な色を表示できるし，省電力性能も優れている。理論上に「曲げる」や「折り畳む」は可能なので，自由な形状デザインが可能になる。しかも，液晶に欠かせないバックライトが要らないので，より一層の薄型化・軽量化が実現しやすくなる。ただし，良品率を上げるのが難しく，コスト高の弱点がある。また，発光量や省電力の性能が経年劣化しやすい，解像度が液晶より劣っている，等といった技術的な課題もある。そのため，テレビなどの大型パネルと比べて，スマートフォンなどの中小型パネルの商用化は実現やすいとされる[22]。

実際には，有機ELパネルの基礎技術は日本企業が先行していた。2007年にソニーが世界初の有機ELパネルのテレビを発売し，パナソニックなどの各社も有機ELパネルの開発を進めていた。しかし，当初から生産効率が悪く，商品化にする困難が多かった。そのため2012年6月に，ソニーとパナソニックはテレビ向けの大型有機ELパネルの量産技術を共同開発すると発表したものの，その後に両社はともに業績悪化に陥り，研究資金の拠出が難しく決定的な成果を上げられず，2013年12月にこの提携は解消された。

日本企業が経営不振で開発費を抑制し，有機EL製品の開発が停滞している

間に，韓国勢が巨額の資金を投入して一気に追い抜いた。2010年にサムスンが有機ELパネルを自社スマートフォンの「ギャラクシー」に搭載して量産技術を蓄積し，LGも同時期にテレビ向けの有機ELパネルの量産体制に成功し，日韓の格差が決定的に付けられた。現在，スマートフォン向けの有機ELパネルを安定的に量産できるのは世界中にサムスンとLGの2社に限られている。

　実際に，有機ELパネルを安定的に量産するのは非常に難しく，サムスン工場での良品率目標達成は5年以上もかかった。2017年5月時点で採算を取れたのはサムスンだけであり，LGは2017年1～3月期連結決算の中，有機EL分野で300億ウォン程度の赤字を出した。とりわけ量産化を2010年から開始したサムスンの工場では，有機ELの良品率はすでに9割以上に上がり，製造コストの面でも液晶との差が縮まっており，その量産技術に他社が短期間で追いつくことは難しいと見られる。

　アップルの有機EL採用の通達を受け，LGは10兆ウォン（約1兆700億円）を投じて韓国北西部の坡州（パジュ）に有機ELパネルの新工場を建設する方針を2015年11月27日に発表した。さらに，2016年4月13日，LGエレクトロニクス・ジャパンは5種類の有機ELテレビの新製品を日本市場に投入し，2016年の世界市場販売台数目標を100万台と発表した。2018年春時点の日本国内市場での有機ELテレビはパナソニック（ビエラシリーズ），ソニー（ブラビアシリーズ），東芝（レグザシリーズ）などの自社ブランドで販売されていたが，そのすべてがLG工場で生産された有機ELパネルを使用していた。一方，スマートフォン向け有機ELパネル分野で世界シェアの9割以上を獲得していたサムスンは，2016年12月期に有機EL事業に1兆円近くの設備投資を行い，有機EL分野の独走態勢を築こうとしていた。

⑶　有機ELにおける日本企業の劣勢

　今後，有機ELがパネル製品のデファクト・スタンダードとなれば，シャープが得意とするIGZO技術[23]もJDIが得意とするLTPS技術[24]も衰退・淘汰される運命となってしまう。また，高級品の有機ELパネル分野で韓国勢（前項参照）が支配し，コモディティ（汎用品）となる一般液晶パネル分野で（量産能力急拡大の）中国勢（次項参照）が優位に立つ可能性はきわめて大きい。そ

ういう状況となれば，高級液晶パネルの分野だけでかろうじて優位を保っている日本のパネル企業は板挟み状態になってしまい，中途半端の商品しか作れなくなる。

　当然，その危機的状況を避けるために，シャープを含めた日本企業は，守りの姿勢から攻めの姿勢に切り替え，有機ELパネルの生産体制の構築に挑戦している。2015年1月に産業革新機構（出資比率75％），JDI（15％），ソニー（5％），パナソニック（5％）の共同出資によってJOLEDという会社が設立された。設立後の2015年4月から約200億円を投じて石川県川北町にある石川技術開発センターに総勢約50人の技術者を集め，10〜30型の中型有機ELパネルの開発を始めた。2016年4月にコスト面に優れた「印刷方式」の高解像度の有機ELパネルの試作に成功した後，2018年度中の量産体制を目指した。また，JDI単独でも茂原工場（千葉県茂原市）に500億円を投じ，2017年春に有機ELパネルの試作生産ラインを立ち上げ，2018年にスマートフォン換算で月産500万枚の量産体制に引き上げる計画を打ち出した。一方のシャープでは，スマートフォンや車載機器などの商品向けに折り曲げることができる有機ELパネルの開発に成功したと2016年4月初めに発表した。発表された製品は3.4インチで，一般のスマートフォンより一回り小さく，IGZOの技術が活用されている。そして，鴻海の買収出資から有機EL分野に2,000億円の大金を投資して技術の後れを取り戻そうと表明していた。

　ところが，2018年10月時点で，JDIとシャープとJOLEDの3社のいずれにおいても，有機ELパネルの試作ラインでは一応の成功を見せたものの，量産軌道に乗るまでには至っていなかった。実際に，有機ELの量産には巨額の投資が必要で，生産工場1棟だけで3千億円以上の建設費がかかる。今のJDIやシャープやJOLEDなどの日本企業には金銭と技術の両面でサムスンやLGに対抗する力がなく，勝ち目のない戦いに引きずり込まれている。

(4)　中国勢液晶メーカーの勢力拡大

　鴻海・シャープ傘下のSDPが中国広州で世界最大級の第10.5世代の液晶工場（第2章4節3項参照）を建設しているほか，中国首位（2017年1月にLGを抜き，初の世界首位）の京東方科技集団（BOE）と中国2位の華星光電（CSOT）

はともに第10.5世代の液晶工場を建設している。その結果，2018年の中国のパネル供給能力（面積ベース）は2016年より４割増となり，韓国を抜いて世界一になると見られた。

　世界最大の消費市場を握る中国の液晶メーカーは「規模の経済性」を享受できるので，巨額にのぼる工場投資にも恐れず生産能力を飛躍的に拡大しているのに対して，他の国の液晶メーカーは不利な戦いを強いられている。例えば台湾の液晶パネル専業２強の友達光電（AUO）と群創光電（イノラックス）はともに苦境に陥り（2018年４～６月期にAUOが９割減益，イノラックスは最終赤字），テレビやタブレットやスマートフォン向けの主戦場からの撤退を余儀なくせざるを得ず，車載機器，ゲーム機，医療機器などのニッチ市場に活路を求め始めていた。また，台湾屈指の複合企業の老舗（1918年創業）となる大同グループの一員として，液晶パネルを生産する中華映管（CPT，1971年設立）は長年の経営低迷の末，2018年12月中旬に会社更生法の申し立てを公表した。

　量産体制が徐々に軌道に乗る中国系パネルメーカー（京東方，天馬微電子，華星光電など）は価格攻勢を強め，世界パネル市場でのシェア拡大を確実に進めている。例えば大型液晶パネルの2017年度の世界市場出荷額（658億ドル，前年比12.9％増）を見ると，LGのシェアは27.9％（1.1ポイント減）で首位を維持，友達光電は14.0％（0.9ポイント減）で２位に上昇，サムスンは13.9％（3.1ポイント減）で３位に転落した。京東方はこの出荷額ベースで第５位にとどまっていたが，出荷枚数ベースでは第１位に踊り出た。そして，2018年度の大型パネルでは，京東方が２位となり，首位LGとの差も縮まっている。中小型パネルでは，首位サムスンには及ばないが，2017年度の２位LGと３位シャープを追い越し，天馬微電子と京東方がそれぞれ２位と３位を付けた。この状況下で，中国勢パネルの価格攻勢が強まるのは必至である[25]。

⑸　液晶パネルの価格低下

　液晶パネルの出荷価格は2016年後半から2017年前半にかけて約３割も上昇していたため，液晶メーカー各社の経営業績はともに劇的に改善した。第３章１節７項で説明したように，シャープの2017年度の連結決算では，シャープ傘下事業のうち，（液晶パネルや液晶テレビなどを含めた）アドバンスディスプレ

イシステム事業部は最も好調であった。その売上高の10,865億円（前年比29％増）は全社（24,272億円）の45％を占め，その営業利益の370億円（前年比10.4倍増）は全社（901億円）の41％を占めていた。

ところが，2017年夏以降，大型液晶テレビの売れ行きは世界的に伸び悩む一方，液晶パネルの供給能力は中国工場を中心に飛躍的に拡大した。それと同時に，55インチ以上の大画面テレビでは，従来のLGに加えて，パナソニック，ソニー，東芝などの各社も液晶パネルから有機ELパネルへ切り替え始めた。供給と需要のバランス関係が大きく変化したため，液晶パネルの出荷価格はそれまでの上昇傾向から一転して下落し始めた。1平方メートル当たりの単価は2016年以降に34％増の399ドルに上昇したが，2017年4～9月の間に7％減の373米ドルに下がった。

米中貿易摩擦が激しくなる中，米国や中国のテレビ市場が低迷し続け，テレビ向けの大型液晶パネルの出荷価格は2018年に入ってからも下がり続けていた。

2018年1月と2017年12月と比較すると，32型の大口出荷価格は1枚65ドル前後で2％安くなった。40～49型は3～5％安く，55型は横ばいの176ドル前後であった[26]。2018年1～3月期の出荷単価は3か月前と比べて11％も下落し，有機ELや液晶の製造を手掛ける韓国・台湾のパネル大手（サムスン，LG，友達光電，群創光電など）はほぼ一様にパネル事業の収益性悪化に苦しんでいた[27]。

別の調査では2018年4月の大型液晶パネルの大口価格は前月比でさらに2～8％下がった[28]。大型パネルで世界首位のLGでは2018年1～3月期も4～6月期も営業損益が赤字となり，同社のパネル平均販売価格は年初からの半年間で15％下落し，2年ぶりの安値に落ち込んだという[29]。また，テレビ向けの大型パネルと比べて，スマートフォンやタブレット向けの中小型液晶パネルの下げ幅はやや小さいものの，下落傾向にあるのは明白である。

こうして，液晶パネル市場での供給過剰傾向がより鮮明になっていく中，液晶パネルの出荷価格が下落し続け，液晶パネルに大きく依存するシャープの経営業績は大きなマイナス影響を受けざるを得ない。

⑹　8Kテレビの「一人旅」

本節2項で説明したように，アップルはサムスン産の有機ELパネルを

iPhoneに採用し，パナソニックとソニーと東芝はLG産の有機ELパネルをテレビに採用し，パネル市場の主役は液晶から有機ELに変わり始めた。この変化に対して，有機ELの研究が大幅に遅れて液晶にこだわらざるを得ないシャープは，あえて輝度や耐久性や消費電力などの面で優位性を持つ高級液晶の4K，とりわけ8Kで対抗しようとしている。そして，世界初となる8Kテレビを2017年10月に中国，12月に日本，2018年2月に台湾，3月に欧州でそれぞれ発売した。

　これについては，2018年12月1日にNHKが4Kと8Kの試験放送を開始するとかなり前から予定されていた。高級液晶も有機ELも自社製造していないソニーやパナソニックや東芝などの日本競合各社は4Kテレビに注力しているものの，8Kテレビには距離を置いていた。その最大の理由は8K画質のコンテンツがあまりにも少なく，消費者にとってのコスト・パフォーマンスが高くないという難点にある。

　実際に，8Kテレビに積極的に動き出した日本企業は高級液晶路線を突っ走っていたシャープ1社だけで，家電業界で「一人旅」と揶揄されていた。2018年上半期（1〜6月）では，有機ELテレビの販売台数は前年同期比8.6倍，金額は同7.3倍へと大きく躍進したのに対して，液晶テレビでは4K以上の販売台数が33.2％増，2K以下は8.0％減と失速し[30]，有機ELテレビと液晶テレビの勝負が決着したように見える。

　ところが，第3章2節5項でも説明したように，サムスン電子が2018年度中に液晶パネルを使った8Kテレビを発売すると決めたことに続き，LG電子も有機ELパネルを使った8Kテレビを世界初めて開発したと2018年8月末に発表した。また，中国政府は2022年の8K放送開始方針を公表し，中国家電大手のTCLも8Kテレビの生産に参入した。そして，2019年1月にソニーも8Kテレビに参入すると表明した。8Kテレビが日本ないし世界市場で普及できるかどうかを断言できないが，強豪の韓国勢も中国勢も日本のライバルもそろって8Kテレビの分野に参入したことは，8Kテレビの成長可能性を一気に高めたと言える。

　8K分野での先発優位性を売上高に繋げていくために，シャープは8Kテレビの改良と投入を速めている。2018年11月17日，8K放送を受信できるチューナー

内蔵型の液晶テレビ「アクオス8K AX1シリーズ」4機種（60～80インチ）を発売し，2019年3月まで約1万台の販売目標を掲げていた（目標未達成）。シャープの8Kテレビは全国約2,000点の家電量販店で販売されているが，量販店の少ない地域では8K映像を体験する機会は少ない。そのため，NHKの試験放送開始に合わせて，シャープは2018年11月16日から2019年3月末までの期間限定で8Kに対応した80インチ液晶テレビを乗せたワゴン車を全国で走らせ，地域販売店や住宅地などを訪れて8K映像を体験する機会の提供に務めた。

　実際に，8K技術の規格づくりは今現在の最重要事項である。映像の色，動き，大きさなどあらゆる条件をシミュレーションする中で最も効率的に映像データを処理できる仕組みは産業の標準規格として採用されることが多い。自社の手掛けた先進技術がグローバル的な産業規格に採用されれば，特許をはじめとして多くの先行者利益を享受できる。これまで8Kの「一人旅」をしていたシャープにとって，薄型テレビ世界市場で上位3社のサムスン，LG，TCL[31]の8K参入は援軍にもなるし，強敵にもなる。自社が先行している8K技術は業界規格になれるか，8Kテレビは国内外の市場で定着するか，自社の8Kテレビは韓国勢と中国勢に対抗できるか，等といった多くの課題と不安がある。

　有機ELの分野で大きく先行する韓国勢に追い付くのも，汎用品の液晶分野で中国勢の追い上げを振り落とすのも難しいという基本的な認識に立ち，シャープは有機ELの開発を小規模に続けながら，自社強みの高級液晶IGZOによる8K映像で有機ELに勝負を挑むと基本方針を決めている。先行している自社の技術が業界の標準規格になれば大きな経済利益を生み出すことも可能であろう。しかし，液晶パネルの出荷価格も大型テレビの市販価格も低下し続けている状況下で，高額商品となる8Kテレビの売れ行きはなかなか伸びず，採算性の確保は容易ではない。実際に，自社の技術力とブランド力を過信して市場の動向を見極められず，液晶事業に過大投資して巨額の赤字を招いたとはシャープ自身の経験である。今後の8Kテレビの消費市場は目論見どおりに拡大できなければ，鴻海と共同出資する広州工場とウィスコンシン工場のいずれも過剰投資になってしまい，かつてにシャープを経営危機に陥れた堺工場の二の舞になりかねない。

(7)　中小型パネル市場での有機EL優位形成

　サムスンはかなり前から有機ELパネル搭載のスマートフォンを販売していたが，あまり大きく注目されていなかった。しかし，アップル社は，2017年9月のiPhoneXを皮切りに，液晶から有機ELへ方向を大きく転換し始めた。

　2017年モデルはiPhoneX という1機種のみであったが，2018年9月に発表された3機種の新型iPhoneのうち，有機ELは2機種（XSとXS Max），液晶は1機種（XR）である。

　サムスンがiPhoneXの有機ELパネルを独占供給しているのを，羨望の眼差しで見ていた韓国のLG，中国の和輝光電（エバーディスプレイ）と維信諾顕示技術（ビジョノックス），日本のJDIとシャープとJOLEDとソニーといったライバル各社も積極的に有機ELの生産体制づくりに取り組んでおり，LGが2018年モデルのXSとXS Maxの一部に有機ELパネルを供給したと噂される。

　一方，iPhoneの有機ELへの方向転換に伴い，iPhoneシリーズ商品に液晶パネルを供給して続けてきたJDIとシャープは受注の減少を強いられている。JDIもシャープも有機ELの量産化を急いでいるものの，成功するのは早くても2019年にずれ込む見通しであった。実際に，シャープもJDIも長年の液晶一辺倒で，有機ELの分野では（2018年7月時点に中小型有機ELを唯一に量産でき，世界シェア9割超を占める）サムスンや（大型有機ELの生産能力が世界最大である）LGから大きく引き離され，戦いの土俵にさえ上がれていない。

　現状では，品質の安定性や耐久性などの理由でテレビや電子看板などの大型パネルと比べて，タブレットやスマートフォンなどの中小型パネルの製品分野で有機ELパネルの搭載率が高くなっている。米国調査会社のIHSテクノロジーによると，サムスンとアップルに追随する形で，ファーウェイ，OPPO，ZTE，レノボといった中国のスマートフォン大手もソニーやシャープなどの日本のスマートフォン大手も相次いで有機ELパネルを自社ブランドのスマートフォンに採用している。有機ELパネルの2016年の市場規模は前年比で25％増の150億米ドル[32]，2017年の出荷額はさらに前年比44.7％増の223億ドルに伸びた[33]。そして，2020年のスマートフォン向けの有機ELパネルの出荷枚数は2015年比で約3倍となる7億枚規模に達する見通しである[34]。

有機ELが液晶より割高であることは普及する障害となっている。有機ELパネルを採用したiPhone（X，XS，XS Max）の売れ行きも思ったほど伸びず，ほかのスマートフォンメーカーも有機ELパネルを高級機種だけに限定的に採用している。他方では，韓国勢と中国勢は有機ELの生産体制を急激に拡大している。そのため，2018年に入ってから，スマートフォン向けの有機ELパネルはやや供給過剰気味となり，サムスンとLGはともに値下げを始めた。有機ELパネルの値下げが続けていけば，採用するメーカーが増え，中小型パネルの世界市場における有機ELの優位はより強固なものになると思われる。

(8) 「液晶の次も液晶しかない」

鴻海傘下入り後のシャープは有機ELへの投資を先送りし，「液晶の次も液晶」と長期方針を宣言した。これは間違いなく，リスク回避性向が強く，短期利益を優先する親会社の鴻海の意志を反映した結果でもあるが，シャープの元々のコア・コンピタンス（すなわち液晶関連技術）を中心とした教科書的な戦い方であり，集中と選択を良しとする経営戦略を合理的に選んだ結果とも言える。

ところが，コア・コンピタンスに一極集中することのリスクも看過できない。2010年以降のシャープ危機はまさしく液晶パネル生産能力の過剰がもたらした危機であった。特に有機ELが次の主役と見られる現在，IGZOや8Kなどの高級液晶にこだわるのは本当に賢明か，2010年以降の低迷期は再来しないか，等と大きく危惧される。単年度最終損益の黒字化と東証１部への復帰を急ぐ状況下で，立ち遅れた有機ELを諦め，自社強みの高級液晶で勝負に挑むと決めたのは，やむを得ない決断だったのかもしれない。ラッキーなことに，2016年夏以降に液晶パネルの取引価格は３割以上も上昇し，液晶パネルを大量に生産するシャープの業績改善を大きく押し上げた。しかし，2017年後半に中国勢の液晶パネルの生産能力拡大と有機ELの普及率向上に伴い，液晶パネルの出荷価格は下落に転じた。

液晶パネルの価格低下に加えて，ライバル各社の有機ELへの切り替えや8K行方の不透明さなども考慮に入れれば，「液晶の次も液晶」というシャープの「一本足打法」は果たして大丈夫かと心配される。

SWOT分析という経営戦略論の分析手法からすれば，企業の内部環境（経

営資源）に鑑み，弱み（Weakness）を避けて強み（Strength）を生かすこと，また企業の外部環境に鑑み，リスク（Threat）を避けて機会（Opportunity）を掴むこと，すなわちSO戦略が最も望ましい（図6－2）。しかし，「液晶の次は有機EL」という市場機会（O）の変化が鮮明に示されているにもかかわらず，有機EL技術がシャープの強み（S）ではないため，「液晶の次を有機ELへ」と切り換えることは，シャープにとっての最善なるSO戦略になり得ない。シャープの強み（S）である液晶技術を生かすために，時代に淘汰されるリスク（T）を冒してまで，「液晶の次も液晶」という次善となるST戦略を選ばざるを得なかった。つまり，「液晶の次も液晶」とわが道を貫くのだと聞こえは良いが，本当は「液晶の次も液晶しかない」という裏の事情もある。

　こうして，本節のまとめとして，有機EL分野で韓国勢に挑戦する力を持たず，液晶汎用品分野で中国勢の追い上げを振り落とす余裕もなくなったシャープは，高級液晶にこだわらざるを得ず，大変な苦境に立たされているのである。

図6－2　クロスSWOT分析[35]

4　ブランド力を維持できるか

　会社の再建を果たし，さらなる成長を目指すシャープは，2018年を「反転攻勢の年」と位置づけていた。2019年度3月期の業績予想として，売上高は前年比19.1％増の28,900億円，営業利益は同22.1％増の1,110億円，最終損益は同

13.9％増の800億円と見込んでいた。さらに，2020年３月期の売上高を3.25兆円，営業利益を1,500億円と過去最高に迫る水準に引き上げた。この高い目標値を実現するために，飽和気味の日本国内市場にとどまらず，伸びしろのある海外市場で大きな成長を遂げなければならない。数値目標として，シャープは海外売上高比率を2017年夏時点の６割強から早急に８割以上に引き上げると戴正呉社長が公言している[36]。

　海外市場での成長を目指す方向性は正しいが，売上高またはマーケットシェアの増大を無理に追い求めすぎると，ブランド・イメージが傷づけられ，「利益なき成長」になってしまうリスクもある。本節では，海外市場での成長とブランド力の維持という２つの目標を両立させる重要性と可能性について検討してみる。

(1) 市場開拓の努力

　国内外市場を開拓するためのシャープの努力について，本書第３章とりわけ第３章７節２項ですでに説明しているが，ここで一部内容を繰り返してまとめて説明する。

① 日本国内市場

　今までの説明で分かるように，創業100年以上のシャープは日本の名門老舗であり，「まねされる商品を作る」とか，「目の付けどころがシャープ」とか，「液晶のシャープ」とかの誉め言葉が世間に流行し，経営危機に陥った時期においても，シャープ製品のブランド力は低下せず，液晶パネル，テレビ，スマートフォン，白物家電，太陽電池といったあらゆる分野の各種製品はそれなりの高い市場占有率を維持していた。しかし，日本国内の消費市場はかなり成熟しているので，今以上のシェアの拡大を目指して市場浸透戦略を採用するのであれば，かなり多くの経営資源を投入しなければならない。仮に採算性が取れるとしても，費用対効果（コストパフォーマンス）の見地から考えると，賢明な戦略にならないかもしれない。

② 欧州市場

　2014年９月にシャープは冷蔵庫，洗濯機，電子レンジなどの白物家電のブランド使用権をトルコ家電大手のベステルに与えた。このことにより，品質の良

くない商品もシャープのブランドで販売されているため，シャープのブランド・イメージに悪い影響を及ぼしている。戴社長が就任早々にベステルとの交渉を開始し，白物家電のブランド使用権の買戻しを目指したが，この交渉は未だに成功していない。

2014年12月にシャープは欧州で販売される液晶テレビのシャープブランドの使用権利をスロバキアの家電中堅メーカーのUMCに売却した。これもトルコのベステルと同じく，品質の良くない製品がシャープブランドで販売され，シャープのブランド・イメージに悪い影響を及ぼした。幸い，2017年2月にシャープはUMCの親会社SUMC（キプロス）の株式の56.7％を104億円で取得し，UMCを孫会社化にしたため，UMCに渡されたシャープブランドテレビの販売権を実質的に取り戻し，欧州でのテレビならびにほかの白物家電の販売を自社主導で進めることができるようになった。2018年3月からUMCの販売網を活用して，まずシャープのコードレスサイクロン掃除機「ラクティブエア」のドイツ，オーストリア，フランスでの販売を開始し，その後は高級機種となる電子レンジや空気清浄機なども投入する予定であった。

2017年2月に（約19.3億円の出資で）買収したスイスのフリッツ・シューマッハーは複合機などを販売する会社であるが，今後は複合機にのみならず，ほかの事務機器，パソコン，白物家電まで拡大する可能性を検討すべきであろう。

シャープの携帯電話は2011年に欧州市場に挑戦したが，売れ行きが悪くすぐに撤退した。新しいプブランドの「アクオスR」をもって，2018年に欧州のスマートフォン市場に再参入することは決定されたが，その後の実態は不明である。

このように，欧州市場では，シャープ製品は従来から占有率が低く，強力な販売ルートを保有していない。しかし，ヨーロッパ人の消費力や価値観やライフスタイルなどを考えると，独自色の強いシャープ製品を受け入れる余地は十分にある。したがって，シャープはカバーする地域範囲が狭いUMCなどの自社拠点を強化するとともに，欧州市場の中心地となる（ドイツ，フランス，イギリス，イタリア，スペインなどの人口大国を含めた）西ヨーロッパにも本格的に進出し，現地の流通大手と委託代理の契約を結ぶべきであろう。

③ 北米市場

2015年7月にシャープは北米市場でのシャープテレビのブランド使用権を2016年年始から5年間供与する契約を中国家電大手のハイセンス（海信集団）と交わした。欧州と同様に，低品質製品がシャープブランドで販売される悪影響が出たため，戴社長の就任後にブランド使用権の買戻しをハイセンスに再三求めたが，拒否された。そこで，ブランド・イメージの毀損などを理由に，シャープはハイセンスを提訴し，両社の対立は法廷訴訟まで発展したが，2018年2月にシャープは米国での一連の訴訟を取り下げた。契約期限満了の2021年以降の延長可能性は未知であるが，当面はとにかくハイセンスとの関係を修復し，ハイセンスの販売力に頼らざるを得ない。ただし，4Kや8Kなどの高級テレビに限定してハイセンス以外の販売ルートを利用できることを内容とする交渉は，シャープとハイセンスの両社間で合意され，シャープは2019年後半から再び北米市場で自社ブランドのテレビを自社主導の形で販売できるようになったと2019年5月8日に報道された。

2018年春にシャープはテキサス州にある複合機などの機器販売会社のアメリカン・ビジネス・マシンズ（ABM）を約20億円で買収した。ABMの販路でシャープの複合機，電子黒板，テレビ会議システムなどを販売していく狙いであったが，その成果を早く出さなければならない。

2018年6月に鴻海グループ企業は約7千万ドルを出資して北米テレビ販売大手のビジオの株式を取得し，前の保有分と合わせてビジオ株式の10％超を保有する大株主となった。親会社の鴻海とビジオとの資本提携関係が順調に進めていけば，ハイセンスから取り戻したシャープブランドテレビの一部販売権をビジオに委託するという道が開かれる。

このように，消費規模の大きい北米市場において，シャープは長らく自社拠点を全く持っていないという悲惨な状況下にある。ハイセンスとのテレビ販売契約終了の2021年まで待つことではなく，早急に現地の流通大手との協力関係を構築し，テレビ以外の家電製品の販売拡大を図っていかなければならない。ただし，アメリカをはじめとする北米消費者のライフスタイルから言うと，省エネ・エコ・新奇性・多機能・高性能・高価格などを特徴とする家電製品に対するニーズはあまり大きく見込めない。一方，単純機能・安定品質・低価格

を特徴とする家電製品は，日本企業を圧倒するほどのコスト優位性を持つ中国勢と韓国勢の従来からの得意分野であり，鴻海の生産体制を援軍にしてもシャープが入る隙はなさそうである。したがって，北米の市場規模は大きくて魅力的であるが，シャープ製品の売上高を大きく伸ばすのは非常に難しいと思われる。

④　台湾市場

　シャープは2017年9月に台湾の携帯電話販売大手のオーロラ・テレコムに約10億円を出資し，33％の議決権を取得した。台湾に148店舗を持つオーロラの販売網を通じて，シャープブランドの液晶テレビや白物家電製品の販売拡大を図っているはずであるが，その成果についての情報はない。

　注目すべき点として，台湾はシャープの親会社の鴻海の本拠地である。鴻海はかつてに販売子会社のサイバーマート6店舗を台湾で運営していたが，販売不振で2013年以降に順次閉店した。しかし，郭台銘と鴻海は台湾の流通業界で広い人脈を持ち，流通ルートの開拓には大きな力を発揮できる。郭台銘の長男となる郭守正も大型複合商業施設の開発・運営会社「三創数位」の会長を務めており，台北市内で「台湾の秋葉原」と呼ばれる家電・電子製品のショッピングセンターを経営している。

　台湾は世界一の親日国で，シャープの知名度もブランド力も高い。郭台銘と鴻海の影響力を借りれば，台湾でのシェア拡大は比較的に容易であると思われる。ただし，台湾の人口規模（約2,300万人）が小さく，シャープの世界売上高に対する寄与効果を大きく見込めない。

⑤　東南アジア市場

　2017年1月に中国や東南アジア向け家電製品の研究開発センターを深圳市にある（シャープの中国事業を統括する子会社の）夏普科技の中に開設した。しかし，その後，インドネシアでイスラム教徒向けに開発した洗濯機と冷蔵庫の販売が好調であることを除けば，どんな成果が上がったのかについての情報が乏しく，また東南アジアでどんな販売ルートを利用するかに関する情報もないままである。したがって，東南アジアでの市場拡大の可能性を論じることは筆者にはできない。

⑥　中国市場

2017年度前半からシャープブランドの掃除機や調理機器などの小型家電は中国市場での販売を開始した。その第1弾は最新のスティックタイプの掃除機と水なし自動調理電気鍋であり，その後も鴻海と協力して製品種類を増やし，中国市場での存在感を高めてきている。中国でのシャープの総代理店は鴻海傘下の販売会社「富連網」（鄭州市）であり，この「富連網」が運営する会員制ECサイト「富連網商城」では，約100万人の鴻海従業員を中心とする親族や知人への紹介販売が広がり，会員数は300万人に以上とされる。

2016年8月のシャープ買収後に郭台銘会長は自ら直接に指揮を取り，「富連網」をプラットフォームとした「天虎計画」を展開し，シャープの液晶テレビをあらゆる販路で売りさばいた。その結果，2017年度の中国販売台数は前年度2倍以上の約400万台に達し，マーケットシェアは前年の2.2％から7.6％に上昇し，テレビの世界販売台数1,000万台というシャープの目標を1年前倒して達成した。ただし，例えば2018年2月時点に50インチの4K対応テレビが2,999元（約5.2万円），60インチが3,299元（約5.7万円）という格安価格で売られていた。「赤字覚悟の安値攻勢」で中国系メーカーとの安売り合戦に突入したため，「シャープは安物」と見る消費者が増え，シャープのブランド・イメージは大きく下がってしまった。

テレビや白物家電などの日本製品に対して，中国人は元々強い憧れと信頼感を寄せていたが，1990年代後半以降に国産品が台頭し始め，デザイン・性能・品質などに大差がないにもかかわらず値段が高く，アフターサービスも悪いという合理的な理由で日本製品を敬遠し始めた。しかし，中国人の所得水準が年々上昇し，日本を含める世界各地に出かける観光客が大幅に増え，自分の価値観やライフスタイルなどを再考する国民は日増しに増えている。

日本国内での中国人観光客の「爆買い」やマナーの悪さに冷ややかな目を向ける日本人も少なくないが，「爆買い」されたお土産商品は帰国後に広く拡散し，新奇性，機能性，高品質，エコ意識，使いやすさ，等といった日本製品の特徴が多くの中国人に認知され，日本製品のブランド・イメージは自然に高まっている。

消費者行動論には，特定の商品に対する消費者の反応をAttention（注目）

→Interest（興味・関心）→Desire（欲求）→Action（購買行動）というプロセスに分解する，という古典的なAIDAモデルがある。このAIDAモデルに基づいて考えると，日本観光のお土産商品は次々とたくさんの中国人をこのAIDAの循環に巻き込み，シャープを含めた日本製品に対する新しいニーズが高まっている。仮に中国総人口14億人中の上位10％の富裕層だけが日本製品の顧客対象になってくれれば，それだけでも日本総人口を超える1億4千万人となるので，非常に大きな消費市場になる。とりわけシャープのアイデア家電や高級テレビなどはプレミアム商品になるので，やや割高であっても，売上高のシェアと金額を大きく伸ばせるはずである。

　中国で独自の流通体制を立ち上げ維持していくのは極端に難しいので，今まで鴻海の流通ルートに依存せざるを得なかった。しかし，日中関係が好転して中国国民の対日感情が大きく改善しているこの好ましい時期こそ，シャープ独自の流通チャネルをゼロスタートから構築する経済的合理性はさほど大きくないが，せめて鴻海依存から脱皮し，ほかの中国流通大手（例えば蘇寧，国美，京東方など）との協力体制の構築に試みるべきであろう。

⑦　まとめ

　上述した地域のほか，南アジア，オセアニア，アフリカ，南米などの地域にも人口大国が多く，市場規模が大きいはずである。しかし，それらの地域におけるシャープの取り組みや存在感などについての知識を持っていないため，議論しないことにする。そうすると，筆者の見識として，世界広しといえども，今後数年間に最も大きく期待できるのは日本国内や東南アジアや北米や欧州などではなく，中国市場である。

　実際に，シャープの次の100年にとって中国市場は極めて重要であると戴社長も公式見解を披露している。この見解を裏付ける形で，2018年9月27日に戴正呉会長兼社長は中国代表を自ら兼任する人事が発表された。つまり，トップ経営者の戴正呉は自らブランド戦略に責任を持ち，中国市場開拓の先頭に立ったのである。鴻海傘下入りしてからの2年間は鴻海傘下の「富連網」を総代理店としてテレビや小型家電などの販売を委託していたが，今後は「量から質への転換」を掲げてシャープ製品のブランド・イメージ向上を図っていく。そのため，シャープ自身が主体となって多くの現地流通企業と代理店契約を締結す

第6章　今後の課題：経営戦略論による分析　*209*

るとともに，テレビ，白物家電，美容家電，スマートフォン，ノートパソコンなどのシャープ製品を統一ラインアップの「睿智（Smart SHARP & Good Quality)」として展開し，中国市場での売上高と利益の拡大を目指す。

⑵　ブランド戦略による分析

①　ブランドの概念

アメリカ・マーケティング協会（AMA）の定義によると，「ブランド（brand）とは，販売者（個人または集団）の製品やサービスを識別させ，競合他者のそれらと区別することを目的とするための名称，用語，記号，象徴（シンボル），パッケージ・デザイン，もしくはそれらの組み合わせである」[37]。

マーケティング論の権威であるコトラー（Philip Kotler）は基本的にAMAの定義を引用した形で，ブランドを，「商品あるいはサービスの製造者または販売者を識別するための名称，言葉，記号，シンボル，デザイン，そしてこれらの組み合わせ」と定義している[38]。

また，ブランド戦略論で著名なアーカー（David A. Aaker）によれば，「ブランドはある売り手あるいは売り手のグループからの財またはサービスを識別し，競争業者のそれから差別化しようとする特有の（ロゴ，トレードマーク，包装デザインのような）名前かつまたはシンボルである」[39]。

要するに，ブランド名，ロゴ，シンボル，キャラクター，スローガン，ジングル，パッケージなどがブランドの構成要素で，自社製品を識別・差別化するのはブランドが果たす最も重要な役割である。しかし，シャープ製品のうち，シャープ，アクオス，プラズマクラスター，ブレーンといったように，企業ブランド，事業ブランド，レンジブレンド，商品ブランドが混ざっているため，消費者に与える印象はバラバラで，どこの製品かを正確に認識できない場合も多く，ブランド・イメージの浸透にマイナス影響を及ぼしている。したがって，ブランド力を高めるために，シャープはブランド名を減らして，シャープまたはアクオスという知名度の高いブランド名に集約したほうが良いかもしれない。

②　ブランドの機能

一般論として，ブランドは次の3つの機能を有する[40]。

● 品質保証機能：生産者を明示することを通して商品の品質と責任の所在を

明確に保証する。

- 商品識別機能：他社の類似した商品との明確な区別を図るとともに，自社同一商品の同質性をアピールする。
- 想起機能：ある種の知識や感情やイメージなどを思い起こさせるように，商品の意味づけと象徴的意義を指す。この想起機能はさらにブランド認知とブランド連想という2種類に分けられる。

　以上3つの機能があるために，特定商品や企業のブランド・イメージが形成される。例えばシャープの「亀山モデル」は純国産，最先端，高品質のテレビの代名詞となり，十数年にもわたって日本国内市場売れ筋商品の上位をキープしている。

③　**ブランドの意味**：ブランド＝プレミアム価格＝企業価値

　ブランドは明白に見えず，掴めないが，確かな価値を持っている。ある意味では，ブランド価値はまるでタマネギのように，何十枚もの層に包まれている。一枚一枚と最後まで剥いていっても，硬い芯があるわけではない。しかし，タマネギ全体はとても硬く重たいものである，という事実は否定できない。

　ブランドは如何に重要なのかについて，コカ・コーラ社元CEOのゴイズエタ（Roberto C. Goizueta: 1931～1997）の発言はとても有名である。「明日，工場や施設がすべて焼失したとしても，われわれの価値はいささかも揺るぎはしない。われわれの価値は，ブランド愛顧という暖簾と社内に蓄積されたナレッジに存するからだ」[41]。なぜならば，「優れたブランドは，平均以上の収益を継続的に確保するための唯一の手段である。また，優れたブランドは，合理的ベネフィットだけでなく，感情的ベネフィットをもたらしてくれる」[42]からである。

　実際に，シャープもコカ・コーラに負けず，そのブランド力は世界中の消費者，とりわけ日本人消費者に浸透している。シャープが負債超過で倒産の危機に瀕していた時においても，日本人消費者はシャープを見放さず，シャープの各種商品を購入し続け，シャープを倒産の危機から救い上げたのである。

④　**ブランド経営の戦略**

　ブランドの経営に関して，アンゾフの企業成長戦略PPM（表5-1）と似

たような形で，以下４つの戦略がある（表6－2）とコトラーは説明している[43]。

- ライン拡張（Line Extension）：参入済みの商品カテゴリーで既存のブランドで新しいサイズ，味，機能を持つ商品を追加する。販売促進費用が少ないことは主なメリットである。

- ブランド拡張（Brand Extension）：既存のブランドを持って新しい商品カテゴリーに参入する。この場合，既存の中核商品のブランド力を新商品に拡大することができるので，いわゆるブランド力のシナジー効果が生まれ，中核商品のブランド力のさらなる向上につながることも多い。しかし，同一ブランドのカバーする範囲が拡大するにつれて，（名前がふさわしくない，商品属性にふさわしくない連想の創出，同一ブランドを付ける異なる商品間の共食いといったさまざまな理由で）元来のブランド力が拡散して損なわれる恐れもある。

- マルチブランド（Multibrand）：参入済みの商品カテゴリーに新たなブランドで商品アイテムを追加する。つまり，異なるセグメントにターゲッティングするということである。

- ブランド開発（New Brand）：新しい商品カテゴリーに進出するときに，新しいブランドで参入していく。商品開発とブランド力育成の両方で時間と金銭がかかるので，失敗するリスクが大きくなるが，成功すれば大きな収益が期待できる。つまり，ハイリスク・ハイリターンの経営手法である。

表6－2　ブランド経営の戦略

		商品カテゴリー	
		既存	新規
ブランド名	既存	ライン拡張	ブランド拡張
	新規	マルチブランド	ブランド開発

　実際に，これら４つのほか，共同ブランド，ノーブランド，プライベート・ブランドなどの戦略もある。とにかく，ブランド力の構築＝プレミアム価格の設定＝企業価値の向上，という因果関係があるために，ブランドを戦略的に経営することはきわめて重要である。企業経営者はSWOT分析の枠組み（図6

－2参照）を使って自社が置かれている内外の経営環境と社内に蓄積されている経営資源を勘案し，どれかの1つまたは複数のブランド戦略を選ぶ必要がある。適切に選ばなければ，ブランドの希薄化ないし毀損が発生する。ここで，ブランド経営戦略の観点から多種多様な製品群を擁するシャープの実態を確認すると，

- **ライン拡張**：例えば電子黒板では50インチのPN-B501と40インチのPN-B401，4Kテレビでは50型の4T-C50AN1と60型の4T-C60AN1など
- **ブランド拡張**：例えば「AQUOS」をテレビからBDレコーダーやスマートフォンなどへ，「ヘルシオ」をジューサーからオーブンレンジやオーブントースターや自動調理電気鍋などへ，「プラズマクラスター」を洗濯機から冷蔵庫やヘア・ドライヤーや空気清浄機やエアコンなどへ
- **マルチブランド**：例えば従来の固定電話機のブランド名（JD-○○）と異なり，ロボホン独自のブランド名（SR-○○）を打ち出す
- **ブランド開発**：例えば電子黒板は「ビッグパッド（BIGPAD）」，テレビは「アクオス（AQUOS）」，電子辞書は「ブレーン（Brain）」，調理家電は「ヘルシオ（Healsio）」，掃除機は「ラクティブエア（RACTIVE Air）」など

といったように，シャープはあらゆるブランド経営戦略を組み合わせて利用している。これまで蓄積されてきた豊富な経験と実績を上手に活用していけば，シャープ製品のブランド力をさらに高めることは十分可能である。

⑤ **グローバル・ブランドの構築**

　グローバル・ブランドとは，ブランド・アイデンティティ，ポジショニング，広告戦略，パーソナリティ，製品，パッケージ，使用感などに関して，世界的に統一されたブランドを指す[44]。生産財，耐久消費財，非耐久消費財，ヒトが介在する旧来型サービス（医療や外食など），ヒトが介在しない新型サービス（インターネットやAIなど）などのいずれの分野においても，グローバル・ブランドが世界中に数多く存在しており，シャープの主要製品の多く（テレビ，白物家電，アイデア家電）もグローバル・ブランドとして世界中の各地域で販売されている。

　グローバル・ブランドが成功する条件として，次の3点が挙げられる[45]。

- 「最善で高級」というポジション：ベンツ車，LVバッグ，ホテル・フォー

シーズンズといった「最善で高級」なグローバル・ブランドは非常に高額な商品になるが，世界中のあらゆる国で根強い愛好家がこの種の商品を求めている。コスト削減などに努力する必要が小さく，プレミアム価格（割高価格）を設定することで企業側に大きな利益をもたらす。おもしろいこととして，この種の高額商品の購入者は富裕層だけに限るというわけではない。なぜならば，商品の購入に当たり，所得格差要因と感情関与要因の2つがあり，その感情関与の要因はときどき購買行動に大きな影響力を及ぼすからである。例えば住居や食事などに低関与，世間の流行に高関与の若者が多く，所得の少ない彼らもグローバル・ブランドの重要な消費者層になる。

- 「国」というポジション：当該企業の所在国の良い原産国イメージを利用すれば，グローバル・ブランドとして認められやすくなる。例えばイタリアのファッション企業，フランスのワイン企業，日本の家電メーカー，スイスの時計メーカーなどは自社の新製品を他国市場で販売するときに，消費者の脳内で既に出来上がった原産国イメージが大きな影響力を発揮するので，他国の競争ライバルと比べて何らかの競争優位性を苦労せずにして享受することができる。

- 純粋な機能的便益：機能やコスト・パフォーマンスの優劣を判断する客観的基準が存在するような製品に関して，世界共通の判断基準が形成できるので，本当に優れた製品だけがグローバル・ブランドに成長する。例えばトヨタのハイブリッド車（燃費が良い），コマツの建設機械（操縦しやすい），ユニクロの防寒服（コスト・パフォーマンスが良い）などの製品は機能的便益性が高いゆえに，世界中の消費者に好まれてグローバル・ブランドに成長したのである。

シャープの主力分野となる家電製品を以上3点に照らし合わせると，1）ほぼ「最善で高級」と認められること，2）「家電王国日本」という原産国イメージを生かせること，3）純粋な機能的便益はかなり高いこと，という結論に到達する。つまり，シャープの家電製品はグローバル・ブランドの成功条件を大体満たしている。したがって，今後のシャープはグローバル市場でのブラ

ンド力向上に注力しなければならない。

⑥ 原産国イメージの活用

消費者行動論の観点では，消費者の購買行動はまずは製品の選択，次にブランドの選択，と順次に行なわれ，この両者において，次の特徴が観察される[46]。

- 経済発展とともに収斂化する製品選択：世界中のあらゆる国の人々が，欧米先進国に代表されるような，便利で豊かなライフスタイルに憧れを抱き，1人当たりGDPの上昇につれて，耐久消費財の保有率が段階的に上昇し，製品選択の同質化が進んでいく。例えば主食，おかず，衣類，家財道具，自動車，観光レジャー，マイホームという順序で保有する商品の同質化が進む。

- 文化の多様性に影響されるブランド選択：時代の変化とともに，ブランド選択の同質性も若干進むが，文化的嗜好の違いが大きな影響を及ぼしているため，製品選択ほど高度に進むものではない。例えば同じ先進国市場といっても，格安の韓国テレビ（サムスン，LGなど）の普及率は日本よりアメリカが高いが，高級バッグ（LV，GUCCIなど）の普及率はアメリカより日本が高い。

実際に，製品選択においても，ブランド選択においても，原産国（country of origin）のイメージは消費者の購買行動に大きな影響を与えることができる。例えば時計ならばスイス，化粧品ならばフランス，精密機械ならばドイツ，ウィスキーならばイギリス（スコットランド），ファッションならばイタリア，家電製品ならば日本，という原産国イメージは世間一般に広がっているので，消費者が製品またはブランドを選択するときに，意識的にあるいは無意識にこういう原産国イメージの良い製品またはブランドを選ぶことになりやすい。中国やインドなどの人口大国が急速に発展し，消費市場が飛躍的に拡大している現在，様々な家電製品に対する消費者ニーズは非常に大きいので，シャープの家電製品は「家電王国日本」という原産国イメージを生かしながら，海外市場で大きく成長する可能性は十分にあると考える。

⑦　現地化戦略の新着手

　さらには，製品選択においても，ブランド選択においても，世界共通戦略（標準化戦略）か現地化戦略か，というのは消費者行動論におけるもう1つの課題である。この戦略選択に当たり，生産財か消費財か，思考型か感情型か，という製品の種類は大きな影響力を持つ。

　まず一般論として，生産財，耐久消費財，非耐久消費財の順番で，顧客・消費者の行動は同質化から多様化に進み，マーケティング戦略は世界共通戦略（標準化戦略）から現地化戦略に移ると言われる[47]。生産財の場合，売り手も買い手も同じく事業者（法人）である。取引相手の数が少ないうえ，ほぼ同じ内容の取引が頻繁に繰り返しているので，製品の機能や品質などに対する顧客ニーズは同質化になりやすい。他方の消費財は暮らしの一部を構成しているので，個々の消費者の文化背景や価値観や嗜好などに影響されやすく，多様化になりやすい。ただし，同じ消費財のなか，機能重視の製品（洗剤，家電）は同質化水準が高く，味覚重視の製品（酒類）とイメージ重視の製品（衣類）は多様化水準が高い。

　次に，製品を思考型と感情型の二通りに分けることができる。思考型製品（think goods）とは，論理的・分析的に購入される製品で，自動車，家電，日用雑貨などがこれに当たる。その主な特徴として，優劣を判断する基準（燃費，電力消耗，使用寿命など）が客観的なもので，価格競争に陥りやすい。感情型製品（feel goods）とは，直感的・イメージ的に購入される製品で，化粧品，ファッション，食品などがこれに当たる。その主な特徴として，優劣を判断する基準（色，味，機能，珍しさなど）が主観的なもので，価格競争に巻き込まれずに済むことが可能である。一般論として，思考型製品は収斂化に向かい，感情型製品は多様化に向かうという傾向が強く，また思考型製品は世界共通戦略（標準化戦略）を取り，感情型製品は現地化戦略をとるのが基本原則である[48]。

　シャープの主要製品は電子機器であるが，その電子機器をさらに思考型の耐久消費財（太陽電池，半導体，液晶パネル，電子黒板，POS端末，テレビ（8Kを除く汎用品），冷蔵庫，複合印刷機，パソコンなど）と感情型の非耐久消費財（スマートフォン，空調機器，調理器具，アイデア家電，AIoT関連製品な

ど）の2種類に大きく分けられる。どの製品も多種多様なライバル製品と競合しているが、同質化しやすい前者は収斂する傾向にあり、世界共通戦略を採るのが望ましいのに対して、多様化しやすい後者は独自性こそが命で、現地化戦略の採用が必要である。つまり、世界共通戦略と現地化戦略を組み合わせて使用することが客観的に求められている。

ところが、日本国内市場のニーズに対応するために開発・製造された製品を国内外の市場でほぼ同じ方式で販売してきたシャープにとっては、世界共通戦略（標準化戦略）は従来から慣れたものであり、現地化戦略こそが新しい挑戦となる。しかも、シャープブランドをグローバル・ブランドに育成するために、海外市場における現地化戦略の遂行は必要不可欠である。なぜならば、8Kテレビ、高級液晶スマートフォン、アイデア家電、AIoT関連製品といった感情型消費財が世界中の消費者に選ばれるために、消費者の感情に直接に訴えて、購買意欲を喚起することは重要である。そのため、例えば欧州、ロシア、北米、南米、アフリカ、中国、東南アジア、インドなどのように海外市場を細かくセグメンテーションを行い、個々のセグメントとなる現地市場の所得水準、ライフスタイル、消費理念、文化嗜好などに合わせて、日本国内市場と異なる開発・製造・販売活動（現地化戦略）を新たに着手しなければならない。

(3) 海外市場拡大とブランド力向上の両立可能性

上で説明したように、ブランド価値は企業価値の大きな割合を占め、ブランド戦略は非常に重要であるが、海外市場で他社製品がシャープのブランドで販売されたり、逆にシャープ純正品が安売りにされたりしている現状は残念である。その結果、近年のシャープはほとんど日本企業ブランド力総合ランキング上位30社に入ることがなく、同じ家電業界のソニー、パナソニック、キヤノン、日立などの各社に大きな後れを取っている[49]。

今現在のシャープは戴社長の陣頭指揮の下で、商標使用権の買戻しや代理委託販売体制の見直しなどを進めているが、一度傷づいたブランド・イメージを回復させるのは容易ではない。しかも、シャープは海外売上高比率80％という高い目標を打ち出しているため、海外売上高を増やすために安売りの方向に進んでしまい、ブランド力がさらに落ちるのではないかと心配する。こうして、

第6章　今後の課題：経営戦略論による分析　*217*

ブランド力の向上と海外市場の販売拡大を両立させることは戴社長ら経営陣に
課せられた大きな課題である。

　幸い，シャープ製品の多くは高知名度，新奇性，面白さ，高品質，高性能な
どの優れた長所を持ち，グローバル・ブランドとして成功する条件を満たして
いる。また，少子高齢化の日本国内市場が伸び悩んでいるのに対して，海外市
場が勢い良く成長している。製品選択もブランド選択も，思考型製品も感情型
製品も，「家電王国日本」という原産国イメージを背負っているシャープの家
電製品は海外市場で大きく成長する可能性は十分にある。ただし，海外市場で
成功するために，感情型消費財を数多く生産するシャープは，従来から採って
きた世界共通の標準化戦略に加えて，海外現地市場のニーズに対応した現地化
戦略を新たに着手しなければならない。

　今のシャープは，まず中国からスタートして，「量から質への転換」を行い，
プレミアム価格で商品を販売できる流通体制を構築し始めている。成功したグ
ローバル・ブランドとして認められれば，商品の値段が割高であっても一定の
量が安定的に売れるので，売上高のマーケットシェアが上がらなくてもその金
額が増え，2020年3月期売上高3.25兆円，海外売上高全社比80％というシャー
プの中期目標は達成できると期待される。

　本項の説明を論理的に整理すると，安売りに走れば売上高のシェアが上がる
かもしれないが，売上高の金額は大きく増えず，ブランド力も低下する。一方，
原産国イメージを生かしながら現地化戦略を採用すると，グローバル・ブラン
ドの構築に成功することは可能である。ブランド力が上がれば，売上高のシェ
アは増えないかもしれないが，売上高の金額を大きく増やすことは可能である。
要するに，ブランド力の向上は売上高を増やすための王道であり，海外市場拡
大とブランド力向上の両立は十分に可能である。

5　事業分野の優先順位をどう付けるか

　シャープが鴻海傘下に入った当初，日本のマスコミは主に従業員のリストラ
と事業の切り離しに注目していた。削減される従業員の範囲（40歳以上か）と

規模（国内3,000人か），切り離される事業部門の対象（白物家電か太陽電池か）に対する観測は各種メディアを賑わしていた。しかし，筆者は最初からシャープ傘下各種事業分野の優先順位の決定に最大の関心を置いていた。なぜならば，これはシャープの将来を決める最重要な事柄だと考えているからである。

(1) BCGによるPPM分析モデル

シャープ社内の各種事業分野の優先順位を考えるときに，経営戦略論で重要な一角を占めるBCG（ボストンコンサルティンググループ）による資源配分戦略（PPM）[50] はとても有用な分析手法となる。このPPM（Product Portfolio Management）分析モデルは，1960年代にGE社の多角化しすぎた製品系列の整理を行うためにBCGが開発したものと言われ，「選択と集中」という戦略手法の元祖型である。PPMモデルでは，まず企業内部の各事業または製品について，以下2つの指標を測定する必要がある。

① それぞれが所属する市場全体の成長性：事業・製品の業界全体の売上高の伸び率で測定し，事業・製品分野全体の将来性・成熟度・魅力度・キャッシュ・フロー需要などを示す指標。

② それぞれが所属する業界における最大手に対する相対的な市場占有率：自社の市場占有率／同業界最大手の市場占有率で測定し，自社の事業・製品の競争力・競争優位性・キャッシュ・フロー創出力を示す指標。

市場全体の成長性が高い事業分野において，高い市場占有率を獲得している事業ほどその長期的収益性も高い，というのはPPM分析モデルの基本仮説である。そして，社内にどんなに多数の事業または製品があっても，市場全体の

表6－3　BCGのPPM分析モデル

		相対的な市場占有率	
		高い	低い
市場全体成長性	高い	花形（☆）	問題児（？）
	低い	金のなる木（$）	負け犬（×）

出所：Henderson（1979），p.165. 土岐訳（1981），236頁の内容により作成。

成長性と相対的な市場占有率に基づき，それらの事業または製品を４つのタイプに分類し，全社範囲で限られた貴重な経営資源を効率的に配分すべきだとBCGが主張する[51]。

　PPMの理論を詳しく解説することを省くが，４種類の事業または製品の特徴は表６－３のように簡潔にまとめられる。

①　金のなる木（＄：cash cows）

　普通は成熟期および衰退期の事業分野に該当する。この事業分野では，相対的な市場占有率が高いことから，生産規模が大きく「規模の経済性」というメリットが生まれ，自社競争力が強く大きな売上高を実現できる。その一方，市場の成長性が低く，新規参入企業が少なく，企業間競争もさほど激しくなく，新規投資に対する資金需要は少ない。したがって，日常運営に必要とされる運転資金は正当化され，優先的に確保されるべきであるが，大規模の新規投資は控えるべきである。また，この事業分野での収入（売上高）が多いのに対して支出（投資）が少ないので，余った資金は他の事業単位への資金供給源になる。

②　花形（☆：stars）

　普通は成長期の事業分野に該当する。この事業分野では，市場成長率も高く自社競争力も高いので，大きな売上高を期待できる。しかし，高成長の市場のためにライバルとなる他社商品が多く，競争が激しい。自社商品の優位性を維持するために，商品の改善と開発や広告などの活動を積極的に行い，かなり多額の資金を追加しなければならない。つまり，収入も支出も共に大きく，まだ資金源になっていない。しかし，将来の収入源になる可能性が高いので，この事業分野に資金を優先的に投入し，次世代の「金のなる木」に育成すべきである。

③　問題児（？：wild cats）

　普通は導入期および成長期の事業分野に該当する。この事業分野では，市場全体成長性が高く，将来への展望は明るいが，自社の市場占有率が低く，業界内競争で不利の立場に置かれている。売上高が伸び悩んでいるのに対して，ライバル商品に追いつくためには多額の投資が必要とされ，金喰い虫的な性格が強い。したがって，この事業分野については，「花形」に育成（build）できそうと判断すれば投資を追加するが，「負け犬」になりそうと判断すれば撤退

（divest）する，という２つの選択肢がありうる。

④　負け犬（×：dogs）

　普通は衰退期の事業分野に該当する。この事業分野では，市場全体成長率も自社競争力も低いので，売上高の拡大とマーケットシェアの拡大は難しい。成長するための投資もいらなければ，高い収益性も期待できず，すなわち支出も収入も共に少ない。負け犬でもある程度のキャッシュ・フローを生み出すが，それを存続させるためには，ある程度の資源投入が必要となるので，「資金の落とし穴（cash traps）」になることもしばしば発生する。したがって，赤字に転落する前に，この事業分野を戦略的に整理・縮小・撤退することが必要である。場合によって，この負け犬事業の「安楽死」を速めてその事業に投入されている経営資源をほかの事業分野に振り分けるのが賢明な選択となる。

　このように，１つの企業の内部では，事業または製品がいくらあっても，市場成長率と市場占有率という２つの客観的に測定可能な経営指標を使い，それらを金のなる木，花形，問題児，負け犬という４つのグループに分類することができる。全社範囲内で限られた貴重な経営資源を配分する際に，これら４グループの収入・支出状況の違いは，本社経営者の意思決定に客観的，合理的，経済的な根拠を提供するものとなる。例外はいくらでもあるが，社内各事業分野または製品分野に経営資源を配分する優先順位を決める一般的なルールは，花形が最優先，その次が問題児，そして金のなる木，最後に残った負け犬には配分しない，というものである。つまり，☆＞？＞＄＞×である。

(2)　先行き不安の液晶事業

　シャープ傘下の各種事業を考えるときに，「虎の子」とされる液晶事業の行方が最も注目される。液晶関連技術は元々シャープのコア・コンピタンスであり，シャープを買収した鴻海が最も欲しがっていたものである。その証拠として，2016年４月の出資合意内容の中に，何かの特殊事情で株式出資が実現できない場合，鴻海がシャープの液晶事業だけを買い取る権利を行使できるという特別条項が加えられていた。しかし，液晶事業におけるシャープの優位性を維持するために，毎年も巨額の投資を行う必要があるとされる。また，ここ数年間の経営不振とリストラでエース級（例えば液晶のプリンスと呼ばれる元社長

第6章　今後の課題：経営戦略論による分析　*221*

の片山幹夫や液晶事業を長く統括した元専務執行役員の方志教和など）を含めた多数の優秀な技術者はすでにシャープを離れ，液晶技術分野での人的資源の優位性はかなり損なわれたとされる。

　かつてのシャープには，若手研究者はかなりの幅の自由裁量を持ち，失敗を恐れずに挑戦する，という伝統があり，液晶事業は1970年代から赤字続きの状況下でも多くの経営資源を投入し続けてようやく世界トップ水準に上り詰めた。

　しかし，郭台銘はコスト・パフォーマンスを極めて重視する性格なので，液晶事業に投資する必要性と規模を長期的視点に立って慎重に検討するはずである。十分な研究資金を得られなければシャープの液晶技術分野が衰退し，これまで獲得していた優位性が失われることになる。

　PPMの観点から考えると，まず液晶パネルの国内市場においては，「液晶のシャープ」と呼ばれるほどシャープの液晶のブランド力が高く，高い市場占有率を誇っているが，一方で，液晶パネル業界の飽和感が強く，液晶パネルから有機ELパネルへ転換する傾向が明白になっており，液晶業界全体の市場成長率は大きく見込めない。次に海外市場では，新興国や途上国での液晶パネル市場がまだ大きく伸びる余地があり，市場成長率が高いと見込める。しかし，すでに大きくリードしている韓国勢と急激に追い上げている中国勢と比べて，シャープ製の液晶パネルのコスト競争力が弱く，市場占有率が縮小する傾向にある。

　こうして，液晶パネル事業は，国内では金のなる木，海外では問題児と分類される。シャープ社内のほかの事業分野と比較した結果として，液晶パネル事業は，（スマートフォン，8Kを除く液晶テレビ，太陽光発電と同格で）社内経営資源配分の第4位と位置づけるべきである（表6－4）。

(3)　足踏み状態の有機EL事業

　「液晶の次は有機EL」という傾向が鮮明になる中，鴻海も買収当初に液晶より有機ELを優先する方針を表明した。出資合意時点の鴻海は出資総額（3,888億円）の半分以上となる約2,000億円を有機ELパネル分野に投資してサムスンとLGの韓国勢に対する出遅れを挽回しようと考えていた。しかし，シャープは元々液晶の研究と開発を最重視し，有機ELに関する技術研究と試作実績の

蓄積は少なかった。明らかに，先行投資規模が大きく，量産技術のハードルが高い有機ELパネルの分野で6年間も先行しているサムスンとLGに追い付くのは容易ではない。そのため，鴻海傘下入り後のシャープは，有機ELの研究開発と試作ラインの立ち上げなどの取り組みを小規模に進めているものの，製品化したのは2018年12月に発売されたスマートフォンの「アクオスゼロ」だけにとどまり，有機EL分野への本格的な大規模投資をずっと見送ってきている。

　PPM分析の視点から解釈すると，国内市場と海外市場の両方において，有機EL事業の市場成長率を高く見込めるが，立ち遅れているシャープ自社製品の市場占有率はかなり低いレベルにとどまるので，問題児に分類され，経営資源配分の第3位と位置づけるべきである（表6－4）。

⑷　不安視する8Kテレビ事業

　今のシャープは高級液晶パネルを搭載した8KテレビとAIoT関連製品を重点育成分野とする方針を掲げているので，この2つの分野を別々に検討してみよう。

　既に第3章2節5項と第6章3節6項で説明したように，8Kテレビは「一人旅」と呼ばれるほどシャープ独自に開発した製品である。2018年にサムスンとLGとTCL，2019年1月にソニーがそれぞれ8Kへの参入を表明したが，日本国内市場と海外市場で販売されている8Kテレビのほとんどがシャープ製品であり，その市場占有率は当然第1位である。

　市場成長性について考えると，日本国内でNHKが2018年12月から4Kと8Kの試験放送を同時に開始したため，市場全体が徐々に拡大すると思われる。ただし，コンテンツが少なく，値段が高いという障害を乗り越えられるかはまだ疑問が残り，また4Kに満足して8Kを求めない消費者も多いだろうし，高い市場成長性が実現しないかもしれない。海外市場では8Kテレビの割高感が一段と強く，しかも放送局の規格整備や設備投資などの障害も多いので，その消費市場が急速に拡大するとは期待できない。また確かにシャープの8Kは先行しているが，サムスンとLGとTCLなどの強豪が本気で8K分野に参入してくると，生産コスト，販売チャネル，ブランド力などの面でシャープを短期間に追い抜くこともあり得るので，その場合にシャープの海外市場での占有率もかなり小

さく抑えられてしまう。

　こうして，PPM分析の結果では，8Kテレビ事業は国内市場で花形に成長する可能性もあるが，海外市場で負け犬に転落する恐れがあり，シャープ社内の経営資源配分の第5位と位置づけるべきである（表6-4）。

(5)　見通せないAIoT関連分野

　人工知能（AI）とインターネット接続（IoT）が融合するAIoT関連分野について考えると，第3章6節ではクルマ型監視ロボット，AI搭載エアコン，音声対話型AI技術システム，IoT関連の有償研修，IoT住宅，無人搬送台車，カキ養殖，半導体といったシャープのAIoT関連製品を取り上げている。そのいずれも製品ライフサイクル（PLC）の導入期にとどまっており，事業規模が小さく，成長期に突入するかどうかの見通しも立っていない。

　AI技術が日進月歩で進化している現在，国内市場においても海外市場においてもAIoT関連製品の市場成長性は間違いなく高いと言えるが，市場占有率の高低を論じる段階に至っていないのは実情である。PPM分析を行うために強いて言えば，国内市場で同類商品が極めて少ないことを理由にして占有率が高く，海外市場に未参入なので占有率は低いと解釈しよう。こうなれば，国内では花形，海外では問題児となり，資源配分順位の第2位に位置づけるべきである（表6-4）。

(6)　アイデア家電に未来あり

　「目の付けどころがシャープだ」と褒められるほど，シャープは常に数多くのアイデア家電を世に出している。第3章4節で紹介した（蚊取り，プラズマクラスター除湿，AI加湿，自動車消臭，天井型，上部給水，ペット消臭，IoT対応といった異なる機能を搭載した）空気清浄機，ロボット型電話機，（低速ジューサー，小型オーブントースター，IoT対応型オーブンレンジ，自動調理電気鍋などを含めた）調理家電，（停電時対応，プラズマクラスター冷却方式，AI搭載などの機能を備える）冷蔵庫，（プラズマクラスター洗濯乾燥機，AI対応型洗濯乾燥機，ふとん乾燥機，超音波洗濯器具などの）洗濯器具，（サイクロン方式，最軽量，「吸う」＆「拭く」などの）掃除機，（頭皮ケアドライヤー，

ヘアアイロンと頭皮マッサージ機，老化物質測定器具などの）健康器具，（ペン型の「ナゾル」高度学習機能の「ブレーン」などの）電子辞書，（腕時計型ウェアラブル端末「funband」，ポータブルテレビ，ウェアラブルネックスピーカーなどを含めた）ポータル機器，再生速度自由設定のBDレコーダー，様々な種類の防犯型固定電話機，喋る複合印刷機，AIoT型ペットケアモニターといった新商品は，いずれも健康・環境・安全・便利・趣味などをキーワードとするアイデア家電である。

　これらのアイデア家電は主に日本国内市場で販売されているが，発売後の売れ行きはおおよそ良く，同類商品の中で高い市場占有率を獲得している。また近年のアイデア家電分野では日本国内各社が熱心に新商品を投入しており，市場成長率は非常に高い。海外市場で未発売の商品は多いが，訪日外国人の評判がよく，「クール・ジャパン」を象徴するお土産として持ち帰る外国人も多いようである。この様子から言うと，シャープのアイデア家電商品を海外市場で売り出すときに，高い市場成長率と高い市場占有率の両方が期待できそうな気もする。つまり，PPM分析の枠組みから見ると，国内市場においても，海外市場においても，アイデア家電の市場成長性と市場占有率の両方がともに高く，花形となっている。そのため，シャープ傘下各種事業のうちに資源配分順位の第1位と位置づけるべきである（表6－4）。

　さらには，有機ELと液晶はいずれも中国メーカーの猛烈な追撃を受け，急激に利幅の小さい商品になっていく状態であり，それとは異なり，種々のアイデア家電はシャープ独自のブランドを持ち，互いに技術・宣伝・販売面でのシナジー効果を生み出している。どれも小粒で単体での利益を大きく期待できないが，そのすべての単体を束ねると大きな利益を上げられるはずである。また，巨大な生産能力と豊富な製造ノウハウを持ちながら，自社ブランドの最終消費財を生産していない鴻海にとっても，シャープのアイデア家電は大きな魅力を持つ商品である。シャープ開発・鴻海製造のシャープブランドのアイデア商品が順調に売れると，シャープと鴻海の売上高と営業利益がともに増えるだけでなく，シャープ株を約64％保有している鴻海は株価上昇と株式配当の恩恵も受けられる。この意味からにも，アイデア家電に経営資源を最も優先的に投入すべきである。このアイデア家電分野が大きく成長すれば，シャープのブランド

力が大きく向上し，液晶技術に代わってシャープの新たなコア・コンピタンスに進化する可能性も十分にあり得る。

(7) 他の分野

① 8Kを除く液晶テレビ事業（第3章2節参照）

日本国内では，テレビの普及率が元々高いことに加え，大型テレビは有機ELの方向へ転換し始めているので，液晶テレビ全体の市場成長率は低い。そのなか，シャープ製の液晶テレビは良質・安価でそのコスト・パフォーマンスが良いので，常に国内市場の首位を維持してきており，市場占有率は高い。

他方の中国やインドなどの新興国を含めた海外市場では，高品質・低価格の液晶テレビに対する需要は依然として大きく，市場成長率は高い。しかし，韓国勢と中国勢が価格と販売ルートの両面で不動の優位を築き上げており，シャープの市場占有率を引き上げるのは非常に困難である。

こうして，8Kを除く液晶テレビ事業は国内で金のなる木，海外で問題児と分類され，（液晶パネル，スマートフォン，太陽光発電と同格で）社内経営資源配分の第4位と位置づけるべきである（表6−4）。

② スマートフォン事業（第3章3節参照）

シャープのスマートフォン事業の状況は上述した液晶テレビ事業と非常に似ている。まず国内市場では，総出荷台数5年連続減で市場成長率が低い。そのなか，シャープのAQUOS RシリーズはiPhoneシリーズに次ぐ第2位を獲得し，市場占有率が高いと言える。また，数少ない国産ブランドの存在として，日本人消費者の信頼と支持が得られやすく，ある程度の市場占有率はほぼ約束される。2018年後半からファーウェイは急激な成長を見せ，シャープとソニーを脅かし始めていたが，2019年春以降に米国政府の狙い撃ちを受けて大きく失速した。これはシャープにとっての幸運とも言える。さらに，2018年後半に日本政府（総務省）は通信料金と携帯端末料金の分離を進める方向へと業界を指導しており，それが実現すれば，セット値引きの販売方式で支えられてきた高価格機種を中心とするアップルとサムスンのスマートフォンの売れ行きが鈍くなり，中価格機種をそろえているシャープのスマートフォンは今まで以上に大きなマーケットシェアを獲得することが期待できる。

次に海外市場では，スマートフォンの世界総出荷台数は伸び悩み始めたが（2017年は初めての前年比減少（0.3％減）を記録した），2008～2017年の総出荷台数は１億5,140万台から14億6,500万台へと約9.5倍も増大したため，新興国や途上国においてまだ伸びる余地があって市場成長率は高いと判断しよう。しかし，サムスンとアップルの２強に加え，ファーウェイやTCLやシャオミなどの中国勢が急激に追い上げており，シャープ製品の市場占有率は極端に小さく抑えられるだろう。

　こうして，シャープのスマートフォン事業は国内で金のなる木，海外で問題児と分類され，（液晶パネル，8Kを除く液晶テレビ，太陽光発電と同格で）社内経営資源配分の第４位と位置づけるべきである（表６－４）。

③　太陽光発電事業（第３章５節参照）

　太陽光発電事業の状況は上述した8Kを除く液晶テレビやスマートフォンと非常に似ている。太陽光パネルの国内市場では出力ベースの総出荷量は2015年から連続３年間の２桁減少が続き，市場成長率は非常に低い。マーケットシェアを見ると，シャープは長年保持していた国内首位の座から転落し，韓国ハンファQセルズは2017と2018の連続２年で首位を獲得した。それにしても，シャープは京セラやパナソニックと２位，３位を争う混戦状態下にあり，一応，市場占有率は高いと言おう。ただし，安さを武器とする中国勢の追い上げが激しく，シャープの市場占有率はさらに低下する傾向にある。

　海外市場では太陽電池の総出荷量は年々大きく伸びており，市場成長率は非常に高い（2017年度は前年比19.3％増））。しかし，韓国やカナダ，とりわけ中国のメーカーは非常に強力なコスト優位性を武器にして世界市場を奪い取り，2017年の世界上位10社のうち，中国企業は７社も占めている。そのなか，高品質・高価格を売りにするシャープ製品の市場占有率は極端に小さく抑えられている。

　こうして，シャープの太陽光発電事業は国内市場で金のなる木（負け犬に変わりつつ），海外市場では問題児と分類され，（液晶パネル，スマートフォン，8Kを除く液晶テレビと同格で）社内経営資源配分の第４位と位置づけるべきである（表６－４）。

第6章　今後の課題：経営戦略論による分析　**227**

④　パソコン事業（第3章7節11項参照）

　シャープが買収した東芝パソコンについて考えると，まず国内市場では，パソコン全体の販売台数は年々減少し，市場成長率は低い。しかし，（2017年3月期の）東芝ブランドのパソコンは国内第5位で，市場占有率（9.8％）は高いと言おう。一方の海外市場では，総出荷台数は2012年から7年連続減少して市場成長率は低い。また個性の強いApple製品が固定顧客層を囲い込むことに成功している（2017年世界シェア第4位の7.4％）ほか，HP（同シェア第1位の22.6％），Lenovo（第2位の22.4％），Dell（第3位の15.2％），ASUS（第5位の6.8％），Acer（第6位の6.5％）などの低価格機種がマーケットシェアの上位を占め，東芝（ダイナブック）の市場占有率は極めて低い（2017年世界シェア0.42％）[52]。つまり，シャープのパソコン事業は国内で金のなる木，海外で負け犬と分類され，社内資源配分順位の第6位と位置づけるべきである（表6－4）。

⑧　PPM分析に基づく資源配分順位

　本節各項で説明したように，BCGのPPMモデルの一般的なルール，すなわち花形（☆）＞問題児（？）＞金のなる木（＄）＞負け犬（×）を資源配分の優先順位とする方法を採用すれば，シャープ傘下各事業分野への経営資源配分の順位は次の表6－4にまとめられるはずである。

- 第1順位：国内市場と海外市場の両方で「花形」となっているアイデア家電分野
- 第2順位：国内で「花形」，海外で「問題児」のAIoT関連分野
- 第3順位：国内と海外の両方で「問題児」となっている有機ELパネル分野
- 第4順位：国内で「金のなる木」，海外で「問題児」となっている液晶パネル，スマートフォン，8Kを除く液晶テレビ，太陽光発電という4分野
- 第5順位：国内で「花形」，海外で「負け犬」となっている8Kテレビ分野
- 第6順位：国内で「金のなる木」，海外で「負け犬」となっているパソコン分野

表6－4　シャープ傘下主要事業分野のPPM分析結果

製品分野	市場	市場成長性	市場占有率	分類	資源配分順位
アイデア家電	国内	高い	高い	花形（☆）	第1位
	海外	高い	高い	花形（☆）	
AIoT関連	国内	高い	高い	花形（☆）	第2位
	海外	高い	低い	問題児（？）	
有機ELパネル	国内	高い	低い	問題児（？）	第3位
	海外	高い	低い	問題児（？）	
液晶パネル	国内	低い	高い	金のなる木（$）	第4位
	海外	高い	低い	問題児（？）	
スマートフォン	国内	低い	高い	金のなる木（$）	第4位
	海外	高い	低い	問題児（？）	
8Kを除く液晶テレビ	国内	低い	高い	金のなる木（$）	第4位
	海外	高い	低い	問題児（？）	
太陽光発電	国内	低い	高い	金のなる木（$）	第4位
	海外	高い	低い	問題児（？）	
8Kテレビ	国内	高い	高い	花形（☆）	第5位
	海外	低い	低い	負け犬（×）	
パソコン	国内	低い	高い	金のなる木（$）	第6位
	海外	低い	低い	負け犬（×）	

　PPM分析の結果について検証してみると，まず資源配分順位第1位とされるアイデア家電に対して，シャープは特別に言及することも少なく，特別に注力しているという事実も観察されていない。次にAIoT関連（第2位）の分野に重点的に投資すべきであるという分析結果は，シャープが掲げているAIoT重視の方針にも合致している。有機EL事業は技術と投資の両面で遅れを取っている理由で足踏み状態下にあるが，PPM分析での第3位と位置づけられている。シャープの（コア・コンピタンスの塊だと見なされる）液晶パネルと（シャープを一流家電メーカーに押し上げた功労者の）8Kを除く液晶テレビは今までも今後もシャープの中心事業とされているが，PPM分析では，世間の注目をあまり集めていないスマートフォンと太陽光発電と同列扱い（第4位）に過ぎない。シャープがAIoT同等に重要視している8Kテレビに対して，PPM分析は非常に低い評価（第5位）しか与えていない。そして，東芝から新たに

第6章　今後の課題：経営戦略論による分析　*229*

買収したパソコン事業に対して，シャープは大きく育てようと意気込みしているが，PPM分析は最下位の評価（第6位）を付けている。

　今，経営再建を成功させたシャープ経営陣は「液晶の次も液晶」と公言し，高級液晶を持って有機ELに勝負を挑む方針を打ち出している。しかし，シャープの将来を液晶に託すことにも大きなリスクがある。PPM分析の結果を尊重するのであれば，有機EL（第3位）か液晶（第4位）かという両者択一の勝敗にこだわらず，むしろ限られた貴重な経営資源を液晶あるいは有機ELではなく，より有利に戦える製品分野，とりわけアイデア家電分野（第1位）とAIoT関連分野（第2位）に優先的に投入すべきである。

　もちろん，現実は理論よりずっと複雑で，理論通りに行かないことは少なくない。世界最高のコンサルティング会社BCGが1970年代に開発したこのPPM分析モデルは広く利用されており，その有効性も高く評価されている。それにしても，PPM分析の結論は参考程度の指南に過ぎず，揺るぎない法則ではない。BCG創立者のヘンダーソン（Bruce D. Henderson）本人が明言したように，「冗談は別にして，ビジネスにおけるコンセプトが『法則』と呼ばれるほど確証を与えられることは，ほとんどない」[53]。しかし，複雑な実践から練り上げられた理論モデルによる分析結果はそれなりの参考価値を持っており，簡単に無視してはならない。したがって，ほかの事業分野と比べて，アイデア家電分野とAIoT関連分野に経営資源を優先的に投入し，それをシャープの今後の収入源に育成すべきだというPPM分析の結果を真剣に考慮してほしいと筆者は願う。

6　その他

　今後のシャープに対して，不安を感じる問題点は他にもあるが，それらに関連する議論はすでに本書のほかの部分で詳しく展開されているため，ここでは問題点を提示する程度にとどまる。

(1) ワンマン経営体制の解消

　これまでのシャープ再建は戴正呉社長一人に依存する部分が大きかった。社長就任後の戴正呉は経営執行役員の制度を実質的に廃止し，権限を社長室に集約した。意思決定のスピードは大幅に迅速化し，さまざまな改革策が矢継ぎ早に打ち出された。この体制変化は，「大きい会社が小さい会社に勝つのではなく，速い会社が遅い会社に勝つ」という郭台銘の信念を反映したものである。

　しかし，このスピード経営はトップダウン型の経営を意味するものである。会社再建という危機的な状況下で強いリーダーによる集権型の意思決定体制に頼らざるを得ないのは理解できるが，会社の再建が成功してからは分権型体制を徐々に取り入れて中間管理職と従業員全員の力を生かせるようなボトムアップ型の経営に切り替える必要があると思われる。2018年年始から共同CEO制度を取り入れたが，会長兼社長の戴社長個人に大きく依存する経営体質は変わっていない。

(2) 従業員モティベーションの向上

　戴正呉が社長就任後にいろいろな人事制度と報酬制度の改革を行い，社員モティベーションの向上に努めているが，個人単位の能力開発と能力発揮が制限されていると実感するシャープ従業員は少なくないようである。「スピード」，「野心・チャレンジ精神」，「革新性・新しい発想」，「粘り強さ」，「One SHARP」という5項目を全社員に求めているが，一部従業員が求めている海外長期駐在制度や社内ローテーション制度の導入に戴社長は反対している。また工場閉鎖や事務所移転に伴う従業員配置転換の規模が大きいにもかかわらず，単身赴任手当を廃止することに踏み切った。そして，生産業務を次々と鴻海の中国工場に移管される中で，2018年秋以降にシャープの亀山工場で期間契約の形で働く3,000人以上の外国人（日本国籍取得者約1,000名を含む）が雇止めに遭い，シャープの正社員も人員削減の対象になる恐れがある。これらの事実から言うと，従業員モティベーションを如何に高めていくかは依然としてシャープの大きな課題となっている。

⑶ イノベーション能力の維持

戴正呉や郭台銘をはじめとして鴻海経営陣は一様に，受託生産専業メーカーに由来したために，コスト削減への執念が特別に強い。これによって，即効性のない商品や事業分野への研究開発費が抑制されたり，研究者や技術者の仕事意欲が損なわれたりする可能性はある。そうなったら，シャープの組織的なイノベーション能力が衰退し，「目の付けどころがシャープ」や「真似される商品を作る」などと褒められるシャープの創造的な組織文化は存続できなくなってしまう。言い換えれば，導入期にある「問題児」，成長期にある「花形」，成熟期にある「金の生る木」，衰退期にある「負け犬」という商品寿命周期の異なる商品間のバランス関係が悪くなり，長期にわたる安定的な売上高と利益を保てなくなる恐れがある。

⑷ シナジー効果の拡大

鴻海傘下入りから2年以上も経ち，さまざまな共同事業が模索されている。最軽量掃除機の開発は最初の成功事例で，中国市場での鴻海の販売チャネルはシャープのテレビ販売目標の達成に大きく貢献した。しかし，両社間のシナジー効果の発揮に関して，まだまだ大きなポテンシャルがある。テレビ，太陽光パネル，パソコン，スマートフォン，アイデア家電といったシャープ主力製品のほぼすべての分野において，商品開発，部材調達，工場生産，市場販売というすべての段階でより大きなシナジー効果が早く表れることを期待したい。ただし，第5章3節で検討したように，鴻海の業績低迷や郭台銘の台湾総統選挙出馬などは鴻海とシャープ相互のシナジー効果にマイナス影響を与えると思われる。したがって，今後のシャープは，親会社の鴻海に頼らず，自力での成長を目指さなければならない。

〈第6章の注〉

1) 『日本経済新聞』2017年8月11日記事。
2) 鴻海に対するシャープの抵抗努力について，喬晋建（2016）『覇者・鴻海の経営と戦略』第9章で詳しく説明している。
3) 「ものづくりの国内回帰」に対する深層的分析として，喬晋建（2007）がある。喬晋建

（2007）「ものづくりの日本回帰に関する検討」，熊本学園大学付属海外事情研究所・深圳大学中国経済特区研究中心編『日中両国の政治・社会・経済的諸課題』御茶の水書房。

4）　『日経産業新聞』2012年9月4日記事。

5）　『日本経済新聞』2016年3月31日，4月3日記事。

6）　元シャープ社員Ａ（2017）『シャープの中からの風景』宝島社。

7）　郭台銘が52歳の2002年に後継者選びを開始し，2008年まで引退すると表明していた。その後継者として，まず10歳年下の弟の郭台成は最有力であったが，2007年に病死した。その後，鴻海グループの複合商業施設の開発・運営会社となる「三創生活」の会長を務めている長男の郭守正（1976年生まれ，カリフォルニア大学バークレー校工学部卒）は本命視されていたが，郭台銘は度重ねてその可能性を否定してきた。2020年の台湾総統選に出馬すると郭台銘が宣言してから，最高財務責任者（ＣＦＯ）の黄秋蓮が有力候補に浮上したとマスコミは盛んに報道した。しかし，2019年5月10日，鴻海の次期取締役人選が開示され，社内取締役は郭台銘，戴正呉，劉揚偉，李傑，呂芳銘，盧松青の6名，社外取締役は王国城，郭大緯，龔国権の3名である。その注目点として，郭台銘は代表取締役会長から一般の取締役に降任し，2017年に取締役を辞任した戴正呉は再び取締役に復帰するが，黄秋蓮も郭守正も取締役候補の名簿に載っていない。そして，2019年6月21日に開かれる定期株主総会では，「経営委員会」と取締役会の2重構造による集団指導体制を導入し，劉揚偉と李傑を鴻海の次期取締役会の会長と副会長に選出した。次期社内取締役6名のうち，郭台銘と戴正呉を除く4名（劉揚偉，李傑，呂芳銘，盧松青）は「経営委員会」を構成する9人に入り，ほかの5名は黄秋蓮，黄徳才，林忠正，姜志雄，林政輝である。こうして，次期会長は権力者の郭台銘や戴正呉でもなく，また鴻海歴が長く，副会長の要職を務めている呂芳銘や黄秋蓮でもなく，2007年鴻海入り，2019年5月にシャープ取締役を退任したばかりの劉揚偉（63歳）が選ばれた。しかし，集団指導体制という名義のもと，劉会長の権力行使は大きく制限され，郭台銘の個人意志はそのまま鴻海グループの経営に反映されていくと見てよかろう。しかも，2019年7月の総統候補者予備選挙で敗れた郭台銘は鴻海の取締役に残っているので，今後，鴻海の経営トップに舞い戻ることもあり得る。何よりも，昨年後半から郭台銘は鴻海株の持ち分を増やし続け，最大株主（9.6%）としての発言権が法的に保障されている。

8）　喬晋建（2016）『覇者・鴻海の経営と戦略』。

9）　王樵一著・永井麻生子訳（2016）『鴻海帝国の深層』（翔泳社）は郷土の山西省に対する郭台銘の愛着感情を説明している。

10）　ここの内容の一部は次の拙稿に掲載されている。喬晋建（2016）「鴻海買収劇　傲慢なのはシャープ側だった」『文藝春秋SPECIAL』（季刊夏号）。

11）　『日本経済新聞』2018年6月30日朝刊記事。

12）　郭氏が総統になれば鴻海の事業に有利な政策を打ち出すとの思惑から，出馬表明後の翌18日の台湾株式市場で鴻海株は一時前日比6%高となり，年初来最高値を更新した。しかし，郭台銘が総統選挙に出馬したため，企業ガバナンスの観点から鴻海董事長の職を退く必要があり，鴻海ないしシャープの経営に公に介入することは少なくなる。また，中国大陸の数多くの工場に固定資産の7割以上と80万人以上の従業員を抱えている郭台銘は親中派と見なされており，台湾政権にとっては，中国大陸との政治関係はいつも最重要な関心事である。郭台銘ないし鴻海の私的利益と台湾の公衆利益が相反する場面もあるので，政敵やマスコミからの注目と監視が一段と強まる。さらに米中貿易摩擦が激しくなる中，郭台銘が台湾総統になってもならなくても，中国工場を他の国に移転しない限り，これまで鴻海に発注してきたアップルやデルなどの欧米大手企業は発注先をほ

第6章　今後の課題：経営戦略論による分析　**233**

かの企業に切り替える可能性も大きい。したがって，総統選の出馬が鴻海とシャープの
ビジネス活動と協力体制にどんな影響を及ぼすかについて，様々な可能性があり，簡単
に予言できない。

13)　水野誠（2014）『マーケティングは進化する』同文館出版，10頁。

14)　『日本経済新聞』2016年4月3日朝刊記事。

15)　『日経産業新聞』2016年6月23日記事。

16)　この点は安田峰俊（2016）『野心　郭台銘伝』プレジデント社，290-300頁で詳しく説明
されている。

17)　『日経産業新聞』2016年4月8日記事。

18)　実際，この件に対する批判意見のほとんどは的外れか事実無根である。詳しくは喬晋
建（2016）「鴻海買収劇　傲慢なのはシャープ側だった」を参照できる。

19)　Peters, T. J. & R. H. Waterman, Jr. (1982), *In Search of Excellence: Lessons from
America' s Best-Run Companies*, New York: Harper & Row. 大前研一訳（2003）『エク
セレント・カンパニー：超優良企業の条件』英治出版。

20)　Prahalad, C. K. & G. Hamel (1990), "The Core Competence of the Corporation,"
Harvard Business Review, (May-June), DIAMONDハーバードビジネスレビュー編集部
編訳（2010）『戦略論1957〜1993』ダイヤモンド社。

21)　Hamel, G. & C. K. Prahalad (1994), *Competing for the Future*, Boston, MA: Harvard
Business School Press, pp.224-228. 一條和生訳（2001）『コア・コンピタンス経営：未来
への競争戦略』日本経済新聞出版社，323-329頁。

22)　有機ELの技術について，中田行彦（2016）『シャープ「企業敗戦」の深層：大転換する
日本のものづくり』（イースト・プレス）261-263頁で詳しく説明されている。

23)　IGZOとはIndium（インジウム），Gallium（ガリウム），Zinc（亜鉛），Oxide（酸素）
という4種類から構成されるアモルファス半導体の略称で，高精細・省電力を特徴とする。

24)　LTPSとは Low-temperature Poly Silicon，すなわち低温ポリシリコンの意味で，高精
細の画像を表示できるのが特徴である。

25)　『日経産業新聞』2018年8月8日記事，『日本経済新聞』2019年7月12日朝刊記事。

26)　『日本経済新聞』2018年2月7日朝刊記事。

27)　『日本経済新聞』2018年4月27日朝刊記事。

28)　『日本経済新聞』2018年5月22日朝刊記事。

29)　『日本経済新聞』2018年7月26日朝刊記事。

30)　『日経MJ（流通新聞）』2018年7月25日記事。

31)　2018年4〜6月期にサムスン，LG，TCLの3社合計は世界市場の約4割を占め，シャー
プの3.4%を大きく引き離している。『日経産業新聞』2018年10月17日記事。

32)　『日経産業新聞』2016年5月9日記事。

33)　『日経産業新聞』2018年7月27日記事。

34)　『日経産業新聞』2016年3月18日記事。

35)　SWOT分析の手法を最初に考案したのはスタンフォード研究所（Stanford Research
Institute）のハンフリー（Albert Humphrey）であるが，ハーバード大学のアンドリュー
ズ（Kenneth R. Andrews）教授らは1950〜60年代にこの手法を世間に広げた。この図6-2
で示したクロスSWOT分析法はサンフランシスコ大学のワイリック（Heinz Weihrich）
教授が1982年に提案したものだとされる。Weihrich, H. (1982), "The TOWS matrix—A
Tool for Situational Analysis," *Long Range Planning*, 15（2），April.

36)　『日本経済新聞』2017年8月11日記事。

37) 山本晶（2012）『コア・テキスト　マーケティング』新世社，164頁。

38) Kotler, P. & Armstrong, G. (2001), *Principles of Marketing* (9th edition), Upper Saddle River, NJ: Prentice-Hall, Inc., p.301.

39) Aaker, D. A. (1991), *Managing Brand Equity: Capitalizing on the Value of a Brand Name*, New York, NY: Free Press, p.7. 陶山計介ほか訳（1994）『ブランド・エクイティ戦略：競争優位をつくりだす名前，シンボル，スローガン』ダイヤモンド社，9頁。

40) 石井淳蔵・廣田章光編著（2009）『1からのマーケティング（第3版）』碩学舎，229頁。

41) Kotler, P. (2003), *Marketing Insights from A to Z: 80 Concepts Every Manager Needs to Know*, John Wiley & Sons Inc., p.8. 恩蔵直人監訳・大川修二訳（2003）『コトラーのマーケティング・コンセプト』東洋経済新報社，23〜24頁。

42) Kotler, P. (2003), p.10. 大川訳（2003），26頁。

43) Kotler & Armstrong (2001), pp.306-309.

44) 相原修・嶋正・三浦俊彦（2009）『グローバル・マーケティング入門』日本経済新聞出版社，134頁。

45) 同上，136〜140頁。

46) 同上，99〜101頁。

47) 同上，102頁。

48) 同上，103〜104頁。

49) 『日経産業新聞』2017年9月20日，2018年9月19日記事。

50) BCGのPPM分析に関して，喬晋建（2016）「BCGの経営資源配分戦略」（熊本学園大学）『海外事情研究』第43巻第2号の説明は詳しい。

51) Henderson, B. D. (1979), *Henderson on Corporate Strategy*, Cambridge, MA: Abt Books. 土岐坤訳（1981）『経営戦略の核心』ダイヤモンド社。

52) 「パソコンは6年連続の前年割れ，ついに10年前の水準に」『YAHOO! ニュース』2018年3月17日配信。https://news.yahoo.co.jp/byline/kokuboshigenobu/20180317-00082844/

53) Henderson (1979), p.42. 土岐訳（1981），75頁。

引用文献

日本経済新聞社データベース『日経テレコン21』。

石井淳蔵・廣田章光編著（2009）『１からのマーケティング（第３版）』碩学舎。

王樵一著・永井麻生子訳（2016）『鴻海帝国の深層』翔泳社。

喬晋建（2007）「ものづくりの日本回帰に関する検討」熊本学園大学付属海外事情研究所・深圳大学中国経済特区研究中心編『日中両国の政治・社会・経済的諸課題』御茶の水書房。

喬晋建（2014）「アンゾフの企業成長戦略：多角化戦略を中心に」（熊本学園大学）『商学論集』第18巻第２号。

喬晋建（2016）「BCGの経営資源配分戦略」（熊本学園大学）『海外事情研究』第43巻第２号。

喬晋建（2016）『覇者・鴻海の経営と戦略』ミネルヴァ書房。

喬晋建（2016）「鴻海買収劇　傲慢なのはシャープ側だった」『文藝春秋SPECIAL』（季刊夏号）。

相原修・嶋正・三浦俊彦（2009）『グローバル・マーケティング入門』日本経済新聞出版社。

中田行彦（2016）『シャープ「企業敗戦」の深層：大転換する日本のものづくり』イースト・プレス。

中田行彦（2018）「変革に導く「日本型リーダーシップ」：シャープを復活させた戴社長の事例からの提案」JAIST Repository『年次学術大会講演要旨集』33。

毎日新聞経済部（2016）『鴻海・郭台銘シャープ改革の真実』毎日新聞出版。

水野誠（2014）『マーケティングは進化する』同文館出版。

元シャープ社員A（2017）『シャープの中からの風景』宝島社。

安田峰俊（2016）『野心　郭台銘伝』プレジデント社。

山本晶（2012）『コア・テキスト　マーケティング』新世社。

Aaker, D. A. (1991), *Managing Brand Equity: Capitalizing on the Value of a Brand Name*, New York, NY: Free Press.（陶山計介ほか訳（1994）『ブランド・エクイティ戦略：競争優位をつくりだす名前，シンボル，スローガン』ダイヤモンド社）

Ansoff, H. I. (1965), *Corporate Strategy: An Analytic Approach to Business Policy for Growth and Expansion*, New York, NY: McGraw Hill, Inc.（広田寿亮訳（1969）『企業戦略論』産業能率大学出版部）

Hamel, G. & C. K. Prahalad (1994), *Competing for the Future*, Boston, MA: Harvard Business School Press.（一條和生訳（1995）『コア・コンピタンス経営：未来への競争戦略』日本経済新聞出版社）

Henderson, B. D. (1979), *Henderson on Corporate Strategy*, Cambridge, MA: Abt Books. (土岐坤訳 (1981)『経営戦略の核心』ダイヤモンド社)

Kotler, P. & Armstrong, G. (2001), *Principles of Marketing* (9th edition), Upper Saddle River, NJ: Prentice-Hall, Inc.

Kotler, P. (2003), *Marketing Insights from A to Z: 80 Concepts Every Manager Needs to Know*, John Wiley & Sons Inc. (恩蔵直人監訳・大川修二訳 (2003)『コトラーのマーケティング・コンセプト』東洋経済新報社)

Peters, T. J. & R. H. Waterman, Jr. (1982), *In Search of Excellence: Lessons from America's Best-Run Companies*, New York: Harper & Row. (大前研一訳 (2003)『エクセレント・カンパニー：超優良企業の条件』英治出版)

Prahalad, C. K. & G. Hamel (1990), "The Core Competence of the Corporation," *Harvard Business Review*, (May-June). (DIAMONDハーバードビジネスレビュー編集部編訳 (2010)『戦略論1957～1993』ダイヤモンド社)

Weihrich, H. (1982), "The TOWS matrix-A Tool for Situational Analysis," *Long Range Planning*, 15(2), April.

参考文献

朝元照雄 (2012)「鴻海 (ホンハイ) グループの企業戦略——シャープの筆頭株主になったEMS企業の成長過程」(九州産業大学)『エコノミクス』17巻2号。

芦澤成光 (2010)「シャープの全社レベル戦略転換の分析」『日本経営学会誌』第26号。

安藤崇 (2017)「環境マネジメント・コントロールの3つの目的に関する研究——パナソニックとシャープを事例として」『千葉商大論叢』55巻1号。

飯村龍一 (2017)「ビジネスリーダーの経験を解釈構築する——シャープの経営戦略テクストの事例分析」『玉川大学経営学部紀要』第26号。

李承軒・植松康佑 (2017)「日本と台湾の電子産業の発展過程の研究」『国際研究論叢』31(2)。

浦野充洋・松嶋登・金井寿宏 (2010)「イノベーションを生み出す制度：シャープ株式会社の緊急プロジェクト」『神戸大学経営学研究科ディスカッションペーパー』。

王幼平 (2015)「華人系企業の経営構造に対する一考察——EMSフォックスコンの事例研究を通して」『東アジアへの視点』。

大槻智洋 (2017)「シャープの買収に見る鴻海の成長戦略」『赤門マネジメント・レビュー』16巻4号。

小高久仁子 (2008)「シャープ「液晶の事業化」」『関学IBAジャーナル』。

参考文献　237

小高久仁子（2011）「戦略的意思決定におけるトップの直観的判断をサポートするもの：シャープの液晶の事例より」『ビジネス＆アカウンティングレビュー』。

陰山孔貴・宮尾学（2017）「モバイル型ロボット電話「RoBoHon（ロボホン）」の開発」Discussion Paper By Graduate School of Business Administration, 2017-26。

加藤辰也（2015）「台湾IT企業の創業者の経営理念の比較――奇美電子の許文龍，台積電の張忠謀，宏碁の施振榮，そして鴻海の郭台銘」『愛知淑徳大学大学院現代社会研究科研究報告』第11号。

川田一義（2017）「シャープとホンハイ」『尾道市立大学経済情報論集』17巻3号。

川端寛（2015）「早川家 vs 佐伯家　シャープ二つの創業家『百年の恩讐』」『文芸春秋』7月号。

黄文雄監修・張殿文著・薛格芳訳（2014）『郭台銘＝テリー・ゴウの熱中経営塾』ビジネス社。

蒋飛鴻（2017）「財務諸表から読み解くシャープの動向」『実践女子大学人間社会学部紀要』第13集。

角忠夫（2016）「日台オーナー経営者の執念経営：鴻海テリー・ゴウVS日本電産永守重信の経営に学ぶ」『開発工学』Vol.36 No.1。

長江庸泰（2014）「「コモディティ・トラップ」の探求：シャープ，パナソニック，ソニーの戦略経営」『佐野短期大学研究紀要』25号。

中川充（2009）「日本企業の戦略的行動：薄型テレビ企業の事例」（北海道大学）『経済学研究』59(2)。

中田行彦（2012）「垂直統合と国際水平分業の戦略選択と統合：シャープと鴻海の提携の事例研究」JAIST Repository『年次学術大会講演要旨集』27。

中田行彦（2014）「グローバル戦略的提携における組織間関係――シャープ，鴻海，サムスン，アップルの四つ巴提携の事例」『経営情報学会誌』Vol.22, No.4。

中田行彦（2015）『シャープ「液晶敗戦」の教訓――日本のものづくりはなぜ世界で勝てなくなったのか』実務教育出版。

中田行彦（2016）「「企業統治不全」の分析フレームワークの提案：シャープ，東芝，三菱自動車の比較研究」JAIST Repository『年次学術大会講演要旨集』31。

中田行彦（2017）「官民ファンドの功罪：産業革新機構とシャープ，ジャパンディスプレイ，東芝の事例から」JAIST Repository『年次学術大会講演要旨集』32。

日本経済新聞社編（2016）『シャープ崩壊――名門企業を壊したのは誰か』日本経済新聞出版社。

根橋玲子（2017）「台湾企業による対日投資の新潮流：再評価される日本でのものづくり」『交流』No.918。

野口悠紀雄（2012）『日本式モノづくりの敗戦――なぜ米中企業に勝てなくなったのか』東洋経済新報社。

日下泰夫・平坂雅男（2016）「変化の時代の経営パラダイム転換――日産自動車とシャープに学ぶ」『独協経済』98号。

藤原綾乃（2016）「人材流動化とイノベーション」『組織学会大会論文集』Vol.5, No.2.

槇谷正人（2017）「組織変革の阻害要因――組織間・階層間・職務間における機能不全の考察を通して」（摂南大学経営学部）『経営情報研究』24巻1＆2号。

山本昭二（2007）「シャープ「ヘルシオ」の開発ケース」『関学IBAジャーナル』。

吉原英樹・佐久間昭光・伊丹敬之・加護野忠男（1981）『日本企業の多角化戦略』日本経済新聞社。

Aaker, D. A. (2014), *Aaker on Branding: 20 Principles That Drive Success,* New York, NY; Morgan James Publishing.（阿久津聡訳（2014）『ブランド論――無形の差別化を作る20の原則』ダイヤモンド社）

Rumelt, R. P. (1974), *Strategy, Structure, and Economic Performance,* Cambridge, MA: Harvard University Press.（鳥羽欽一郎ほか訳（1977）『多角化戦略と経済成果』東洋経済新報社）

方儒（2011）『郭台銘　銭能解決一切問題？』中国発展出版社。

馬晶梅・喩海霞（2014）「鴻海集団的企業昇級戦略」『企業管理』第7号。

穆志浜（2010）『郭台銘生意経』中国商業出版社。

史末編著（2012）『富士康管理模式』浙江人民出版社。

徐明天（2011）『郭台銘管理日誌』浙江大学出版社。

姚巧梅（2017）『郭台銘的情人――夏普：被台湾買走的日本百年企業』（台湾）大地出版社。

袁峰編著（2012）『郭台銘和他的富士康帝国』華中科技大学出版社。

張戌誼（2002）『三千億伝奇郭台銘的富士康』機械工業出版社。

索　引

■英数

AIDA ……………………………………… 208

AIoT ……… 47, 84, 100, 113, 116, 125, 126, 151, 223, 227

Apple（アップル）…… 9, 12, 13, 64, 67, 91, 95, 172, 193, 200, 227

AQUOS（アクオス）…… 50, 68, 83, 86, 92, 94, 112, 114, 158, 199, 225

BCG ………………………………… 218, 227, 229

Dynabook（ダイナブック）
…………………………………… 141, 151, 227

IGZO …………… 9, 55, 95, 142, 194, 199, 233

INCJ（産業革命機構）……… 2, 9, 15, 20, 27, 63, 65, 195

JDI（ジャパンディスプレイ産業）
……………………………… 9, 62, 194, 200

JIS ………………… 14, 18, 37, 155, 177

JOLED …………………………… 62, 195, 200

Lenovo（レノボ）………… 92, 141, 200, 227

LG …… 10, 63, 68, 82, 85, 87, 92, 194, 196, 200

LTPS ……………… 9, 185, 194, 233

PPM分析 ………………………… 162, 218, 227

SDP（堺工場）
…………… 6, 30, 41, 43, 44, 49, 65, 69

SWOT分析 …………………………… 201, 233

TCL ……………… 78, 82, 87, 92, 226

TCS（東芝パソコン）………… 46, 139, 227

■あ　行

アーカー ………………………………… 209

アイデア家電 …………………… 97, 223, 227

アクオス（AQUOS）
…………… 68, 92, 112, 114, 158, 199, 225

アップル（Apple）…… 9, 12, 13, 64, 67, 91, 95, 172, 193, 200, 227

アンゾフ ………………………… 162, 164, 170

印刷方式 ……………………………… 63, 65, 195

液晶の次も液晶 …………… 69, 191, 201, 229

液晶パネル
…… 5, 9, 10, 12, 61, 192, 196, 221, 227

■か　行

郭台銘 …… 6, 8, 15, 24, 35, 54, 72, 120, 132, 172, 177, 178, 184, 232

感情型製品 ……………………………… 215, 217

規模の経済性 ………… 10, 49, 119, 196, 219

逆シナジー効果 …………………………… 12

京東方（BOE）………………… 62, 68, 195

クアルコム ……………………… 7, 38, 177

偶発債務 ………………………………… 19

グローバル・ブランド ……… 151, 212, 217

経営再建 ………… 1, 33, 147, 161, 171, 229

経営資源配分
……… 221, 222, 223, 224, 225, 226, 227

経営戦略 …………………………… 191, 201

経営戦略論 ……… 3, 161, 162, 175, 201, 218

経営理念 ………………………………… 183

原産国イメージ ……………………… 213, 217

コア・コンピタンス …… 191, 201, 220, 225

コトラー ……………………………… 209, 211

550円の壁 ………………………………… 7

■さ 行

堺工場（SDP）‥‥‥‥‥‥‥ 6, 30, 65, 69
サムスン ‥ 7, 38, 63, 68, 69, 78, 82, 87, 91,
　　92, 177, 194, 196, 200
産業革新機構（INCJ）
　　‥‥‥‥‥‥ 2, 9, 15, 20, 27, 63, 65, 195
資源配分戦略 ‥‥‥‥‥‥‥‥‥‥‥‥‥ 218
思考型製品 ‥‥‥‥‥‥‥‥‥‥‥‥ 215, 217
シナジー効果 ‥‥‥ 17, 41, 52, 139, 161, 162,
　　164, 170, 211, 224
シャオミ ‥‥‥‥‥‥‥‥‥‥‥ 9, 55, 92, 226
ジャパンディスプレイ産業（JDI）
　　‥‥‥‥‥‥‥‥‥‥‥‥‥ 9, 62, 194, 200
蒸着方式 ‥‥‥‥‥‥‥‥‥‥‥‥‥‥‥‥ 63
晋商文化 ‥‥‥‥‥‥‥‥‥‥‥‥‥‥‥ 180
製品選択 ‥‥‥‥‥‥‥‥‥‥‥‥‥ 214, 217

■た 行

戴正呉 ‥‥‥‥‥ 2, 25, 30, 31, 54, 67, 120, 140,
　　173, 175, 178, 191, 208, 232
ダイナブック（Dynabook）
　　‥‥‥‥‥‥‥‥‥‥‥‥ 141, 151, 227
高橋興三 ‥‥‥‥‥‥‥ 16, 25, 30, 177, 187
強い文化 ‥‥‥‥‥‥‥‥‥‥‥‥‥‥‥ 190
天虎計画 ‥‥‥‥‥‥‥‥‥‥‥ 52, 77, 207
東芝パソコン（TCS）‥‥‥‥‥ 46, 139, 227
東証１部復帰 ‥‥‥‥‥‥‥‥‥ 35, 59, 153
独裁為公 ‥‥‥‥‥‥‥‥‥‥‥‥‥‥‥ 182

■な 行

７つのＳ ‥‥‥‥‥‥‥‥‥‥‥‥‥‥‥ 188

■は 行

海信集団（ハイセンス）
　　‥‥‥‥‥‥‥‥‥ 70, 78, 80, 82, 205
8K ‥‥‥‥‥‥‥‥‥‥‥‥ 37, 86, 88, 151
8Kテレビ ‥‥‥ 34, 50, 86, 158, 198, 222, 227
8Kテレビの「一人旅」‥‥‥‥‥‥‥ 85, 197
ピーターズ ‥‥‥‥‥‥‥‥‥‥‥‥‥‥ 188
日の丸液晶大連合 ‥‥‥‥‥‥‥‥‥‥‥‥ 8
ファーウェイ（華為）
　　‥‥‥‥‥‥‥‥‥‥ 91, 92, 172, 200, 225
プラズマクラスター ‥‥‥‥ 98, 99, 100, 105,
　　106, 110, 116, 126
ブランド使用権の買戻し ‥‥‥ 79, 134, 204
ブランド選択 ‥‥‥‥‥‥‥‥‥‥ 214, 217
ブランド戦略 ‥‥‥‥‥‥‥‥‥‥‥‥ 209
富連網 ‥‥‥‥‥‥‥‥‥‥‥‥ 52, 77, 207
ヘルシオ ‥‥‥‥‥‥‥‥‥‥ 103, 104, 105
ヘルシオデリ ‥‥‥‥‥‥‥‥‥‥‥‥ 136
ヘンダーソン ‥‥‥‥‥‥‥‥‥‥‥‥ 229
鴻海流意思決定スタイル ‥‥‥‥‥‥‥‥ 33
鴻海流の成果主義 ‥‥‥‥‥‥‥‥‥ 31, 34
鴻海流文化 ‥‥‥‥‥‥‥‥‥‥‥‥‥ 180

■や 行

有機EL ‥‥‥‥ 12, 43, 62, 67, 85, 96, 193, 194,
　　200, 221, 227
4K ‥‥‥‥‥‥ 50, 67, 74, 82, 88, 114, 207

■ら 行

劉揚偉 ‥‥‥‥‥‥‥‥‥‥‥ 30, 172, 232
レノボ（Lenovo）‥‥‥ 92, 141, 200, 227
ロボホン ‥‥‥‥‥‥‥‥‥‥ 100, 127, 128

［著者紹介］

喬　晋建（きょう・しんけん）

中国山西省太原市生まれ。

天津大学工業工程管理系卒業，工学士。

筑波大学大学院社会工学研究科博士後期課程単位取得退学，修士（経営工学）。

神奈川大学大学院経営学研究科，博士（経営学）。

九州共立大学経済学部講師，助教授を経て，

熊本学園大学商学部助教授，教授。

主著

『経営学の開拓者たち』（単著）日本評論社，2011年。

『東亜産業経営管理』（共著）暉翔興業出版（台湾），2012年。

『覇者・鴻海の経営と戦略』（単著）ミネルヴァ書房，2016年。

シャープ再建の軌跡

2019年11月1日　第1版第1刷発行

著　者　喬　　　晋　建
発行者　山　本　　　継
発行所　㈱中央経済社
発売元　㈱中央経済グループ
　　　　パブリッシング
〒101-0051　東京都千代田区神田神保町1-31-2
電話　03 (3293) 3371(編集代表)
　　　03 (3293) 3381(営業代表)
http://www.chuokeizai.co.jp/
印刷／㈱堀内印刷所
製本／㈲井上製本所

© 2019
Printed in Japan

＊頁の「欠落」や「順序違い」などがありましたらお取り替えいた
しますので発売元までご送付ください。(送料小社負担)
ISBN978-4-502-32161-0　C3034

JCOPY〈出版者著作権管理機構委託出版物〉本書を無断で複写複製（コピー）することは，
著作権法上の例外を除き，禁じられています。本書をコピーされる場合は事前に出版者著
作権管理機構（JCOPY）の許諾を受けてください。
　JCOPY〈http://www.jcopy.or.jp　eメール：info@jcopy.or.jp〉